计算机辅助舰船设计与制造

主　编　彭　飞
参　编　王　中　孟庆旭　闫富玉
主　审　黄祥兵

国防工业出版社
·北京·

内容简介

本书以舰船的设计与制造过程为主线，重点解决典型过程计算机辅助方法手段的应用问题。在内容安排上，系统介绍舰船计算机辅助概念设计、船型设计、战技术指标辅助优化设计、辅助工艺设计、虚拟装配、常用 CAD/CAM 软件介绍等，由浅入深地编排章节，突出重点，实现系统论、发展论与创新能力的综合培养。

本书可作为高等院校船舶与海洋工程专业及相关专业的教材和参考书，也可供船舶设计、生产制造领域工作的研究人员学习或参考。

图书在版编目（CIP）数据

计算机辅助舰船设计与制造/彭飞主编．—北京：国防工业出版社，2024. 10. —ISBN 978－7－118－13484－1

Ⅰ. U662. 9；U671. 99

中国国家版本馆 CIP 数据核字第 20246KX882 号

※

国防工業出版社出版发行

（北京市海淀区紫竹院南路 23 号　邮政编码 100048）

北京凌奇印刷有限责任公司印刷

新华书店经售

*

开本 787×1092　1/16　**印张** 12¾　**字数** 293 千字

2024 年 10 月第 1 版第 1 次印刷　**印数** 1—1200 册　**定价** 58.00 元

（本书如有印装错误，我社负责调换）

国防书店：(010)88540777　　书店传真：(010)88540776

发行业务：(010)88540717　　发行传真：(010)88540762

前　言

本书是根据“船舶与海洋工程”专业培养方案的要求，为该专业的“舰船 CAD/CAM”课程教学而编制的基本教材，也可作为船舶与海洋结构物设计制造专业研究生的专业参考书，还可供舰船设计制造及海军装备技术部门的工程技术人员参考。

本书共分五章：第一章阐述了计算机辅助舰船设计与制造(CAD/CAM)的基本概念；第二章介绍了船型的数学表达，包括曲线与曲面的基本理论、船型曲线和曲面的表达等；第三章介绍了计算机辅助舰船优化设计中的总体参数优化、战技术指标优化论证、计算机辅助方案论证和总布置优化设计方法等；第四章介绍了舰船的可视化设计与制造技术，包括舰船三维设计与验证技术、建造流程与分段装配等仿真技术，以及基于虚拟仿真的维修性分析与验证技术等；第五章对计算机辅助船体建造技术进行了介绍，包括船体型线光顺、计算机辅助船体构件展开、造船精度控制技术等。

计算机辅助舰船设计与制造需要综合运用计算机技术、数学原理、结构力学和船舶建造工艺等方面的知识，因此，通过该教材的学习，除了可以使读者了解计算机辅助舰船设计与制造新技术、新知识的一般原理和方法之外，还可以帮助读者提高综合分析问题的能力，掌握解决工程问题的基本方法，为其进一步深入学习打下良好的基础，并可在后期的毕业设计中运用这些技术。

本书由海军工程大学舰船与海洋学院彭飞担任主编，黄祥兵担任主审，王中、孟庆旭、闫富玉编写了部分章节。其中，王中编写第二章；孟庆旭和闫富玉编写第五章；彭飞主持制定编写大纲及编写其余各章节，并负责全书的统稿工作。在教材录入、编辑中，郝文强、王敏和李红梅给予了大力帮助，在此也表示感谢。

由于编者水平有限，书中疏漏之处在所难免，诚请读者见谅，并给予批评指正。

编　者

2024 年 8 月

目　录

第一章　计算机辅助舰船设计制造概述

进入21世纪之后，计算机技术飞速发展，信息产业快速崛起，计算机的应用渗透到了社会的各个领域，改变着人们的传统生活及工作方式，我国的船舶设计制造业也同样逐步进入了计算机化的时代。在这个转变过程中，计算机辅助设计与制造（CAD/CAM）是其发展中的一项关键性技术。

舰船作为一种以作战为主要使命任务的特殊船舶，既具有民用船舶的一般特性，同时又有军船的一些特色鲜明之处，如研制阶段多、周期长、涉及专业种类复杂、参与机构人员众多、系统性强、配套要求高、研制费用昂贵等，因此，对于以优化设计方案、提高设计建造效率为主要目的的CAD/CAM技术的需求更为强烈，其设计、制造与维修技术的发展，同样受到了计算机辅助设计制造技术的有力推动。本章将以一般船舶计算机辅助设计制造技术的介绍为基础，结合舰船的特点，重点阐述计算机辅助舰船设计制造的一般概念、主要内容及发展概况，并简要介绍几类典型的计算机辅助设计制造系统。

第一节　计算机辅助舰船设计制造概念

计算机辅助舰船设计与制造的概念实际上包含了两个层面：一个是通常意义上的计算机辅助设计制造，针对的对象包括机械、电子等各行业；另一个是针对于船舶这个特定领域的计算机辅助设计制造。因此，本节将从这两个方面对其基本概念展开阐述。

一、计算机辅助设计与制造的概念

计算机辅助设计与制造（CAD/CAM）是计算机辅助设计（CAD）与计算机辅助制造（CAM）相结合而组成的计算机应用系统，指的是以计算机作为主要技术手段，处理各种数字信息与图形信息，辅助完成产品设计和制造中的各项活动。

计算机辅助设计（CAD）就是由计算机来完成产品中的计算、分析模拟、制图、编制技术文件等工作，它是利用计算机帮助设计人员进行设计的一门专门技术。因此，对CAD的简单定义就是一个使用计算机来帮助设计人员进行设计的计算机应用系统，属于应用软件的范畴，有别于操作系统、数据库管理系统等计算机系统软件。从思维的角度看，设计过程包含分析和综合两个方面的内容，人可以进行创造性的思维活动，将设计方法经过综合、分析，转换成计算机可以处理的数学模型和解析这些模型的程序。人和计算机相结合，在设计过程中两者发挥各自的优势，有利于获得最优设计结果，缩短设计周期。

计算机辅助制造（CAM）是利用计算机对制造过程进行设计、管理和控制。一般来说，计算机辅助制造包括工艺设计、数控编程和机器人编程等内容。工艺设计主要是确定零件的加工方法、加工顺序和所用设备。近年来，计算机辅助工艺设计（CAPP）已逐渐形成了一门独立的技术分支，当采用NC（Numerical Control，数控）机床加工零件时，需要编制 NC 机床的控制程序。计算机辅助编制 NC 程序,不但效率高,而且错误率很低,可用于在自动化的生产线上控制机器人完成装配和传送等项任务。

CAM 技术由计算机体系结构,处理产品生产准备的工艺设计和作业计划设计,监控生产过程的加工、装配、物料搬运和产品质量检验与评价等技术所综合而成,是能监控生产过程中相互联系的制造作业,并以整体优化来控制其中每一项作业的计算机应用系统。CAM 技术的基本构成如图 1-1-1 所示。

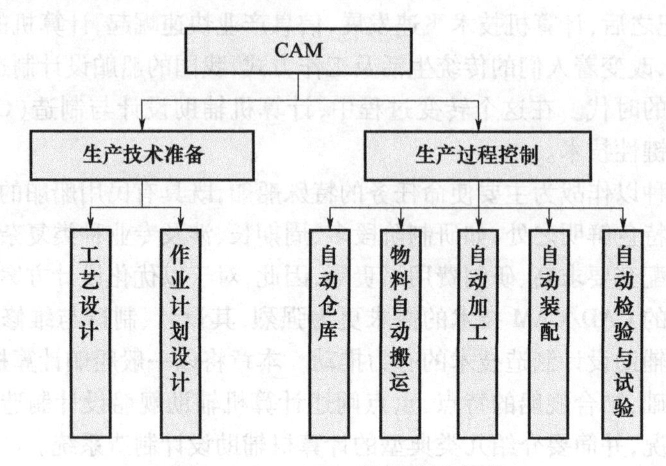

图 1-1-1　CAM 的构成示意图

计算机辅助设计和计算机辅助制造关系十分密切。开始时,计算机辅助几何设计和数控加工自动编程是两个独立发展的分支,但是随着它们的推广应用,二者之间的相互依存关系变得越来越明显了,设计系统只有配合数控加工,才能充分显示其巨大的优越性。另一方面,数控技术只有依靠设计系统产生的模型才能发挥其效率。所以,在实际应用中,二者很自然地紧密结合起来,形成了计算机辅助设计与制造集成系统。通常,CAD/CAM 系统指的就是这种集成系统,在 CAD/CAM 系统中,设计和制造的各个阶段可利用公共数据库中的数据,将设计与制造过程紧密联系为一个整体,数控自动编程利用设计的结果和产生的模型,形成数控加工机床所需的信息。CAD/CAM 可大大缩短产品的制造周期,显著提高产品的质量,从而产生巨大的经济效益。

CAD/CAM 技术是一项综合性的、复杂的、正在迅速发展之中的高新技术。因为机械设计、制造和分析的密切相关性,很多 CAD 系统逐渐添加 CAM 和 CAE 的功能,所以工程界习惯上把 CAD/CAM 系统或者 CAD/CAM/CAE 仍然称为 CAD 系统,这样就扩大了 CAD 系统的内涵。企业资源计划(Enterprise Resource Planning, ERP)制定生产计划、销售和采购计划时,需要从 CAD 系统获得产品结构,从计算机辅助工艺规划(CAPP)系统获得制造每个零件的工时和材料定额等基础数据;同时,需要将产品数据管理 PDM 系统作为集成的桥梁,因此,出现了 CAD/CAM/CAPP/ERP/PDM 的集成。这些技术不同程度地集成,可以满足从“甩图板”、构建中小规模 CAD/CAM 系统,到建立企业级 CIMS(Computer Integrated Manufacturing System)、实施并行工程等各个层次的需求。

CAD/CAM 涉及软件技术设计、系统框架设计、数据模式定义、机器交换规范、各种算法设计、工程数据库设计、动态仿真等很多领域。CAD/CAM 技术还涉及许多科学领域,如计算机科学与工程、计算机图形学、机械设计、人机工程、电子技术及其他很多工程技术，体现了现代高新技术之间的相关性。

二、舰船 CAD/CAM 的概念和主要内容

一艘舰船的诞生通常要经过需求论证、总体与系统概念研究、基础技术与应用技术的预先研究、方案论证、设计、建造、试验等一系列研究与工程工作。这一过程中的不同工作既有时间上的阶段性，又互相交融、迭代。一艘舰船完整的发展过程一般可分为以下几个阶段。

(1)预研阶段，主要包括总体概念研究(含需求论证、作战环境分析、目标方案图像提出、技术经济可行性分析、技术路线确定等)、基础技术研究、主要系统技术预先研究等。

(2)型号研制阶段，主要包括战术技术任务制定、总体设计与建造、系统研制与集成、系统与总体试验、批产等。

(3)使用保障阶段，主要包括维修保障、技术改进、现代化改装等。

当前，各国海军的舰船设计和制造一般都是遵循金字塔模型开展(图 1－1－2)，塔尖是对任务非常概括的描述，塔底是对产品充分详细的定义，中间内容的广度和深度随层次自上而下地增加。

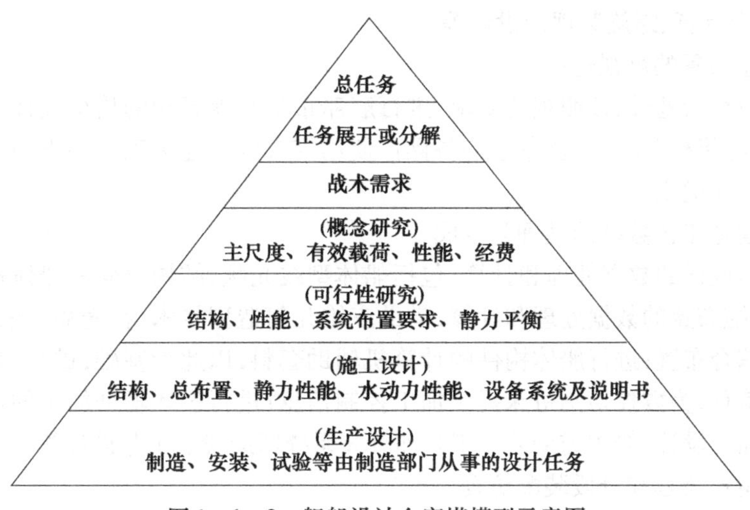

图 1－1－2　舰船设计金字塔模型示意图

舰船作为一种复杂的武器平台，CAD/CAM 技术可以应用于金字塔中的全寿命各阶段，包括论证阶段、方案阶段、初步设计、技术设计、施工设计、试验试航、设计定型阶段等，以快速设计与制造出满足海军作战性能需求的舰船。在论证阶段，可以利用数值和三维仿真技术进行作战使命任务的分析和战技术指标的论证。在初步设计等阶段，可以针对潜艇舱内空间狭窄的问题，开展基于虚拟人的三维空间仿真分析，以谨慎考虑如何在有限的空间内布设复杂的管系和电缆，并需结合全舰系统以及设备的使用和维修要求，布置各种装置和设施(如动力、武备、通信、导航、控制等设备及生活设施)，以保证它们有机地集成并有效运行。在施工设计及建造阶段，可以进行生产工艺流程仿真、装配工序仿真等，以提高建造效率。因此，计算机辅助舰船设计与制造就是指以计算机作为主要技术手段，辅助完成舰船战技术指标论证、方案设计、技术设计、施工设计以及生产制造的各项活动。

CAD/CAM 技术在舰船设计制造中的应用也并不是一成不变的，它随着计算机硬件技术的发展和舰船设计制造技术的发展而不断扩展与完善。根据计算机辅助舰船设计与

制造系统应用开发及使用的情况，目前其主要功能可以归纳为以下几点。

1）舰船战术技术指标辅助论证

利用数值计算和离散仿真系统等手段，对舰船的战技术指标进行论证，包括最大航速、潜艇下潜深度、武器系统、动力装备参数的确定等内容。

2）舰船总体设计方案优化

采用基于多性能综合优化的多学科优化方法，以仿真设计为基础，综合强度、隐身、噪声、流体、电磁等各专业要求，形成最优的总体方案。

3）计算机辅助船型设计

对船体曲面进行计算机三维造型设计，以实现船舶曲面设计、船体性能分析及船体曲面建造的自动化，从而提高舰船设计质量与生产质量，缩短生产周期，最终达到提高效益的目的。

4）总体性能和结构的计算

除了静水力和完整稳性计算之外，还可计算破舱稳性、可浸长度、纵倾、静水弯矩、剪切力等基本参数，同时，还可以进行手工设计难以完成的大型计算，如结构有限元计算、基于 CFD 的阻力计算、螺旋桨理论设计等。

5）舰船总布置的可视化设计与验证

以三维模型为基础，按照规范要求，进行舰船重量与浮容积的均衡设计；按照舰船居住性、维修性等指标要求，综合考虑装备操作使用需求以及建造工艺要求，对舰船的空间布置进行验证和优化。

6）舰船建造工艺数据的处理与生成

进行船体放样的数据处理和计算，包括船体型线光顺、结构放样和船体构件展开等；进行管系、电缆布置的数据处理和计算，借助三维几何造型技术，在光顺后的肋骨型线图上重新进行综合布置；进行船体构件的计算机辅助套料，以此为基础，进行船体构件数控切割的自动编程，为数控切割机床提供加工控制信息；进行船体辅助加工的设计，包括船体构件辅助加工设计、船体辅助装焊工艺和舾装系统辅助安装工艺设计等。

7）舰船生产流程和分段装配仿真

采用数值分析方法或可视化分析方法，对生产计划系统和物流系统、生产流程进行仿真，以提高船舶建造效率，缩短建造周期；在虚拟环境中对船体分段装配过程进行真实的动态模拟，直观展示产品的装配方法，并进行实时干涉检验，从而使工程人员能预先发现装配过程中存在的各种结构性和空间性等问题，分析产品可装配性，实现设计阶段早期反馈，避免设计缺陷影响实际生产。

第二节　舰船 CAD/CAM 发展概况

美国海军曾在 1964 年，针对舰艇的设计建造提出了 CASDC（Computer Aided Ship Design and Construction）的概念，CASDC 同时包含了舰船的设计与建造两项内容。1966 年，在华盛顿举行的美国海军研讨会上首次提出了计算机辅助船舶设计 CASD（Computer Aided Ship Design）的概念，CASD 涉及的范围比较广，虽然缩写中只包含了设计（Design），但实际上将 CAM 的应用也一并纳入了其范畴，后来这一概念获得了广泛应用。本书为简便起见，亦将舰船 CAD/CAM 简称为 CASD。

CASD 在舰船上大规模的应用始于 20 世纪 80 年代，美军在 1985 年，针对 DDG51 驱逐舰的设计建造任务，专门组建了由设计部门和造船厂组成的机构，该机构的核心任务是研究出将传统的手工图纸转换为三维 CAD 模型的可行方法。美军认为，采用三维 CAD 模型最大的优势在于改变了原来串行工作的模式，三维模型可以使很多设计工作并行进行。例如，在 DDG51 钢板下料前的套料设计可在第一块钢材切割前就完成，这样就不需要构建昂贵的全尺寸模型。此外，CAD 模型的仿真“漫游”功能能够进一步增强设计能力，设计师可以使用仿真的方式优化舱室的人因工程。设计过程中构建的 CAD 产品模型可以应用于 DDG51 驱逐舰的全寿命阶段，包括后期使用阶段的舰员级、基地级等维修保障工作，如可以提前就给 DDG51 未来的舰艇使用人员提供培训的机会，舰员可以在 DDG51 建造之前，利用“穿行”能力熟悉舱室位置和工作地点。

CASD 技术在舰船上的应用虽有其特殊性，但其很多内容和民用船舶的应用相似，因此，本节将以通用的 CASD 技术发展为基础，然后结合军船的特点，阐述舰船 CASD 的发展概况以及未来的发展趋势。

一、CASD 的起源

船舶的分析和设计属于数字计算，因此，CASD 与其他工程学科一样，最初都属于计算机应用程序，虽然其起因很多，但归结起来主要来源于 3 个方面的需求：一是自动化数控制造系统对数字媒体的需求，即需要以数据文件驱动数控设备；二是对船舶几何产品数字表示的需求，即需要用数字化的表达取代烦琐且容易出错的船舶线型定义的图形化表达方式；三是对高性能计算的需求，即需要高效地解决船舶稳性、水动力和结构优化分析等这一类计算密集、耗时的问题。

1955 年至 1959 年期间，麻省理工学院 DT Ross 教授指导开发了用于零件数控加工的编程工具 APT(Automatically Programmed Tools)。APT 的开发是一个历史性的里程碑事件，这不仅是因为在制造控制中采用了数字媒体，而且还因为引入了数字产品模型的思想，可以从模型中推导出工具的切割路径，用于控制数控加工设备 CNC 和切割设备(图 1-2-1)，这就是 CAD/CAM 产品几何建模的诞生。

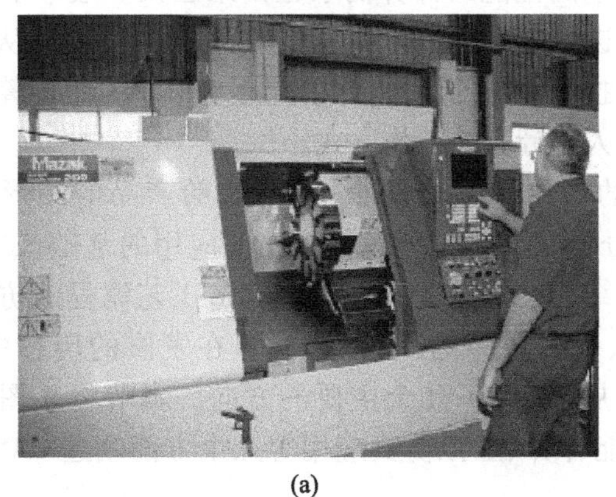

(a)

(b)

图 1-2-1　数控加工设备

(a)现代 CNC 设备；(b)火焰割炬机械。

造船行业与之类似,1965 年,挪威针对钢板零件的数控火焰割炬加工问题开发了 AUTOKON 系统,该系统具有定义船体形状、确定切割轮廓和生成数字火焰切割控制带的功能,它包含了船舶几何建模的核心功能,而这一创举的本质就是将原来的图形化表达方式转化为用数控机床能够识别的数字表达方式,以实现数控加工。由此可见,以数字形式对船体复杂曲面的形状进行几何建模是造船行业 CAD/CAM 最早的应用需求,也是进行船型分析以及后期的船体零部件加工等目的的前提。

船舶试验中的船模加工方式的转变可以很直观地说明这种理念的转换,如图 1-2-2(a)所示,传统船模加工首先将船体型线打印在纸上,然后小心地切割框架,并进行层压,这需要设计师和技术人员进行非常仔细的工作,而同样的工作,如果利用现代加工技术,如图 1-2-2(b)所示,CASD 系统可以直接将转化好的数据文件交给数控机床,很快地铣削各种船体形状,所需的交互和手动操作要少得多。当然,未来这样的数控加工还会被更为快速可靠的 3D 打印所替代。

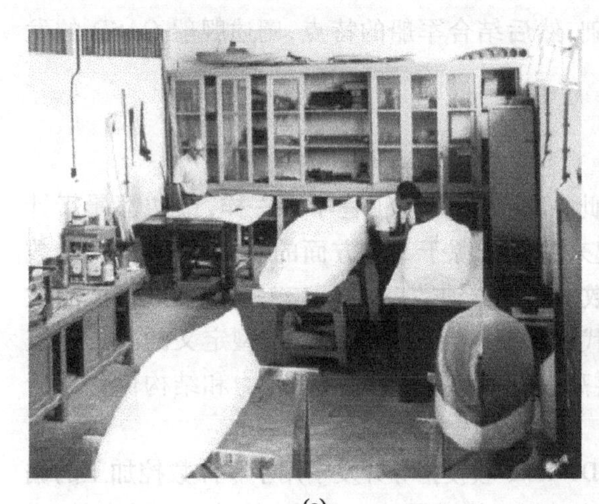
(a)

(b)

图 1-2-2 船模加工方式的对比
(a)基于图纸的船模加工;(b)基于数字化图纸数据的数控加工。

除了图形的数字化之外,船舶行业对于高性能的计算需求也由来已久。最早于 1956 年,丹麦船舶研究学会就用 DASK 计算机进行船舶静水力曲线和邦戎曲线的计算,从而揭开了应用计算机计算船舶性能、解决各种技术问题的序幕,并由此逐步形成了用计算机进行船舶设计中的数学计算,以代替繁重的人工计算的工作方式。

从 CASD 应用的起源来看,其解决的主要问题有两个:一是船舶产品的图形化表达,因为图形化的表达是进一步的船型分析、工艺仿真、数控加工等应用的基础;二是船舶设计与制造的高性能计算,包括性能、结构的有限元分析以及建造工艺流程的仿真分析等,以解决原始的人工计算效率低下、费时较多的问题。CASD 在发展的历程中,大体上是基于这两个基本问题逐步演变发展,形成了几个主要的方向。本节将从图形的表达(二维到三维的转变)、船舶的高性能计算、虚拟仿真应用等几个方面阐述 CASD 的发展概况。

二、CASD的发展概况

(一)从二维到三维的转化

在早期的1970年至1980年阶段,CASD主要是对图纸进行数字化,即在CASD系统中模仿传统的图纸完成每个零件、装配件和分段等模块,并形成数字文件以供后期分析与加工。图1-2-3所示是使用了通用绘图机的船舶设计部门,其核心任务就是将图纸通过通用绘图机进行数字化。

早期的船舶设计软件如Hullform船型设计软件,也相对简单(图1-2-4(a)),设计过程中需要较多的人工操作。后来,随着计算机硬件水平的提高,计算机的计算能力、屏幕分辨率以及存储容量都获得了提高,因此开始出现了一些更为先进的船舶设计软件,如后来出现的Maxsurf和Paramarine等系统则极大地提高了设计的效率,如图1-2-4(b)所示,只需简单点击几下按钮即可进行大多数基本计算,如静水力、推进、阻力和结构等,也可以从复杂的船体模型中获得非常详细的型值表。一些更为先进的软件(如Rhinoceros或者Simens NX)则可以对船体进行更为复杂的参数化设计,真正实现从二维到三维的转换。

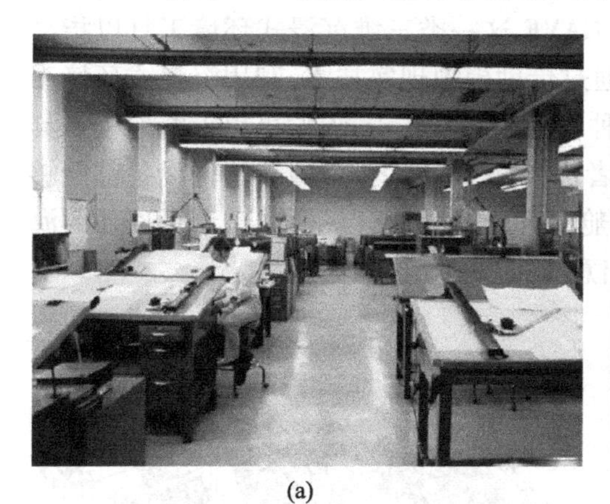

(a)

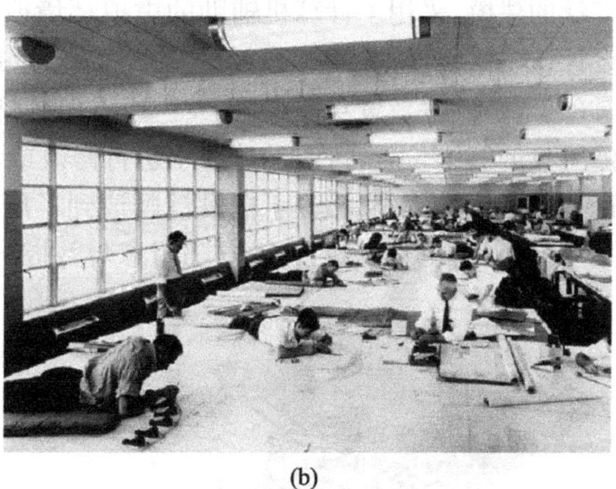

(b)

图1-2-3　早期的图纸数字化

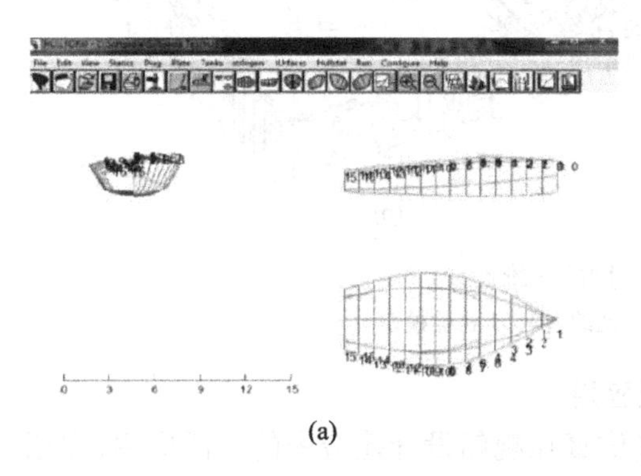

(a)

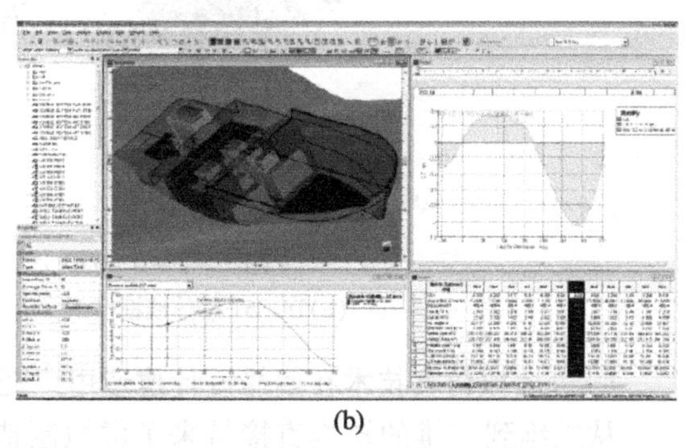

(b)

图1-2-4　图形化设计过程的演变

(a)Hullform船型设计软件;(b)Maxsurf软件系统。

在军用舰船领域,如前所述,美军在DDG51上比较早地实现了设计图纸从二维向三维的转换(图1-2-5(a))。在此之前,舰艇设计是通过在薄膜纸上手工绘制每一个船舶系统,然后通过不同颜色的铅笔区分船舶系统。显然,这种方法修改起来非常烦琐,而且二维图纸通常需要大量注释和书面说明才能充分传达信息。1985 年,由美国海军主导,巴斯钢铁厂(BIW)和通用电气等公司在 3DCAD 中开展 DDG51 的详细设计,目标是使设计数据文件能够在开展 DDG51 建造的造船厂之间方便地共享。该项目首先将现有的 CAD 设计转换为智能的三维产品模型,这些产品模型包含所有用于开展详细设计所需的工艺图纸,如装配图纸、NC 数据等。通用电气公司负责提供作战系统组件的资料和三维模型。英格尔斯船厂负责为机舱提供三维模型(图 1－2－5(b))。3DCAD 的主要优点是通过设计图纸的三维模型化,使各阶段的数据文件达到了一致,这些数据除了传统的数控定义数据之外,还包括图纸和物料清单、夹具和固定装置等数据文件,甚至包括用于检验工艺可行性的生产规划数据。对于海军来说,三维模型的应用还可以允许军方在整个设计期间审查详细的设计进度,检验是否满足规范要求,确保海军在需要时做出正确的设计决策。

近年来,美军在舰艇的设计建造中更为广泛地采用了三维技术。如首艘 CVN 78 型航空母舰——“杰拉尔德·R. 福特”级核航空母舰,利用 CATIA 在三维 CAD 环境中进行了广泛的建模,采用了计算机辅助的虚拟环境或 CAVE 这一类三维沉浸式环境工具以指导设计,这种模式称为舰船设计的 3.0 时代,即通过借助虚拟现实技术,利用沉浸式环境工具(如 VR 眼镜),置身船内(图 1－2－6)。这种设计的好处在于,人们可以不断地根据具体可见的三维位置,按照设计要求进行修改或者优化,使每一个部件或者构件设备都能够达到最理想的程度,相当于把设计师请到了船舱内部面对面设计。上千千米距离外的海军军方人员,也可以通过连线,随时参与并提出意见,进行优化和修改。

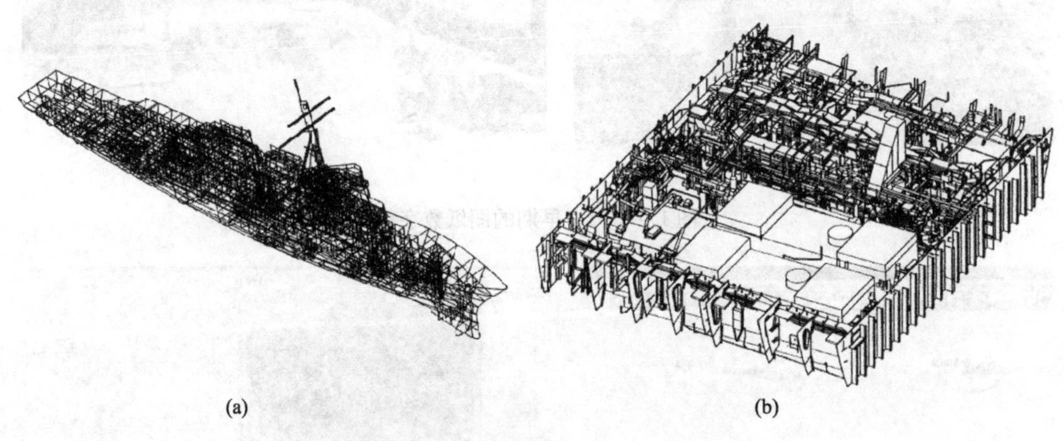

(a)　　(b)

图 1－2－5　DDG51 早期的三维设计

(a)DDG51 船体线框模型;(b)早期的 DDG51 机舱模型。

(二)虚拟仿真技术在舰船设计建造中广泛应用

从二维到三维的转换直接带来了虚拟制造仿真在舰船设计建造中的广泛应用,虚拟仿真技术实际上是在三维模型基础之上,利用数字模型替代物理原型,对舰船产品制造以及生产系统进行仿真,以提高建造效率、缩短建造周期。舰船虚拟设计建造仿真是基于计算机和信息技术的一种新的先进造船技术,是数字化造船的具体体现。美国海军研究人员在 20 世纪 90 年代末发表了一篇题为“美国海军舰船仿真设计”的论文,论述了以仿真和虚拟环境为基础的设计方法，这种方法是用于设计和建造海军舰船的仿真设计法，它运用仿真和虚拟环境技术，并将这些技术同 CAE/ CAD/ CAM 系统与数据库紧密结合起来完善舰船设计。

图 1－2－6　福特级航空母舰的三维设计

欧美造船强国在驱逐舰、核潜艇、航空母舰、登陆艇等舰船的设计建造过程中，充分利用虚拟仿真技术，对舰船的设计与建造工艺进行严格的审查。如美军的 LDP17 级两栖登陆船项目就是第一个在虚拟现实环境下设计和建造的舰船。该项目利用虚拟装配软件 DELMIA，在设计早期对船体内复杂装拆路径进行优化，在计算机上观察船体的每个总装、总装内分段的装配过程，从而使每个子装配体、部件都能按计划较准确地装配。美国通用 Electric Boat 公司在为海军开发“海狼”级核潜艇过程中，在建造前，采用虚拟仿真技术对“海狼”级核潜艇部件装配与分段制作、舾装、合拢等建造过程仿真，实现虚拟环境中设计方案、建造工艺等的仿真验证。

美国 CVN－76 航空母舰飞行甲板设计时采用了仿真技术，利用飞机仿真器，海军航空兵就能使 F－14 飞机飞到飞行甲板上。飞行联队队长能从预飞程序中看到新飞行甲板。因而，在钢材下料前几年，就确定了设计问题并实施由仿真操作员提出的更改。许多设计问题都在合同设计期间确定和解决，而以前这些问题只有在签订建造合同后才被发现。此外，由于实施更改的时间在研制过程的初期，因此费用低且设计人员具有最大灵活性。美国在建造 CVN－21 航空母舰时，也投入巨资研究利用计算机仿真技术对舱室布局、建造过程和焊接变形等造船技术和工艺进行仿真，而这部分的费用支出可以通过节省装备研制费来弥补。

英国军船的主要承包商 BAE 系统公司在产品开发过程中使用虚拟样机替代物理原型，以加速建造过程。BAE 采用了先进的设计和制造软件，支持多专业人员对同一总装进行协同设计和建造仿真，在建造前对总装舾装、分段总组、总段合拢和船坞搭载等建造过程与工艺进行仿真（图 1－2－7），以验证设计的准确性、建造工艺的合理性，最大限度地利用资源、缩短建造周期。

（三）计算机辅助船舶高性能计算软件

计算机辅助高性能计算软件，一般也称为 CAE（Computer Aided Engineering）软件，是迅速发展中的计算力学、计算数学、相关的工程科学与现代计算机科学技术相结合而形成的一种综合性、知识密集型的软件，是实现工业产品和重大工程计算分析、模拟仿真与优化设计的工程软件，是支持工程师、科学家进行创新研究、产品创新设计最重要的工具和手段。

图1-2-7 三维虚拟仿真环境下的舾装

CAE起始于20世纪50年代中期,而真正的CAE软件诞生于70年代初期到80年代中期,并逐步形成了商品化的通用和专用CAE软件。到80年代后期国际上知名的CAE软件有NASTRAN、ANSYS、ABAQUS、DYN-3D、MARC、ASKA、DYNA、MODULEF、FASTRAN等。国内的通用CAE软件主要是JIFEX、FEM、FEPS等。近几十年来,CAE技术结合迅速发展中的相关工程科学、工程管理学与现代计算技术,从低效检验到高效仿真,从线性静力求解到非线性、动力仿真分析、多物理场耦合,取得了巨大的发展与成就。目前,CAE市场也已经完全由国外的知名CAE软件公司垄断,如MSC、ANSYS、ABAQUS等。其中MSC.PATRAN是工业领域最著名的CAE(有限元)前、后处理器,在国内使用最为广泛,它支持并集成了NASTRAN、MARC、DYNA等求解器,是一个开放式、多功能的三维CAE软件包,具有集工程设计、工程分析和结果评估功能于一体的、交互图形界面的CAE集成环境,可以完成包括前处理、求解计算到后处理等全过程(图1-2-8)。

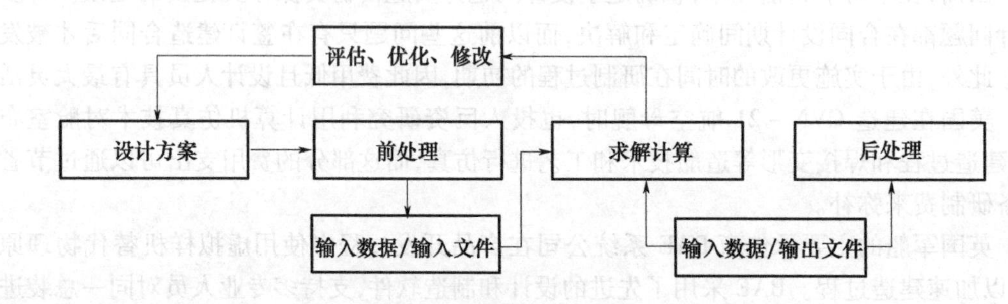

图1-2-8 CAE(有限元)分析的一般过程

船舶CAE将CAE技术与船舶设计制造技术相结合,以提高船舶工业研究开发水平和生产制造能力,加快船舶产品与设计技术的创新,加速船舶研制、生产和造船企业经营管理的现代化进程。

国内船舶领域相关的高校、科研院所和船厂,既使用通用的CAE软件进行船舶各个方面的性能分析,也自主开发了大量的专用船舶CAE软件用于船舶专用性能的分析与预报,但总体上看,国内船舶CAE应用水平和软件水平较发达国家还有较大差距。不过,随着近年来的飞速发展,其差距已在不断缩小,在某些特定领域中自研的船舶专用CAE软件及其应用水平，已在国际上处于领先地位。

（四）舰船的计算机辅助优化设计与论证评估

舰船的设计具有反演性，是从给定的需求出发来完成产品的设计，并给出用于舰船综合性能评估和建造所需的信息。对于任何给定的设计变量集，如舰船主尺度、航行性能参数、战技术指标等，需要在一定的约束条件下评估舰船设计方案的优劣。利用计算机在数值计算方面的优势解决舰船设计优化的问题，一直以来都是计算机辅助船舶设计与制造的重要应用之一，国内外在这方面的研究也很多。

在20世纪60年代之前，美国舰船方案论证是设计者通过对每个方案进行一系列复杂、耗时的标准计算来完成，效率低、可选方案少。从1960年开始，美国海军研究利用计算机建立舰船综合模型，开发出了具有代表性的“驱逐舰综合模型DD07”与“舰船概念设计模型CODESHIP”。20世纪80年代末，美国海军海上系统司令部在该综合模型的基础上通过进一步拓展设计空间的约束集并增强适用性和预报程序的精度，开发出了基于图形化操作界面的高级水面舰船评估工具（Advanced Surface Ship Evaluation Tool，ASSET），如图1-2-9所示。ASSET可以针对不同的舰船类型（普通水面舰船、航空母舰、两栖攻击舰等）进行总体方案的快速迭代生成和评估。

美国弗吉尼亚理工大学Brown教授等于2003年提出了一种基于综合模型的舰船概念方案设计与论证评估（美国称为“方案探索”）体系，并开发了对应的计算机辅助设计系统，其使用流程如图1-2-10所示，该系统将效能、费用、风险量化和软件化，并纳入舰船综合模型，使决策者全面掌握各方案的效能、费用和风险，从而科学、合理地进行决策。

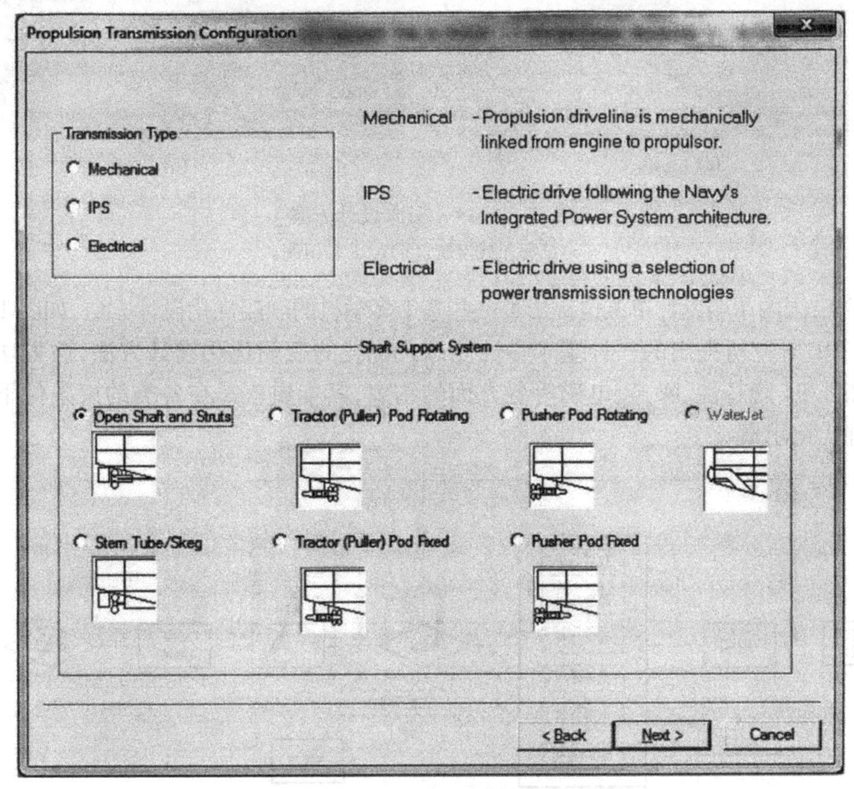

图1-2-9　ASSET系统用户界面

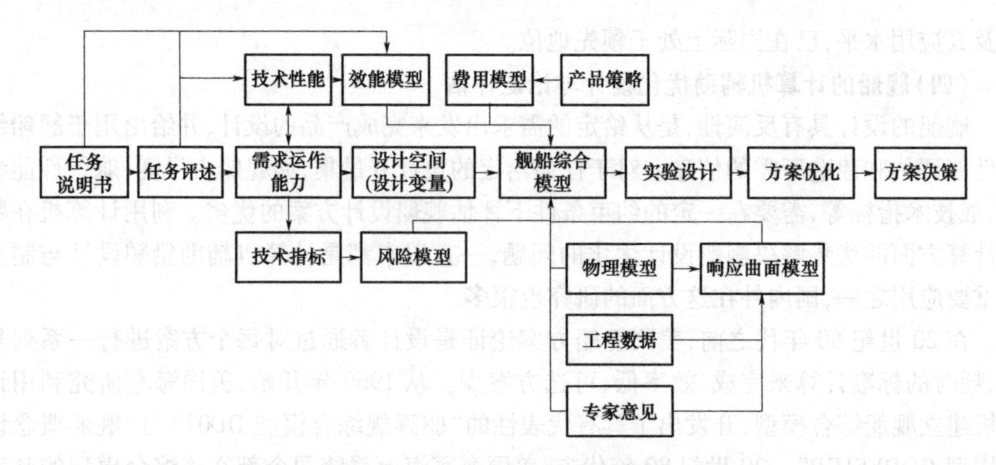

图 1-2-10　多目标优化流程图

受美国海军的委托，Brown 教授及其团队根据上述舰船概念方案设计方法，利用计算机辅助方案论证系统开展了 31 项舰船总体概念方案探索与开发工作，其中包括新概念濒海作战潜艇和护卫舰等（图 1-2-11）。

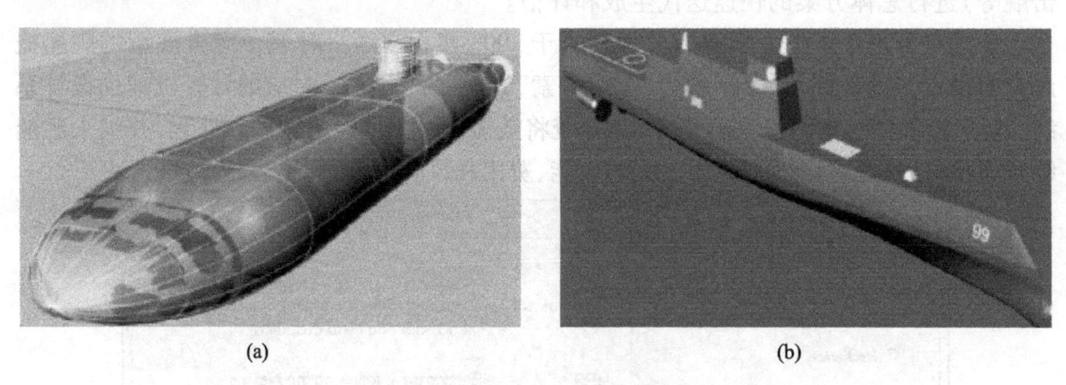

(a)　　(b)

图 1-2-11　概念设计方案

(a)滨海作战潜艇；(b)ADF 护卫舰。

近年来，国内军船设计单位也提出了一些基于多学科的舰船优化设计方法，如图 1-2-12 所示，是 701 研究所提出的一种基于多性能综合优化的舰船优化设计方法，该方法综合考虑了诸如强度、隐身性、噪声、电磁等各方面的约束，其本质就是在各类约束条件下对于船舶的一种优化求解。

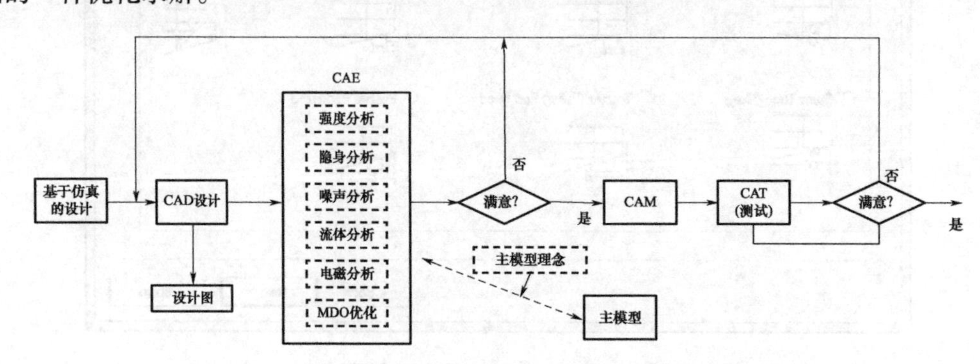

图 1-2-12　基于多性能综合优化的舰船优化设计方法

(五)CASD系统的集成化发展

船舶的设计建造阶段涉及的软件系统非常之多,包括概念设计、建造,以及装备设备生产、组装、调试、交付、运营和报废,而这个过程中又包括船型设计、CFD计算、结构分析、总布置设计等诸多功能或者分系统。因此,如何将这些系统进行集成一直都是CASD发展的核心目标之一。1993年,Ross曾在美国海军水面舰艇作战中心组织的年会上乐观地描述了完全集成的CASD系统的繁荣前景,所有的工具可以无缝线性地协同工作,进行分析和详细说明,但实际上直到目前为止还远远没有做到这一步。

例如,在舰艇的论证设计以及方案设计阶段,会开发出3D的概念图像,采用诸如Rhinoceros之类的软件产生详细的船体型线和3D模型。理想情况下,这些三维模型以及设计数据可以成为下一阶段的起点。但是,在接下来的工程分析和详细设计阶段中,很少使用原始3D文件,每个设计组(如水动力和结构组等)都只用了很少一部分,大部分的设计工作需要在各自的特定软件(如Star CCM、DNVGL SESAM、Cadmatic)中重新做一遍。造成集成困难的一个主要因素就是专有格式问题,每个船舶设计软件都有自己的专有格式,从而降低了从竞争对手那里导入文件的能力,因此,无法以开放标准进行协作是过去和今天一直缺乏整合的一个关键因素,由于缺乏集成,许多宝贵的工程时间用于将CAD模型从一种格式转换为另一种格式。

针对以上问题,产品生命周期管理(PLM)软件有望提供一个集成的设计平台,该平台将产品数据管理(PDM)和虚拟原型概念融合在一起,包括组件的3D库、CAE/CFD工具等,理论上通过管理产品数据和与过程相关的信息,可以同时为研发中的多个团队提供可访问性,如CAD模型、文档、标准、制造说明、要求等。

新的PLM则更进了一步,它允许使用CASD工具提供的功能,并将其添加到给定的协作设计环境中,这些特征包括访问权限、成熟度状态、属性集、修改记录、单元有效性和锁定状态等。通过在CAD环境中将单独的零件或子装配作为设计元素,船舶设计师可以选择确定装配的详细程度,实现多层次细分方式,从而避免数据重复。如图1-2-13所示,同样的设计方案可以采用多个不同的分层视图,从而使用户可以配置完成多种设计方案。

这种包含多层次数据的方式,对集成非常有益,它允许多个数据标签(如功能/空间/经济等层次结构)连接不同的分类法。例如,主机可以在一个部门(功能性)中成为推进系统的一部分,而在另一部门(物理性)中成为船体的一部分。

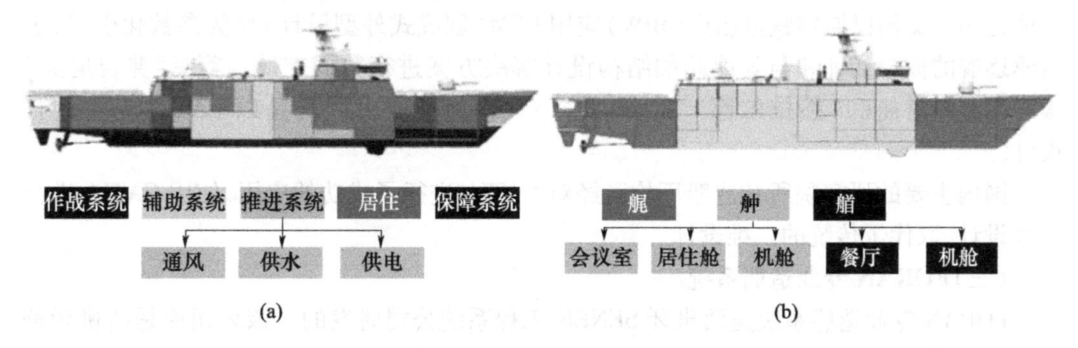

图1-2-13　西门子软件的PLM和CASD的未来集成有望实现多个层次细分

(a)按功能划分;(b)按实体划分。

第三节　主流计算机辅助船舶设计制造软件简介

工欲善其事，必先利其器。随着舰船不断向大型化、复杂化方向发展，利用先进的计算机辅助船舶设计制造软件提高设计水平，缩短设计周期，设计出满足作战需求的舰船已相当普及。

一、主流船舶设计制造软件

目前，国际上常用的计算机辅助船舶设计软件包括 TRIBON、NAPA、CATIA、FORAN 和 CADDS5 等。

(一) TRIBON 专业造船系统

TRIBON 系统是由瑞典 KCS(Kockums Computer System AB)公司设计开发用于辅助船舶设计与建造的计算机软件集成系统，也是一个先进的专家系统。TRIBON 的前身产品是 STEEL - BEAR，KCS 公司从 1958 年就开始开发此产品，后来该公司兼并了 AUTOKON 公司和 SCI - IIPPKO 公司，将 STEEL - BEAR、AUTOKON 和 SCHIFFKO 三大船舶设计系统合并，于 1992 年推出了 TRIBON 系统 M1 版，此后陆续升级到 M3 版本，2006 年，该公司被英国 AVEVA 公司收购，推出 AVEVA 系列船舶行业版本。

该软件的特点在于用计算机建立船舶的生产信息数据库，通过计算机建立一个实船模型，不仅完成绘制生产用图纸，还能进行各种信息数据的计算、管理和统计，这些生产信息可以提取用于生产制造，实现设计与生产准备的统一。

(二) CATIA 软件系统

CATIA 是法国达索飞机公司开发的高端 CAD/CAM 软件。CATIA 软件以其强大的曲面设计功能而在飞机、汽车、轮船等设计领域享有很高的声誉。CATIA 为造船工业提供了优秀的解决方案，包括专门的船体产品和船载设备、机械解决方案。船体设计解决方案已被应用于众多船舶制造企业，类似 General Dynamics、Meyer Weft 和 Delta Marin，涉及所有类型船舶的零件设计、制造、装配。船体的结构设计与定义是基于三维参数化模型的，参数化管理零件之间的相关性，相关零件的更改可以影响船体的外型。船体设计解决方案与其他 CATIA 产品是完全集成的。传统的 CATIA 实体和曲面造型功能用于基本设计和船体光顺。美国巴斯钢铁造船厂(BIW)应用 GSM(创成式外型设计)作为参数化引擎，进行驱逐舰的概念设计和与其他船舶结构设计解决方案进行数据交换。美军“弗吉尼亚”级攻击型核潜艇和“杰拉尔德 · R. 福特”级核动力航空母舰均是以 CATIA 为主进行设计。

国内主要的研究院所和造船厂均已经对 CATIA 进行了成功的应用，使用 CATIA 进行三维设计，取代了传统的二维设计。

(三) FORAN 专业造船系统

FORAN 专业造船系统是西班牙 SENER 工程系统公司研发的。该公司原是西班牙著名的多学科工程咨询公司，由造船工程师于 1956 年组建。服务领域覆盖了航空航天、民用建筑、动力工程、流程加工业以及船舶与海洋工程。

FORAN 是一款包含船舶设计所有专业，覆盖船舶设计全过程的全面而完整的解决方案，为造船的全过程提供了集成化的整体解决方案，50 多年来，SENER 设计的船舶已超过 1000 艘。FORAN 进入中国市场不久，目前拥有 701 所、爱克伦（中国）集团船舶及海洋工程技术中心、江苏科技大学、哈尔滨工程大学等用户。

FORAN 提出了数字化造船解决方案，以实现船舶产品全生命周期管理为目标，现有商业化的 PLM 软件为框架，采用开放式的船舶 CAX 软件作为上游的研发设计工具，以及制造过程管理软件 MPM 为下游的制造工具软件，并能和企业原有的或准备配置的 ERP、CRM 等管理软件紧密集成，并满足企业个性化需求的全企业统一的数字化造船平台。

（四）CADDS5 专业造船软件

CADDS5 软件是美国 PTC 公司提供的，基于 UNIX 操作系统的计算机辅助设计与绘图系统软件，曾服务于制造业的不同行业。CADDS5 15.0 是 PTC 公司专门面向造船业推出的解决方案，它所提供的新特性和扩展功能可以帮助造船企业提高生产能力、改善易用性并增强协作性，解决造船业大装配结构的规模和复杂性的独特需求，并符合行业产品开发标准，已经成为我国军船设计制造的主要软件产品。

CADDS5 15.0 已经在武昌造船厂、武汉船舶设计研究所、大连船厂、山海关船舶重工、天津新港造船厂等国内客户中获得成功应用。实现了以三维设计为统一平台的数字化产品建模，建立了协同设计制造的工作环境，极大地提高了企业的研发效率和设计能力。

其中 701 研究所比较早地将 CADDS5 应用于军船设计，在舰船总体设计实现三维化、数字化、虚拟化等方面都取得了较大的进展。先后在驱护舰和潜艇上开展了三维设计技术的基础研究工作和局部应用，实现了从传统样台综合放样到计算机三维综合布置设计的转换，并进行了比较充分的设计合理性检查，在舰艇三维设计技术的应用方面取得了比较大的突破。

CADDS5 软件的不足之处在于对操作环境要求较高，虽然安全性较高，还是限制了它在中国船舶企业的推广，主要客户为军品客户，民船较少。另外，CADDS5 升级较缓慢，界面不够友好。

二、典型船舶设计与制造软件的功能构成

随着科学技术的发展，除了以上提到的典型软件之外，在舰船研制领域出现了越来越多的专业设计及分析工具，这些工具的出现为各类性能的数值预报提供了便捷的途径。这些工具主要包括 CAD 系统、CFD 系统、CAE 系统、CAM 系统、EMC（电磁兼容设计）子系统、噪声控制设计子系统、作战系统设计子系统和费用评估系统。其中主要系统的功能构成如表 1－3－1 所列。

表 1－3－1 专业设计及分析工具系统功能构成

系统	子系统/分系统	功能、用途	支撑软件
CAD 系统	船型生成系统	实现船型方案快速生成	CATIA、NAPA
	三维模型建立及管理系统	在三维环境下建立舰船三维实体模型	CADDS5、FORAN
	静水力计算系统	实现对各种装载情况下浮态、初稳性、大倾角稳性、动稳性、抗沉性的计算	SHIPCAD、HYDROMAX、MAXSURF

续表

系统	子系统/分系统	功能、用途	支撑软件
CFD系统	阻力预报系统	对舰船的阻力、操纵性、耐波性等性能仿真及预报	SHIPFLOW、FINE/MARINE
	操纵性预报系统		AGILESHIP
	耐波性预报系统		SEAKEEPER、WASIM、SEASAM、FINE/MARINE
	螺旋桨性能预报系统		TURBO、SWIFTCRAFT
	流体仿真		FLUENT
CAE系统	RCS分析、测试与评估系统	对舰船的各系统及性能进行仿真分析计算，为系统的设计提供依据	FEXO
	结构设计及分析系统		ANSYS、NASTRAN
	电磁兼容设计子系统	对全舰的电磁干扰情况进行仿真分析，并进行优化设计	舰船电磁兼容优化设计软件
	噪声控制设计子系统	对全舰的噪声、振动的情况进行仿真分析，并进行优化设计	ATUOSEA、NATO、BEASY
	动力仿真子系统	对全舰动力进行仿真分析	动力系统仿真
	电力仿真子系统	对全舰的电力进行仿真分析	电路设计及仿真分析软件
CAO系统	多目标优化子系统	对全舰的性能进行多目标、多学科的权衡分析，实现设计分析一体化，同时通过船型优化系统对船型进行优化设计	ISIGHT、MODELFRONTER、MODECENTER
CAN系统	三维管道设计系统	通过该系统对船体进行管道、电力等系统的详细设计	CADDS5、TRIBONFORAN
	三维风管设计系统		
	控制管线设计系统		
	支架设计系统		
	舰船电器设计系统		

思考题

1. 简述舰船 CAD/CAM 的概念。

2. 简述计算机辅助舰船设计与制造(CASD)的主要发展历程。

3. 按照舰船的设计、制造等不同阶段，简述 CAD/CAM 系统的主要功能。

4. 目前有哪些典型的计算机辅助船舶设计与制造软件系统？请简要概述各系统的特点。

第二章　计算机辅助船型设计

船体型线设计是船舶总体设计的重要内容之一，是整个船舶设计过程的基础，对船舶的技术性能和经济性有重大影响。随着计算机的发展，为了有效提高设计质量、生产质量与效率，设计人员希望能够实现船型曲面设计、建造的自动化，并为此做了一系列的利用计算机进行船型设计的研究，而船型设计的核心是其数学表达。

本章将首先介绍船型表达的一般概念，然后从曲线和曲面两个方面，介绍船型的数值表达方式，最后介绍了一种以T样条为基础的船体型线敏捷设计系统。

第一节　计算机辅助船型表达概述

船体曲面的计算机表达是对船体曲面进行设计、相关性能分析与计算以及后续CAM实现的必要基础。船体曲面是具有双曲度的相当复杂的空间曲面，不能用规则的解析曲面进行描述。如何更加合理地运用数学方法来表达船体曲面形状，一直是造船界追求的关键目标之一。例如，早在19世纪后期，就不断有人摸索用函数来描绘船体形状，因局限于手工推导及计算，仅能用简单的初等函数描述船舶的水线面或横剖面。实际上，这个目标的实现依赖于两方面技术的发展：一是曲面造型数学工具的发展；二是计算机技术的发展。两者相辅相成，缺一不可。船体曲面造型是随着计算机技术和曲面造型技术的发展而逐步发展的。计算机硬件的快速发展（高速、大容量）和各种软件平台的相继推出，是船体曲面造型得以实现的物质基础；计算几何、计算机辅助几何设计及自由曲面造型技术的不断完善与实用化则为船体曲面造型提供了坚实的理论基础。

对船体曲面进行计算机三维造型，除了直观显示及动画演示功能之外，最终目的是希望能够实现船舶曲面设计、船体性能分析及船体建造的自动化，从而有效提高设计质量与生产质量，缩短生产周期，最终达到提高效益的目的。船体曲面数学表达后借助计算机可以解决大量实际应用问题。

曲面造型技术是计算机设计和计算机图形学中最为活跃、最为关键的学科分支之一。复杂外形的产品设计和制造是任何CAD/CAM软件必须解决的重要问题，这实际上是曲线曲面理论在工程上的具体应用。船体曲面几何表示方法通常可以分为曲线和曲面两类。

1. 曲线方法

曲线方法是由一组按某种规律变化的平面曲线构成船体曲面，由曲线方程表示，是一种二维的方法。平面曲线（如横剖线、水线）所采用的函数常有多项式、三角函数和其他超越函数。

2. 曲面方法

曲面方法直接用曲面方程描述船体曲面。需要根据所采用的数学曲面造型工具，确定船体曲面的分片。例如,利用 Bézier 曲面,则需要将船体曲面分成几块曲面片,然后按照位置连续、切平面连续条件拼接而得到船体曲面。如果采用 B 样条方法,则通过参数曲面片边界条件不同的组合,可以灵活表达各种不同形状的曲面,如对折角线型、球鼻首船型都能良好地表达。

本章将从曲线和曲面两个角度,阐述船型的计算机表达方式。

第二节 船体曲线的数值表示

在船舶产品设计和建造中,对于船体、分段和构件等的形状,我们用它们在三面正投影面中的投影几何图形来表示,并依此绘制各种船体图样作为施工依据。这种投影几何图形通常由直线和曲线组合而成,而直线实质是曲线的一种特例,所以我们可以将这些表示船体、分段和构件等形状的几何图形(投影图),归纳为一种投影曲线。当我们想将这些几何图形变换成用数值表示时,通常是在组成这些几何图形的那些曲线(包括直线)上选定一些特定的离散点(称为型值点),并将表示这些点的坐标值列成型值数据表(x_i, y_i) $(i=1,2,\cdots,n)$来描述这些曲线(称为型线)的。如果这些型线可以用 $y=f(x)$ 函数来表示,则这种数据表是存在 $y=f(x)$ 的函数关系。

但是,由于这种数据表不可能表示出所描述的 $y=f(x)$ 的具体函数表达式,所以它既不能求出数据表以外的 x 值所对应的 y 值及其变化,也不能用这种数据表分析型线的几何性质和变化规律,更不能用它来计算斜率、曲率等曲线的重要属性。因此,要应用计算机来处理船体设计与建造中的各种技术问题,仅有这种数据表是不能实现的,这就决定了实现计算机辅助船体设计与建造的首要任务,就是建立运用这种数据表能正确描述船体型线的函数表达式,使它根据型值点的型值及有关要求就能构造出表示一根连续的船体型线之具体函数表达式,以满足实际应用的需要。在研究曲线的函数表达式时,样条函数是早期最常用的一种方法。后来为了研究和应用的方便,人们又提出了参数方法。三次样条曲线、Bézier 曲线和曲面、B 样条曲线和曲面、Coons 曲面等都属于参数方法。

随着计算机软硬件技术的发展,三维造型技术逐渐成熟,船舶 CAD/CAM 系统中已普遍采用三维建模和设计。不过,曲线方法仍然是船舶 CAD/CAM 系统的基本功能之一。

一、基本概念

(一)插值与逼近

给定一组有序的点列 $p_i(x_i, y_i)(i=0,1,\cdots,n)$,这些点列可以是从某个形体上测量得到的,也可以是设计人员给出的。要求构造一条曲线顺序通过这些数据点,称为对这些数据点进行插值(Interpolation),所构造的曲线称为插值曲线。构造曲线所采用的数学方法称为曲线插值法。

某些情况下,测量所得或设计员给出的数据点本身就很粗糙,要求构造这些数据点的插值曲线没有意义。更合理的方法是,构造一条曲线使之在某种意义上最为接近给定的设计点,称为对这些数据点进行逼近(Approximation),所构造的曲线称为逼近曲线。相应的数学方法称为曲线逼近法。插值和逼近法通称为拟合(Fitting)。

(二)数据点的参数化

在采用参数多项式曲线作为插值曲线与逼近曲线之前,插值法与逼近法就已被广泛应用于科研和生产实践。那时,插值曲线和逼近曲线都采用多项式函数来构造,相应称为多项式插值函数与多项式逼近函数。采用多项式插值函数时,取定 xOy 坐标系后,x 坐标严格递增的 3 个点唯一确定一条抛物线,$n+1$ 个点唯一确定一条不超过 n 次的插值多项式。但采用参数多项式构造的不超过 n 次的插值曲线可以有无数条。顺序通过 3 个点可以有无数条抛物线,顺序通过 $n+1$ 个点的不超过 n 次的参数多项式曲线也可以有无数条。

例如,过三点 P_0、P_1 和 P_2 构造参数表示的插值多项式可以有无数条,这是因为参数在 $[0,1]$ 区间的分割可以有无数种,即 P_0、P_1 和 P_2 可对应不同的参数值,如 $t_0=0, t_1=\frac{1}{2}$, $t_2=1$ 或 $t_0=0, t_1=\frac{1}{3}, t_2=1$。其中,每个参数值称为节点。

欲唯一地确定一条插值于 $n+1$ 个点 $P_i(x_i, y_i)(i=0,1,\cdots,n)$ 的曲线,必须先给数据点 P_i 赋予相应的参数值 u_i,使其形成一个严格的递增序列 $\Delta_u: u_0<u_1<\cdots<u_n$,称为关于参数 u 的一个分割。其中每个参数值称为节点或断点。对于插值曲线,它决定了位于曲线上的这些数据点与其参数域 $u\in[u_o, u_n]$ 内的相应点之间的一种对应关系。对一组有序数据点决定一个参数分割,称为对这组数据点实行参数化。

参数化的常用方法有以下几种。

1. 均匀参数化(等距参数化)法

使每个节点区间长度 $\Delta_i=t_{i+1}-t_i,(i=0,1,\cdots,n-1)$ 为正常数 d,节点在参数轴上呈等距分布:$t_{i+1}=t_i+d$。

2. 累加弦长参数化法

累加弦长参数化法为

$$\begin{cases} t_0=0 \\ t_i=t_{i-1}+|\Delta \boldsymbol{P}_{i-1}|, i=1,2,\cdots,n \end{cases}$$

式中:$\Delta \boldsymbol{P}_i=P_{i+1}-P_i$ 为向前差分矢量,即弦线矢量。这种参数法如实地反映了型值点按弦长的分布情况,能够克服型值点按弦长分布不均匀的情况下采用均匀参数化所出现的问题。

3. 向心参数化法

向心参数化法为

$$\begin{cases} t_0=0 \\ t_i=t_{i-1}+|\Delta \boldsymbol{P}_{i-1}|^{1/2}, i=1,2,\cdots,n \end{cases}$$

累加弦长参数化法没有考虑相邻弦边的拐折情况,而向心参数化法假设在一段曲线弧上的向心力与曲线切矢从该弧段始端至末端的转角成正比,加上一些简化假设,得到向心参数化法。此法尤其适用于非均匀型值点分布。

4. 修正弦长参数化法

修正弦长参数化法为

$$\begin{cases}t_0=0\\t_i=t_{i-1}+k_i\cdot|\Delta\boldsymbol{P}_{i-1}|, i=1,2,\cdots,n\end{cases}$$

其中

$$k_i=1+\frac{3}{2}\left(\frac{|\Delta\boldsymbol{P}_{i-2}|\cdot\theta_{i-1}}{|\Delta\boldsymbol{P}_{i-2}|+|\Delta\boldsymbol{P}_{i-1}|}+\frac{|\Delta\boldsymbol{P}_i|\cdot\theta_i}{|\Delta\boldsymbol{P}_{i-1}|+|\Delta\boldsymbol{P}_i|}\right)$$

$$\theta_i=\min\left(\pi-\angle P_{i-1}P_iP_{i+1},\frac{\pi}{2}\right)$$

$$|\Delta\boldsymbol{P}_{-1}|=|\Delta\boldsymbol{P}_n|=0$$

弦长修正系数 $k_i\geqslant 1$。从公式可知，与前后相邻弦长 $|\Delta\boldsymbol{P}_{i-2}|$ 和 $|\Delta\boldsymbol{P}_i|$ 相比，若 $|\Delta\boldsymbol{P}_{i-1}|$ 越小，且与前后邻弦边夹角的外角 θ_{i-1} 和 θ_i $\left(不超过\frac{\pi}{2}时\right)$ 越大，则修正系数 k_i 就越大。

由上述参数化方法得到的区间一般是 $[t_0,t_n]\neq[0,1]$，通常将参数区间 $[t_0,t_n]$ 规格化为 $[0,1]$，这只需对参数化结果作如下处理：

$$u_i\Leftarrow\frac{u_i}{u_n}, i=0,1,\cdots,n$$

（三）几何不变性

曲线曲面的几何不变性是指它们的数学表示及其所表达的形状，不依赖于坐标系的选择，或者说，在旋转与平移变换下不变的性质。简言之，曲线曲面的几何不变性即是在旋转平移下的不变性。一般来讲，将具有几何不变性的样条称为样条曲线，称那些依赖于坐标系选择的样条为样条函数。

（四）参数曲线

曲线和曲面的表示方程有参数表示和非参数表示之分，非参数表示又分为显式表示和隐式表示。对于一条平面曲线，显式表示的一般形式是 $y=f(x)$。该方程中，一个 x 值与一个 y 值对应，所以显式方程不能表示封闭或多值曲线，如不能用显式方程表示一个圆。

如果将一条平面曲线方程表示成 $f(x,y)=0$ 的形式，称为隐式表示。隐式表示的优点是易于判断函数 $f(x,y)$ 是否大于、小于或等于0，也就易于判断点是落在所表示的曲线上还是位于曲线的哪一侧。

用非参数方程（无论是显式还是隐式）表示曲线曲面，会存在一些问题，如与坐标轴相关，会出现斜率为无穷大的情形（如垂线），不便于计算机编程等。

在几何造型系统中，曲线曲面方程通常表示成参数形式，即曲线曲面上任一点的坐标均表示成给定参数的函数。假定用 t 表示参数，平面曲线上任一点 P 可表示为

$$P(t)=[x(t),y(t)]$$

空间曲线上任一个三维点 P 可表示为

$$P(t)=[x(t),y(t),z(t)]$$

最简单的参数曲线是直线段，端点为 P_1、P_2 的直线段参数方程可表示成

$$P(t)=P_1+(P_2-P_1)\cdot t, t\in[0,1]$$

又如，圆在计算机图形学中应用十分广泛，其在第一象限内的单位圆弧的非参数显式表示为

$$y=\sqrt{1-x^2},0\leqslant x\leqslant 1$$

其参数形式可表示为

$$P(t)=\left[\frac{1-t^2}{1+t^2},\frac{2t}{1+t^2}\right],t\in[0,1]$$

在曲线、曲面的表示上，参数方程比显式、隐式方程有更多的优越性，主要表现在如下方面。

(1)可以满足几何不变性的要求。

(2)有更大的自由度来控制曲线、曲面的形状。如一条二维三次曲线的显式表示为

$$y=ax^3+bx^2+cx+d$$

只有4个系数控制曲线的形状，而二维三次曲线的参数表达式为

$$p(t)=\begin{bmatrix}a_1t^3+a_2t^2+a_3t+a_4\\ b_1t^3+b_2t^2+b_3t+b_4\end{bmatrix},t\in[0,1]$$

有8个系数可用来控制此曲线的形状。

(3)对非参数方程表示的曲线、曲面进行变换，必须对曲线、曲面上的每个型值点进行几何变换；对参数表示的曲线、曲面，可对其参数方程直接进行几何变换。

(4)便于处理斜率为无穷大的情形，不会因此而中断计算。

(5)参数方程中，代数、几何相关和无关的变量是完全分离的，而且对变量个数不限，从而便于用户把低维空间中曲线、曲面扩展到高维空间去。这种变量分离的特点使得可以用数学公式处理几何分量。

(6)规格化的参数变量 $t\in[0,1]$，使其相应的几何分量是有界的，而不必用另外的参数去定义边界。

(7)易于用矢量和矩阵表示几何分量，简化了计算。

二、插值三次样条函数

(一)物理背景

样条函数的理论和应用是从三次样条函数开始发展起来的。在计算几何中，应用得最早、研究得最详细的也是三次样条函数。

(1)它是次数最低的 C^2(2阶连续可微)类样条，二阶连续是大多数工程和数学物理问题所需要的，次数低则带来计算的简便和稳定。

(2)它是放样工艺中绘制曲线用的木样条的数学模型的线性近似，因此，在小挠度情况下，其和木样条画的曲线很相近，符合传统的光顺性要求。

此外，三次样条函数在数学上具有很强的收敛性质，使得它在数值微分和积分以及微分、积分方程的数值求解方面有着广泛的应用。

今天，计算几何的兴起使得样条曲线向着几何化和非线性方向深入展开，手段也日益丰富深刻。当代的CAD/CAM系统已很少应用样条函数方法，尽管如此，三次样条函数仍不失为一个基本的和入门的工具。计算几何中相当一部分常用的曲线，如三次参数样条曲线、三次B样条曲线、张力样条曲线和几何样条曲线等，都可以看成在三次样条函数基

础上的某种改型。

在应用 CAD/CAM 技术以前，绘图员常常用一根富有弹性的均匀细木条或有机玻璃条，让它依次经过这列点，并在每一点处用“压铁”压住，最后沿着这根称为“样条”的细木条画出一根光滑曲线。

如果把木样条看成弹性细梁，压铁看成作用在梁上的集中载荷，那么，按上述方法画出的光滑曲线，在力学上可以模拟为求弹性细梁在外加集中载荷作用下的弯曲变形曲线，在建立平面直角坐标系后，由材料力学知道梁的变形曲线微分方程为

$$EIk(x)=M(x) \tag{2-2-1}$$

式中：$k(x)$为梁的曲率，曲率半径 $\rho(x)=\dfrac{1}{k(x)}$；$M(x)$为作用在梁上的弯矩；EI 为细梁的刚度系数，对于均匀木样条来说是一个常数。

由于梁在两个压铁之间再无外力作用，所以 $M(x)$在两压铁之间的变化是线性的，即弯矩 $M(x)$是 x 的线性函数。

变形曲线 $y=y(x)$的曲率为

$$k(x)=\frac{y''}{\sqrt{(1+y'^2)^{3/2}}}$$

因此，式(2-2-1)是非线性常微分方程，其解不能用初等函数表示。在细梁的弯曲不大，即$|y'|\ll 1$，通常称为“小挠度”情况下，可以忽略 y'的影响，得到线性化近似方程式：

$$EIy''=M(x) \tag{2-2-2}$$

由材料力学可知，对于弯曲的弹性细梁，其曲率、弯矩、剪力 $N(x)$和分布载荷 $q(x)$之间有以下关系：

$$M(x)=EI\frac{1}{\rho(x)}$$

$$N(x)=\frac{\mathrm{d}M(x)}{\mathrm{d}x}$$

$$q(x)=\frac{\mathrm{d}N(x)}{\mathrm{d}x}$$

在非压点处有 $q(x)=0$，即 $y^{(4)}=0$。这时，变形曲线 $y=y(x)$为分段三次多项式，且在压铁处的函数值(位移)、一阶导数(转角或斜率)和二阶导数(弯矩或曲率)都是连续的，而三阶导数(剪力)则有间断，这些就是三次样条函数的力学背景。

(二)插值三次样条函数的定义

定义　设在区间$[a,b]$上给定一个分割$\Delta: a=x_0<x_1<\cdots<x_{n-1}<x_n=b$，$[a,b]$上的一个函数 $s(x)$称为三次样条函数，如果它满足下列条件。

(1)在每个小区间$[x_{i-1},x_i]$$(i=1,2,\cdots,n)$内，$s(x)$是三次多项式。

(2)在整个区间$[a,b]$上，$s(x)$为二阶连续可导函数，即在点 $x_i(i=1,2,\cdots,n-1)$处成立：

$$s^{(k)}(x_i-0)=s^{(k)}(x_i+0),k=0,1,2$$

式中：$x_i(i=0,1,\cdots,n)$称为 $s(x)$的节点。

(3)在给定一组有序数列 $y_i(i=0,1,\cdots,n)$ 后,如果 $s(x)$ 再满足条件,$s(x_i)=y_i(i=0,1,\cdots,n)$,则称 $s(x)$ 为插值三次样条函数。

下面将利用节点处的连续条件建立插值三次样条函数的表示式及连续性方程,并且讨论边界条件的给定,而最后给出算法。以下讨论的是按照函数值及二阶导数决定的表示式和 M 连续性方程。

记 $s(x)$ 在节点 x_i 处的函数值、一阶导数和二阶导数分别为

$$s(x_i)=y_i,s'(x_i)=m_i,s''(x_i)=M_i,i=0,1,\cdots,n \tag{2-2-3}$$

在每个小区间 $[x_{i-1},x_i]$ 上,$s(x)$ 的二阶导数是线性的,所以有

$$s''(x)=M_{i-1}\frac{x_i-x}{h_i}+M_i\frac{x-x_{i-1}}{h_i},x_{i-1}\leqslant x\leqslant x_i \tag{2-2-4}$$

式中:$h_i=x_i-x_{i-1}$ 表示小区间的长度。

将式(2-2-4)连续积分两次,并由插值条件式(2-2-3),得到

$$s'(x)=-M_{i-1}\frac{(x_i-x)^2}{2h_i}+M_i\frac{(x-x_{i-1})^2}{2h_i}+\frac{y_i-y_{i-1}}{h_i}-\frac{h_i(M_i-M_{i-1})}{6},x_{i-1}\leqslant x\leqslant x_i \tag{2-2-5}$$

$$s(x)=-M_{i-1}\frac{(x_i-x)^3}{6h_i}+M_i\frac{(x-x_{i-1})^3}{6h_i}+\left(\frac{y_{i-1}}{h_i}-\frac{h_iM_{i-1}}{6}\right)(x_i-x)+\left(\frac{y_i}{h_i}-\frac{h_iM_i}{6}\right)(x-x_{i-1}),x_{i-1}\leqslant x\leqslant x_i \tag{2-2-6}$$

从式(2-2-5)得到:

$$\begin{cases}s'(x_i-0)=\dfrac{h_i}{6}M_{i-1}+\dfrac{h_i}{3}M_i+\dfrac{y_i-y_{i-1}}{h_i}\\ s'(x_i+0)=-\dfrac{h_{i+1}}{3}M_i-\dfrac{h_{i+1}}{6}M_{i+1}+\dfrac{y_{i+1}-y_i}{h_{i+1}}\end{cases} \tag{2-2-7}$$

由于在每个内节点 x_i 处一阶导数连续,$s'(x_i-0)=s'(x_i+0)$,所以式(2-2-8)成立:

$$\mu_iM_{i-1}+2M_i+\lambda_iM_{i+1}=d_i,i=1,2,\cdots,n-1 \tag{2-2-8}$$

其中

$$\lambda_i=\frac{h_{i+1}}{h_i+h_{i+1}},\mu_i=\frac{h_i}{h_i+h_{i+1}}$$

$$d_i=\frac{6}{h_i+h_{i+1}}\left(\frac{y_{i+1}-y_i}{h_{i+1}}-\frac{y_i-y_{i-1}}{h_i}\right),i=1,2,\cdots,n-1 \tag{2-2-9}$$

方程(2-2-8)称为插值三次样条函数 $s(x)$ 的 M 连续性方程,式中 λ_i 与 μ_i 表示相邻子区间长度之比,$\frac{1}{3}d_i$ 等于插值数据在 x_i 处的二阶差商。连续性方程(2-2-8)的直观意义是:插值函数的二阶导数在 x_{i-1}、x_i、x_{i+1} 三点处的加权平均值$\left(权因子依次为\frac{1}{3}\mu_i、\frac{2}{3}、\frac{1}{3}\lambda_i\right)$等于被插数据在 x_i 处的二阶中心差商值。式(2-2-8)在力学上反映了“三弯矩关系”。

(三)边界条件

连续性方程(2-2-8)是 $n+1$ 个未知数的 $n-1$ 个线性代数方程式。要唯一定解,必

须再附加两个方程。一般按具体问题的物理要求,在区间$[a,b]$的两端给出约束条件,称为边界条件。常用的有以下几种边界条件。

1. 给定曲线在两端点的斜率y'_0和y'_n

对于M连续性方程,由式(2-2-5)可知,相当于给定关系式:

$$\begin{cases}2M_0+M_1=\dfrac{6}{h_1}\left(\dfrac{y_1-y_0}{h_1}-y'_0\right)\\[2ex] M_{n-1}+2M_n=\dfrac{6}{h_n}\left(y'_n-\dfrac{y_n-y_{n-1}}{h_n}\right)\end{cases}\qquad(2-2-10)$$

2. 给定端点二阶导数$M_0=y''_0, M_n=y''_n$

特别地,当$y''_0=0$是简支条件,样条曲线在$x=a$端的曲率为零。如果两端都是这样,称为自然插值三次样条函数。

3. 抛物端边界条件

令曲线的端部两个型值点之间的曲线段为抛物线,则$y''_0=y_1'', y''_{n-1}=y''_n$。

(四)计算求解$M_i(i=0,1,\cdots,n)$

由连续性方程(2-2-8)和边界条件,可得到完整的连续性方程,写成矩阵形式如下:

$$\begin{bmatrix}2 & \lambda_0 & & & & & \\ \mu_1 & 2 & \lambda_1 & & & & \\ & \mu_2 & 2 & \lambda_2 & & & \\ & & \ddots & \ddots & \ddots & & \\ & & & \mu_{n-2} & 2 & \lambda_{n-2} & \\ & & & & \mu_{n-1} & 2 & \lambda_{n-1} \\ & & & & & \mu_n & 2\end{bmatrix}\begin{bmatrix}M_0\\ M_1\\ M_2\\ \vdots\\ M_{n-2}\\ M_{n-1}\\ M_n\end{bmatrix}=\begin{bmatrix}d_0\\ d_1\\ d_2\\ \vdots\\ d_{n-2}\\ d_{n-1}\\ d_n\end{bmatrix}\qquad(2-2-11)$$

考虑边界条件后,上式可以作适当的改写。如给定曲线在两端点的斜率y'_0和y'_n,则求解M_i的连续性方程为

$$\begin{bmatrix}2 & 1 & & & & & \\ \mu_1 & 2 & \lambda_1 & & & & \\ & \mu_2 & 2 & \lambda_2 & & & \\ & & \ddots & \ddots & \ddots & & \\ & & & \mu_{n-2} & 2 & \lambda_{n-2} & \\ & & & & \mu_{n-1} & 2 & \lambda_{n-1} \\ & & & & & 1 & 2\end{bmatrix}\begin{bmatrix}M_0\\ M_1\\ M_2\\ \vdots\\ M_{n-2}\\ M_{n-1}\\ M_n\end{bmatrix}=\begin{bmatrix}\dfrac{6}{h_1}\left(\dfrac{y_1-y_0}{h_1}-y'_0\right)\\ d_1\\ d_2\\ \vdots\\ d_{n-2}\\ d_{n-1}\\ \dfrac{6}{h_n}\left(y'_n-\dfrac{y_n-y_{n-1}}{h_n}\right)\end{bmatrix}\qquad(2-2-12)$$

下面介绍求解连续性方程(2-2-12)的方法。记式(2-2-11)为$\boldsymbol{AM}=\boldsymbol{d}$,其中

$$
\boldsymbol{A}=\begin{bmatrix}
2 & \lambda_0 & & & & & \\
\mu_1 & 2 & \lambda_1 & & & & \\
 & \mu_2 & 2 & \lambda_2 & & & \\
 & & \ddots & \ddots & \ddots & & \\
 & & & \mu_{n-2} & 2 & \lambda_{n-2} & \\
 & & & & \mu_{n-1} & 2 & \lambda_{n-1} \\
 & & & & & \mu_n & 2
\end{bmatrix},\boldsymbol{M}=\begin{bmatrix} M_0 \\ M_1 \\ M_2 \\ \vdots \\ M_{n-2} \\ M_{n-1} \\ M_n \end{bmatrix},\boldsymbol{d}=\begin{bmatrix} d_0 \\ d_1 \\ d_2 \\ \vdots \\ d_{n-2} \\ d_{n-1} \\ d_n \end{bmatrix}
$$

上式中系数矩阵 $\boldsymbol{A}$ 的特点是：除了在主对角线及其相邻的两条次对角线上的元素外，其余的元素都为零。因此，$\boldsymbol{A}$ 称为三对角矩阵。编程计算时，常把三对角矩阵 $\boldsymbol{A}$ 存放在三个一维数组中，代替一般的二维数组，以减少对内存空间的占用。

在三对角系数矩阵中，$|\lambda_i|+|\mu_i|=1(i=1,2,\cdots,n)$，且 $0\leqslant\lambda_0,\mu_0,\lambda_n,\mu_n\leqslant1$，主对角线元素都等于2，对角严格占优，因此方程组的解存在并且唯一。求解这种三对角方程组不必用一般的消元法，采用“追赶法”能够大大节省计算时间和存储量。

$$
\boldsymbol{A}=\begin{bmatrix}
l_0 & & & & \\
m_1 & l_1 & & & \\
 & \ddots & \ddots & & \\
 & & m_{n-1} & l_{n-1} & \\
 & & & m_n & l_n
\end{bmatrix}\begin{bmatrix}
1 & u_0 & & & \\
 & 1 & u_1 & & \\
 & & \ddots & \ddots & \\
 & & & 1 & u_{n-1} \\
 & & & & 1
\end{bmatrix}
$$

记

$$
\boldsymbol{L}=\begin{bmatrix}
l_0 & & & & \\
m_1 & l_1 & & & \\
 & \ddots & \ddots & & \\
 & & m_{n-1} & l_{n-1} & \\
 & & & m_n & l_n
\end{bmatrix},\boldsymbol{U}=\begin{bmatrix}
1 & u_0 & & & \\
 & 1 & u_1 & & \\
 & & \ddots & \ddots & \\
 & & & 1 & u_{n-1} \\
 & & & & 1
\end{bmatrix} \tag{2-2-13}
$$

则

$$\boldsymbol{A}=\boldsymbol{LU}$$

上式中 m_i、l_i、u_i 的计算公式如下：

$$
\begin{aligned}
&l_0=2,u_0=\frac{\lambda_0}{l_0}\\
&m_i=\mu_i,i=1,2,\cdots,n\\
&l_i=2-m_i\mu_{i-1},i=1,2,\cdots,n\\
&u_i=\frac{\lambda_i}{l_i},i=1,2,\cdots,n
\end{aligned} \tag{2-2-14}
$$

矩阵方程 $\boldsymbol{AM}=\boldsymbol{d}$ 的系数矩阵 $\boldsymbol{A}$ 有了分解式 $\boldsymbol{A}=\boldsymbol{LU}$ 以后，求解该矩阵方程的问题可以不必采用一般的消元法，而有了新的方法。

因为

$$\boldsymbol{AM}=\boldsymbol{LUM}=\boldsymbol{L}(\boldsymbol{UM})$$

令

$$\boldsymbol{UM}=\boldsymbol{Y}$$
$$\boldsymbol{AM}=\boldsymbol{LY}=\boldsymbol{d}$$

因此,求解 $\boldsymbol{AM}=\boldsymbol{d}$ 的问题可转化为求解两个特殊的三角形方程组:

$$\boldsymbol{LY}=\boldsymbol{d}$$
$$\boldsymbol{UM}=\boldsymbol{Y}$$

上式中,矢量 $\boldsymbol{Y}=[y_0\ y_1\cdots\ y_n]^{\mathrm{T}}$。根据这两个三角形方程组的特殊性,很容易得到其递推的计算式分别为

$$\begin{cases} y_0=\dfrac{d_0}{l_0} \\ y_i=\dfrac{d_i-m_iy_{i-1}}{l_i}, i=1,2,\cdots,n \end{cases} \tag{2-2-15}$$

及

$$\begin{cases} M_n=y_n \\ M_i=y_i-u_iM_{i-1}, i=n-1,n-2,\cdots,1 \end{cases} \tag{2-2-16}$$

求解 y_i的过程中下标由小到大,即求解顺序是:$y_0\to y_1\to\cdots\to y_n$。这个过程被形象地称为“追”,计算方程组的解 M_i的顺序是:$M_n\to M_{n-1}\to\cdots\to M_0$,这个过程被称为“赶”。因此,上述求解三对角方程组的方法通常被称为“追赶法”。

综上所述,采用追赶法求解三次样条函数系数的步骤如下。

(1)由式(2-2-14)确定分解 $\boldsymbol{A}=\boldsymbol{LU}$ 中 $\boldsymbol{L}$ 和 $\boldsymbol{U}$ 的元素。

(2)由式(2-2-15)求出中间矢量 $\boldsymbol{Y}$。

(3)由式(2-2-16)求解矢量 $\boldsymbol{M}$。

(五)坐标变换

上述推导三次样条函数时,它的力学背景是小挠度的木样条。理论分析和实际应用都表明,在小挠度情况下,用三次样条函数插值的曲线和木样条直接画出来的曲线非常接近。然而,实际问题中经常遇到大挠度曲线,即 $|y'|>>1$ 的情况。这时,y''和曲率 k 有相当大的偏差,木样条的数学模型就不能是三次样条函数。对于一部分曲线,可以采用旋转坐标系的方法进行弥补,即适当旋转坐标系,将数据变换到新坐标系中去,化大挠度为小挠度,方可采用三次样条函数进行插值计算。

如图 2-2-1 所示,设原坐标系为 XOY,新坐标系为 xoy。新坐标系原点在原坐标系中的坐标为(X_1,Y_1),ox 轴相对于 OX 轴旋转了角度 θ。

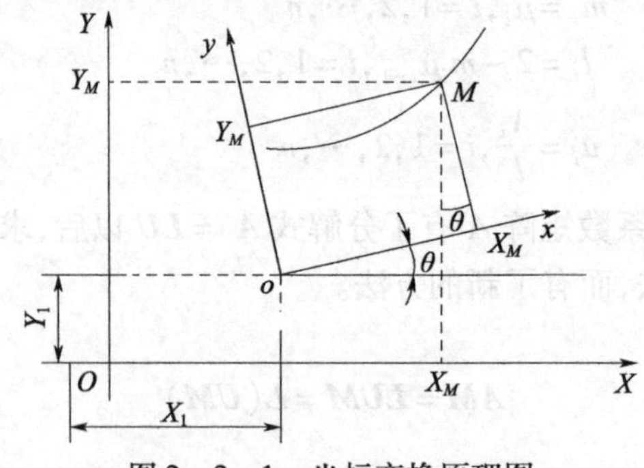

图 2-2-1 坐标变换原理图

设 M 是船体型线上的任意一个型值点，在原坐标系和新坐标系中的坐标分别为 (X, Y)、(x, y)。根据图 2－2－1 所示的几何关系，可导出由原坐标系变换成新坐标系的公式为

$$\begin{cases} x = (X - X_1)\cos\theta + (Y - Y_1)\sin\theta \\ y = (Y - Y_1)\cos\theta - (X - X_1)\sin\theta \end{cases} \tag{2-2-17}$$

同理，由新坐标变换回原坐标的公式：

$$\begin{cases} X = X_1 + x\cos\theta - y\sin\theta \\ Y = Y_1 + x\sin\theta + y\cos\theta \end{cases} \tag{2-2-18}$$

其中 θ 的符号规定为：以原坐标系的 OX 轴为起点，逆时针旋转为正，顺时针为负。

上述坐标变换方法属于典型的二维图形几何变换，只是表达方式不同而已。本书将在第四章第一节中详细介绍。式(2－2－17)表示先平移后旋转的组合变换，其变换矩阵为

$$\boldsymbol{T} = \boldsymbol{T}_1\boldsymbol{T}_2 = \begin{bmatrix} 1 & 0 & 0 \\ 0 & 1 & 0 \\ -X_1 & -Y_1 & 1 \end{bmatrix}\begin{bmatrix} \cos\theta & -\sin\theta & 0 \\ \sin\theta & \cos\theta & 0 \\ 0 & 0 & 1 \end{bmatrix}$$

但是，坐标变换方法仅适用于一部分曲线。对于球鼻首轮廓线那种曲线，无论如何旋转也找不到使曲线成为小挠度的坐标系。这类问题的解决还需要寻求其他途径，后面介绍的参数样条就是一种有效的方法。

（六）求解插值三次样条函数的步骤

求解插值三次样条函数 $s(x)$ 的步骤，归纳如下。

(1)根据具体问题的要求，确定适当的边界条件。

(2)用“追赶法”解方程(2－2－11)，求出节点处的二阶导数 $M_i(i=0,1,\cdots,n)$。

(3)将 M_i 代回 $s(x)$ 的分段表示式(2－2－6)，由此插值计算出区间 $[a,b]$ 上任一点处的函数值。

上述计算中，如果曲线不满足小挠度要求，则事先用式(2－2－17)进行坐标变换，然后建立插值函数。计算完成后，再变换回原坐标系中。

（七）插值三次样条函数的局限性

用插值三次样条函数构造的曲线，可达到二阶连续，能够满足许多生产实际的需求，因而在船舶和航空制造中曾得到广泛的应用。但是，用样条函数方法构造曲线、曲面存在下述问题。

(1)无法处理斜率为无穷大的情况。推导样条函致表达式的前提是 $|y'| \ll 1$，显然，在大斜率情况下会引起矛盾。

(2)不具有几何不变性。对一组型值点作坐标变换，然后用样条函数分别对变换前后的型值点构造两条曲线。它们的形状会有差异。换言之，用样条函数构造曲线、曲面时，其形状与坐标系的选取有关，亦即不具有几何不变性。

(3)无局部性。用样条函数方法构造曲线、曲面时，修改任一型值点都会影响整条曲线或整张曲面的形状，即不具备局部性。其原因在于三次样条函数是从整条曲线的连续性条件导出的。

(4)不便进行坐标变换。

(5)不易处理多值曲线。

正因为上述诸种问题,现在的CAD/CAM系统中已很少应用样条函数方法,而广泛采用各种参数方法构造曲线和曲面。

(八)参数样条曲线

1. 累加弦长三次参数样条曲线

参数样条方法的处理思想是:曲线的每一个分量都是以某个参数为自变量的某种样条函数,形式上合并起来组成参数样条。下面讨论参数样条曲线的构造。

在直角坐标平面上给定一组型值点$p(x_i,y_i)(i=0,1,\cdots,n)$,记相邻两型值点之间的弦长为

$$l_i=\sqrt{(x_i-x_{i-1})^2+(y_i-y_{i-1})^2},i=1,2,\cdots,n \qquad (2-2-19)$$

取参数轴上的一个分割$\Delta:0=t_1<\cdots<t_n$,其中

$$t_i=\sum_{j=1}^{i}l_j,i=1,2,\cdots,n$$

因此,参数t轴上的每一个节点t_i都具有累加弦长的几何意义。对于参数轴,分别以x_i和$y_i(i=0,1,\cdots,n)$为插值数据,用式(2-2-6)首先构造两个插值三次样条函数$x(t)$和$y(t)$,然后把它们合并起来,称参数曲线$P(t)=[x(t),y(t)]$为累加弦长三次参数样条曲线。

实践表明,累加弦长三次参数样条曲线对于大挠度曲线的插值效果是令人满意的。由于这种方法插值效果良好,计算简单可靠,计算量相当于两遍三次样条函数,因此应用极多。

2. 参数样条曲线的端点条件

连续性方程要添上两个适当的边界条件,才能构成完整的连续性方程。下面介绍几种常用的端点条件。

1)给定端点的斜率y'

在采用这一种边界条件的实际问题中,边界切向容易估计,边界切向量长度往往难以判断,一般情况下建议边界切向量取成单位向量较为合适。

因为

$$y'=\frac{dy}{dx}=\frac{dy/dt}{dx/dt}$$

又因为

$$y'=\tan\alpha=\frac{\sin\alpha}{\cos\alpha}$$

所以有

$$\begin{cases}\dfrac{dx}{dt}=\pm\cos\alpha\\[2mm]\dfrac{dy}{dt}=\pm\sin\alpha\end{cases}$$

当端点具有水平切线时,$y'=0$,边界条件的补充方程为

$$\begin{cases} \dfrac{dx}{dt} = \pm 1 \\ \dfrac{dy}{dt} = 0 \end{cases}$$

当端点具有垂直切线时，$y' = \infty$，边界条件的补充方程为

$$\begin{cases} \dfrac{dx}{dt} = 0 \\ \dfrac{dy}{dt} = \pm 1 \end{cases}$$

2）端点的曲率为0

当端点曲率为0，称为自由端点条件，补充方程为

$$\begin{cases} \dfrac{d^2y}{dt^2} = 0 \\ \dfrac{d^2x}{dt^2} = 0 \end{cases}$$

三、B样条曲线

B样条（B－spline）的概念最初是由Schoenberg于1946年提出来了的，如今已有了很大的发展，形成了统一、通用、有效的标准算法及强有力的配套技术。在当前的CAD/CAM系统中，B样条曲线、曲面已成为几何造型的核心部分。B样条方法具有表示与设计自由型曲线、曲面的强大功能，是广泛流行的形状数学描述的主流方法之一。并且，B样条方法是有理B样条方法的基础，只有在熟练掌握B样条方法原理和算法的基础上，才能顺利进入有理B样条方法。有理B样条方法目前已成为关于工业产品几何定义的国际标准。

（一）B样条的递推定义与性质

B样条有多种等价定义，在理论上较多地采用截尾幂函数的差商定义。本书只介绍作为标准算法的de Boor－Cox递推定义，又称为de Boor－Cox公式。这个著名的递推公式的发现是B样条理论最重要的进展之一。它原来采用阶数（阶数＝次数＋1），为方便应用，现多直接采用次数，规定如下：

$$\begin{cases} N_{i,0}(u) = \begin{cases} 1, u_i \leqslant u \leqslant u_{i+1} \\ 0, \text{其他} \end{cases} \\ N_{i,k}(u) = \dfrac{u - u_i}{u_{i+k} - u_i} N_{i,k-1}(u) + \dfrac{u_{i+k+1} - u}{u_{i+k+1} - u_{i+1}} N_{i+1,k-1}(u) \\ \dfrac{0}{0} = 0 \end{cases} \tag{2-2-20}$$

$N_{i,k}(u)(i=0,1,\cdots,n)$称为$k$次（$k+1$阶）B样条基函数，其中每一个称为规范B样条，简称B样条。它是由一个称为节点矢量的非递减参数的序列$\boldsymbol{U}: u_0 \leqslant u_1 \leqslant \cdots \leqslant u_{n+k+1}$所决定的$k$次分段多项式，即为$k$次多项式样条。B样条基函数是多项式样条空间具有最小支承的一组基，故称为基本样条（Basic Spline），简称B样条。

$N_{i,k}(u)$的第二个下标k表示次数，第一个下标i表示序号。该递推公式表明，欲确定第i个k次B样条$N_{i,k}(u)$，需要用到$u_i, u_{i+1}, \cdots, u_{i+k+1}$共$k+2$个节点。称区间［$u_i$，

u_{i+k+1}]为$N_{i,k}(u)$的支承区间。$N_{i,k}(u)$的第一下标等于其支承区间左端节点的下标，即表示该B样条在参数u轴上的位置。

曲线方程中相应$n+1$个控制顶点$d_i(i=0,1,\cdots,n)$要用到$n+1$个k次B样条。它们的支承区间所含节点的并集就是定义了这一组B样条基的节点矢量$\boldsymbol{U}=[u_0,u_1,\cdots,u_{n+k+1}]$。

B样条基函数具有以下几项性质。

(1)递推性：由上述定义表明。

(2)规范性：$\sum N_{i,k}(u)=1$。

(3)局部支承性质，它包含了非负性：

$$N_{i,k}(u)\begin{cases}\geqslant 1, u\in[u_i,u_{i+k+1}]\\ =0,\text{其他}\end{cases}$$

(4)可微性：在节点区间内部它是无限次可微的，在节点处它是$k-r$次可微的，这里r是节点重复度。

要重点理解和掌握作为其定义的递推式(2-2-20)。它表明，B样条$N_{i,k}(u)$虽然定义在整个参数u轴上，但由局部支承性质可知，仅在支承区间$[u_i,u_{i+k+1}]$上有大于零的值，在支承区间外均为零。B样条$N_{i,k}(u)$由其支承区间内的所有节点决定。

(二)B样条曲线的定义、性质与分类

B样条曲线的方程定义为

$$p(u)=\sum_{i=0}^{n}d_iN_{i,k}(u) \tag{2-2-21}$$

式中：$d_i(i=0,1,\cdots,n)$是控制顶点，又称de Boor点。顺序连接d_i得到的折线称为B样条控制多边形，常简称为控制多边形。

B样条曲线的性质有以下几点。

1. 局部性

由B样条定义可知，k次B样条的支承区间包含$k+1$个节点区间。于是，在参数轴u轴上任一点$u\in[u_i,u_{i+1}]$处，就至多只有$k+1$个非零的k次B样条基函数$N_{j,k}(u)(j=i-k,i-k+1,\cdots,i)$，其他$k$次B样条在该处均为零。

因此，考察B样条曲线定义在区间$u\in[u_i,u_{i+1}]$上的那一段曲线，略去其中基函数取零值的那些项，则式(2-2-21)可表示为

$$p(u)=\sum_{j=0}^{n}d_jN_{j,k}(u)=\sum_{j=i-k}^{n}d_jN_{j,k}(u), u\in[u_i,u_{i+1}]\subset[u_k,u_{n+1}] \tag{2-2-22}$$

上式表明，B样条曲线的局部性质的一个方面，即k次B样条曲线上定义域内参数为$u(u\in[u_i,u_{i+1}])$的一点$p(u)$至多与$k+1$个控制顶点$d_j(j=i-k,i-k+1,\cdots,i)$及相应的B样条基函数有关，与其他控制顶点无关。另一方面，移动k次B样条曲线的一个控制顶点d_i至多影响到定义在区间(u_i,u_{i+k+1})上那部分曲线，如图2-2-2所示，对曲线的其余部分不产生影响。局部性是B样条曲线所具有的占支配地位的性质。

2. 连续性

在定义域内，节点具有最高重复度为r的k次B样条基函数是$k-r$次可微的，其所定义的k次B样条曲线具有$k-r$阶参数连续性。

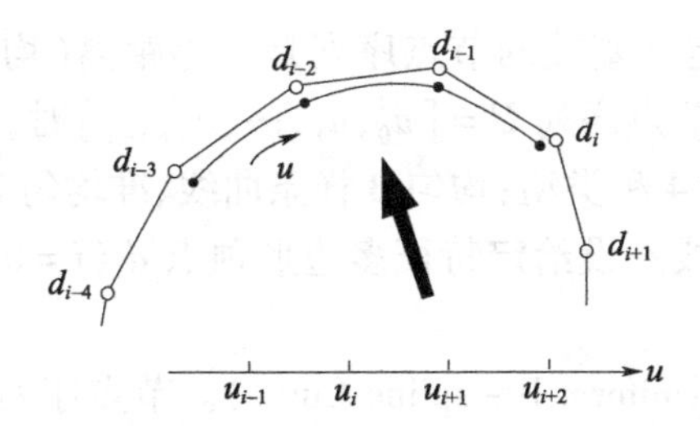

图 2-2-2　k 次 B 样条曲线只与 $k+1$ 个控制顶点有关

连续性是 B 样条曲线所具有的另一占支配地位的性质。

3. 凸包性质

B 样条曲线的凸包是定义各曲线线段的控制顶点的凸包的并集，因此，B 样条曲线恒位于它的凸包内。

凸包性质会导致当顺序 $k+1$ 个顶点重合时，由该 $k+1$ 个顶点定义的 k 次 B 样条曲线段退化到这一重合点；顺序 $k+1$ 个顶点共线时，由该 $k+1$ 个顶点定义的 k 次 B 样条曲线段为一直线。

4. 变差缩减性（即 VD 性质）

设平面内 $n+1$ 个控制顶点 $d_0, d_1, \cdots, d_n$ 构成 B 样条曲线 $p(u)$ 的控制多边形，则在该平面内的任意一条直线与 $p(u)$ 的交点个数不多于该直线和控制多边形的交点个数。

变差缩减是 B 样条曲线行为占支配地位的又一个重要性质。

5. 几何不变性

B 样条曲线的形状和位置与坐标系的选择无关。

由于 B 样条曲线的性质，使得 B 样条曲线在构造曲线方面非常灵活，例如，用 B 样条曲线可以构造直线段、尖点和切线等特殊情况，如图 2-2-3 所示。

（1）对于三次 B 样条曲线 $p(u)$，若要在其中得到一条直线段，只要 d_i、d_{i+1}、d_{i+2}、d_{i+3} 这 4 点位于一条直线上，如图 2-2-3(a) 所示，此时，$p(u)$ 对应的 $u_{i+3} \leqslant u \leqslant u_{i+4}$ 的曲线即为一条直线，且和 d_i、d_{i+1}、d_{i+2}、d_{i+3} 所在的直线重合。

（2）若使 $p(u)$ 能过 d_i，只要使 d_i、d_{i+1}、d_{i+2} 重合，此时 $p(u)$ 过 d_i 点（尖点）。

（3）若使曲线 $p(u)$ 和某一直线 L 相切，只要取 d_i、d_{i+1}、d_{i+2} 位于 L 上及 u_{i+3} 的重数不大于 2。

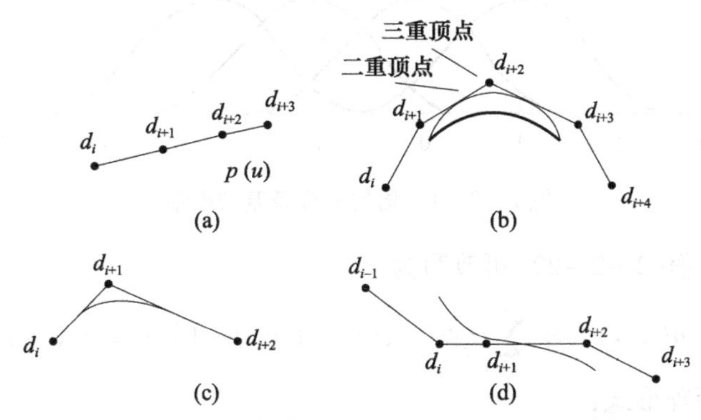

图 2-2-3　三次 B 样条曲线的一些特例

(a)4 顶点共线；(b)二重顶点和三重顶点；(c)二重节点和三重节点；(d)三顶点共线。

B 样条曲线一般是按定义基数的节点序列是否等距离(均匀)分为均匀 B 样条曲线和非均匀 B 样条曲线。当节点序列 $\boldsymbol{U}=[u_0,u_1,\cdots,u_{n+k+1}]$ 时,B 样条曲线按节点序列中节点分布情况不同,又分为 4 种类型:均匀 B 样条曲线、准均匀 B 样条曲线、分段 Bezier 曲线和一般非均匀 B 样条曲线。设给定特征多边形顶点 $d_i(i=0,1,\cdots,n)$,曲线的次数 k,于是有以下几种情况。

(1)均匀 B 样条曲线(Uniform B-spline Curve)。节点序列中节点为沿参数轴均匀或等距分布,所有节点区间的长度 $\Delta_i=u_{i+1}-u_i=$ 常数 $>0(i=0,1,\cdots,n+k)$。这样的节点序列定义了均匀 B 样条基。

(2)准均匀 B 样条曲线(Quasi-uniform B-spline Curve)。其节点序列中两端节点具有重复度 $k+1$,即 $u_0,u_1=\cdots u_k,u_{n+1}=u_{n+2}=\cdots u_{n+k+1}$,而所有内节点均匀分布,具有重复度 1。

(3)一般分段贝齐尔曲线(Piecewise Bézier Curve)。在其节点序列中两端节点重复度与类型 2 相同,为 $k+1$。所不同的是,所有内节点重复度为 k。

(4)非均匀 B 样条曲线(General Non-uniform B-spline Curve)。这是对任意分布的节点序列 $\boldsymbol{U}=[u_0,u_1,\cdots,u_{n+k+1}]$,只要在数学上成立(其中节点序列非递减,两端节点重复度 $\leqslant k+1$,内节点重复度 $\leqslant k$)都可选取。这样的节点序列上定义了一般非均匀 B 样条基。前 3 种类型都可作为特例被包括在这种类型中。

下面我们分别对均匀 B 样条曲线和非均匀 B 样条曲线进行讨论。

(三)均匀 B 样条曲线

对于均匀 B 样条曲线,节点矢量中节点为沿参数轴均匀或等距分布,所有节点区间长度 $\Delta_i=u_{i+1}-u_i=$ 常数 $>0(i=0,1,\cdots,n+k)$。这样的节点矢量定义了均匀 B 样条基。

在这种类型里,由节点矢量决定的均匀 B 样条基在定义域内各节点区间上都具有相同的图形,如图 2-2-4 所示,其中任一节点区间上的 B 样条基都可由另一节点区间上的 B 样条基经平移得到。但在整体参数下它们却具有不同的表达式。为此,可将定义在每个节点区间 $[u_i,u_{i+1}]$ 上用整体参数 u 表示的 B 样条基变换成用局部参数 $t\in[0,1]$ 表示,其参数变换为

$$u=u(t)=(1-t)\cdot u_i+t\cdot u_{i+1},t\in[0,1];i=k,k+1,\cdots,n$$

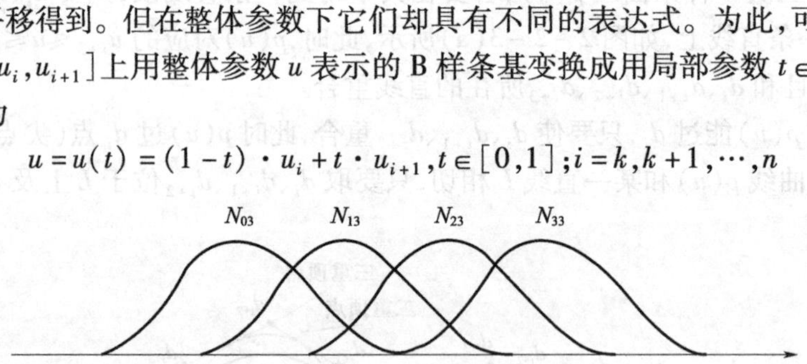

图 2-2-4 均匀 B 样条基的图形

B 样条曲线方程(2-2-22)可改写为

$$s_i(t)=p(u(t))=\sum_{j=i-k}^{n}d_jN_{j,k}(u(t)),t\in[0,1];i=k,k+1,\cdots,n$$

将上式再改写为矩阵形式:

$$s_i(t)=[1tt^2\cdots t^k]M_k\begin{bmatrix}d_{i-k}\\d_{i-k+1}\\\cdots\\d_i\end{bmatrix},t\in[0,1];i=k,k+1,\cdots,n$$

其中，1 ~3 次系数矩阵 $M_k(k=1,2,3)$分别为

$$M_1=\begin{bmatrix}1&0\\-1&1\end{bmatrix},M_2=\frac{1}{2}\begin{bmatrix}1&1&0\\-2&2&0\\1&-2&1\end{bmatrix},M_3=\frac{1}{6}\begin{bmatrix}1&4&1&0\\-3&0&3&0\\3&-6&3&0\\-1&3&-3&1\end{bmatrix}$$

这样，基函数计算就方便得多，无需用递推公式(2 -2 -20)进行递推计算了。由上述矩阵可得三次均匀 B 样条曲线的方程：

$$s_i(t)\frac{1}{6}=[1\quad t\quad t^2\quad t^3]\begin{bmatrix}1&4&1&0\\-3&0&3&0\\3&-6&3&0\\-1&3&-3&1\end{bmatrix}\begin{bmatrix}d_{i-3}\\d_{i-2}\\d_{i-1}\\d_i\end{bmatrix},t\in[0,1];i=3,4,\cdots,n$$

它的每一段曲线可以是平面曲线，也可以是空间曲线，取决于定义它的顺序 4 顶点是否共面。它定义在整体参数 $u\in[u_i,u_{i+1}]$上那段曲线的首端点，也即定义在 $u\in[u_{i-1},u_i]$上那段曲线的末端点。其位置矢量和对局部参数 t 的一阶、二阶导矢分别为

$$p(u_i)=s_i(0)=s_{i-1}(1)=\frac{1}{6}(d_{i-3}+4d_{i-2}+d_{i-1})=\frac{1}{3}\cdot\frac{d_{i-3}+d_{i-1}}{2}+\frac{2}{3}d_{i-2}$$

$$\dot{s}_i(0)=\dot{s}_{i-1}(1)=\frac{1}{2}(d_{i-1}-d_{i-3})$$

$$\ddot{s}_i(0)=\ddot{s}_{i-1}(1)=d_{i-1}-2d_{i-2}+d_{i-3}=(d_{i-1}-d_{i-2})+(d_{i-3}-d_{i-2})$$

式中：$\dot{s}(t)$、$\ddot{s}(t)$分别表示曲线 $s(t)$关于参数 t 的一阶、二阶导矢。由此可知，三次均匀 B 样条曲线段的起点 $p(u_i)$落在 $\Delta d_{i-3}d_{i-2}d_{i-1}$底边中线 $d_{i-2}m$ 上离 d_{i-2}的 1/3 处；$p(u_i)$点的切矢量 $\dot{s}(0)$平行于 $\Delta d_{i-3}d_{i-2}d_{i-1}$的底边 $d_{i-3}d_{i-1}$，长度为其一半；在这点的二阶导矢 $\ddot{s}(0)$等于中线矢量$\overline{d_{i-2}m}$的 2 倍。终点 $p(u_{i+1})$的情况同起点 $p(u_i)$的相对称，这里不再重复。由此可绘出每一曲线段的大致形状，如图 2 -2 -5 所示。

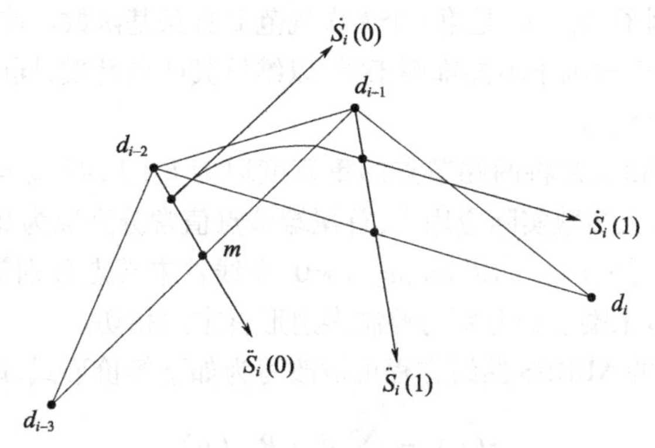

图 2 -2 -5　求三次均匀 B 样条曲线连接点的几何作图法

(四)非均匀有理B样条(NURBS)曲线

B样条技术在自由曲线、曲面的设计和表示方面显示出了其卓越的优点,但在表示初等曲面时却遇到了麻烦。在很多应用领域,如飞机、造船、汽车等工业中,圆弧、椭圆弧、抛物线、圆柱面、圆锥面、圆环面等经常出现,这些形状都表示精确且往往要求较高的加工精度。传统的B样条技术只能精确地表示抛物线、抛物面,对其他的二次曲线、曲面,只能近似表示。因此,在一个造型系统内,无法用一种统一的形式表示曲面,因而使得系统的开发复杂化。非均匀有理B样条技术正是在这样的需求背景下逐步发展成熟起来的。

一般将非均匀有理B样条技术简称为NURBS,是取其英文名称:Non - uniform Rational B - spline的首字母缩写。目前,NURBS已经成为几何造型系统内部的标准表示形式。NURBS能够被迅速接受的主要原因如下。

(1)NURBS技术可以精确表示规则曲线与曲面(如圆锥曲线、二次曲面、旋转曲面等)。传统的孔斯方法、Bezier方法、非有理B样条方法做不到这一点;它们往往需要进行离散化、使造型不便并且影响精度。

(2)可以把规则曲面和自由曲面统一起来,因而,便于用统一的算法进行处理和使用统一的数据库进行存储,程序量可明显减少。

(3)由于增加了额外的自由度(权因子),若应用得当,有利于曲线曲面形状的控制和修改,使设计者能更方便地实现设计意图。

和一般的B样条曲线表示方式不同,NURBS曲线具有3种等价形式,分别是有理分式表示、有理基函数表示和齐次坐标表示,3种方式各有不同的用途,有理分式的表示形式表明NURBS曲线是Bezier曲线和B样条曲线的进一步推广;从有理基函数的表示则可以较直观地分析出NURBS曲线所继承和特有的性质;齐次坐标的表示形式表明,NURBS曲线是在比其原维数高一维的空间内,由其带权控制顶点定义的非有理B样条曲线在权因子的超平面中心上的投影,这里只讲述其有理分式的表示形式,可以将一条k次NURBS曲线表示为式(2-2-23)的有理多项式的分段矢函数形式:

$$r(u) = \frac{\sum_{i=0}^{n} \omega_i d_i \cdot N_{i,k}(u)}{\sum_{i=0}^{n} \omega_i \cdot N_{i,k}(u)} \tag{2-2-23}$$

它是NURBS曲线的原始数学定义形式。其中$\omega_i(i=0,1,\cdots,n)$为与控制定点$d_i(i=0,1,\cdots,n)$相对应的权因子,$N_{i,k}(u)$是第i个k次规范B样条基函数。首尾权因子$\omega_0,\omega_n \geqslant 0$,其余$\omega_i > 0$,且顺序$k$个权因子不能都等于零,以维持其凸包性质,同时曲线也不至于因为权因子为零而成为一个点。

对于NURBS开曲线,常将两端节点的重复度取为$k+1$,即$u_0 = u_1 = \cdots = u_k, u_{n+1} = u_{n+2} = \cdots = u_{n+k+1}$。在大多数实际应用中,首尾端节点值常分别取为0和1。因此,曲线的定义域$u \in [u_k, u_{n+1}] = [0,1]$。如果$\omega_1, \omega_{n-1} \neq 0$,曲线首末端点分别就是控制多边形的首末顶点,并且曲线在首末端点处分别与控制多边形首末边相切。

用有理分式表示的NURBS曲线方程可被改写为如下等价形式,即有理基函数表示:

$$r(u) = \sum_{i=0}^{n} d_i \cdot R_{i,k}(u)$$

$$R_{i,k}(u) = \frac{\omega_i \cdot N_{i,k}(u)}{\sum_{j=0}^{n} \omega_j \cdot N_{j,k}(u)}$$

其中，$R_{i,k}(u)(i=0,1,\cdots,n)$称为 k 次有理基函数。它具有 k 次规范 B 样条基函数 $N_{i,k}(u)$类似的性质。

(1)局部支撑性质。$R_{i,k}(u)=0, u\notin[u_i, u_{i+k+1}]$。

(2)规范性。$\sum_i R_{i,k}(u) \equiv 1$。

(3)非负性。对于所有的 i、k、u 值，都有 $R_{i,k}(u)\geqslant 0$。

(4)可微性。如果分母不为零，在节点区间内是无限次连续可微的，在节点处是 $k-r$ 次连续可微的，其中 r 是该节点的重复度。

(5)若 $\omega_i=0$，则 $R_{i,k}(u)=0$。

(6)若 $\omega_i\to\infty$，则 $R_{i,k}(u)=1$。

(7)若 $\omega_j\to\infty\ (j\neq i)$，则 $R_{i,k}(u)=0$。

(8)当 $\omega_i=c(i=0,1,\cdots,n)$，$c$ 为常量时，k 次有理基函数则退化成为 k 次规范 B 样条基函数。

根据上述有理非均匀 B 样条基的性质，可以容易地得到 NURBS 曲线的若干重要几何性质。

(1)端点条件满足

$$r(0)=d_0, r(1)=d_n$$

$$r'(0)=[k\omega_1(d_1-d_0)]/(\omega_0 u_{k+1})$$

$$r'(1)=[k\omega_{n-1}(d_n-d_{n-1})]/[\omega_n(1-u_{n-k-1})]$$

(2)射影不变性。对于曲线的射影变换等价于对其控制顶点的射影变换。

(3)凸包性。若 $u\in[u_i, u_{i+1}]$，那么，曲线 $r(u)$位于三维控制顶点 $d_{i-k},\cdots,d_i$ 的凸包之中。

(4)曲线 $r(u)$在分段定义区间内部无限可微，在节点重复度为 m 的节点处 $k-m$ 次可微。

(5)无内节点的有理 B 样条曲线为有理 Bezier 曲线。

四、船体曲线的表达

船体曲线的表达方式有很多种，但由于 NURBS 曲线可以满足大多数场合中曲线形状的数学描述，因此成为船舶 CAD/CAM 系统中表示线型的主要方法之一。下面以 NURBS 为例进行阐述。

根据事先给定的船体曲线控制顶点 $d_i(i=0,1,\cdots,n)$，以及相应的节点矢量 $\boldsymbol{U}=[u_0, u_1,\cdots,u_{n+k+1}]$，按照式(2-2-23)，可以得到相应的 NURBS 表达式，但是如果要在计算机中进行表达，需要把它们的坐标分量分开考虑，取权因子为 1，则其可以表示为

$$r(u)\sum_{i=0}^{n} d_i N_{i,k}(u) \tag{2-2-24}$$

对于由 8 个顶点定义的三次 NURBS 曲线表示的船体某站横剖线，取节点矢量为准均匀节点形式，即为 $\boldsymbol{U}=[0\ 0\ 0\ 0\ 1/5\ 2/5\ 3/5\ 4/5\ 1\ 1\ 1\ 1]$，根据其 NURBS 表达形式(2-2-24)，

则其形状可表示为如图 2-2-6 所示，圆圈点表示相应的控制顶点，其连成的虚线表示控制网络，粗实线表示得到的横剖面曲线。

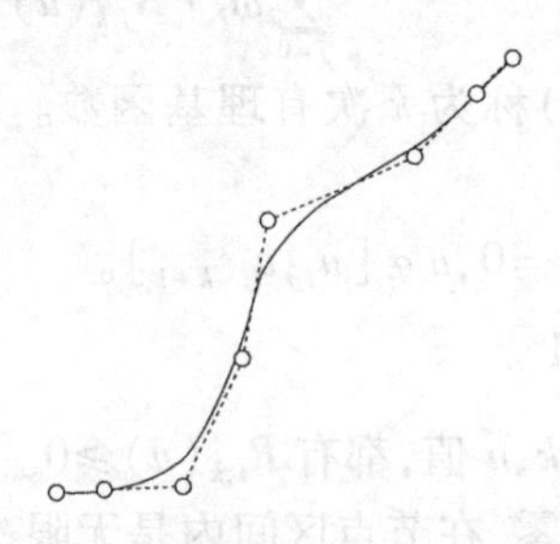

图 2-2-6　控制顶点定义的船体横剖面曲线

目前，大多数的船舶设计软件都采用 NURBS 方法进行船体曲线的建模。

第三节　船体曲面的数值表示

在工程设计中，一些三维的空间物体常常带有复杂的曲面形状，如船舶、汽车和飞机制造业的几何外形设计中广泛应用曲面的技术。曲面的表达与曲线相类似，从某种意义来讲，曲面的表达是曲线表达方式的延伸。

一、曲面表达的一般概念

曲面通常都由方程来表示，如旋转面就是由一条平面曲线（数学上称为母线或经线）绕一固定轴旋转而成的曲面（图 2-3-1）。假设旋转曲面的母线方程

$$c:[f(t),0,g(t)] \tag{2-3-1}$$

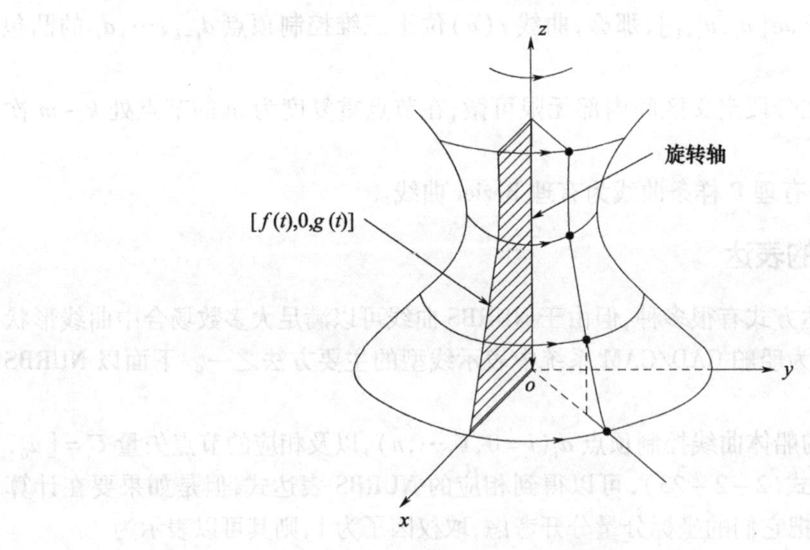

图 2-3-1　旋转面

是单参数 t 的曲线。

如果将 c 绕 z 轴旋转一周后就得到旋转面 r，它的方程为

$$r(t,\theta)=[f(t)\cos\theta,f(t)\sin\theta,g(t)] \tag{2-3-2}$$

其参数方程为

$$\begin{cases}x=f(t)\cos\theta\\y=f(t)\sin\theta, \quad t_0\leqslant t\leqslant t_n, \quad \theta_0\leqslant\theta\leqslant\theta_n\\z=g(t)\end{cases} \tag{2-3-3}$$

一般情况下,把曲面表示成参数 u、v 矢函数形式:

$$r=r(u,v)=[x(u,v),y(u,v),z(u,v)] \tag{2-3-4}$$

它的参数方程为

$$\begin{cases}x=x(u,v)\\y=y(u,v), \quad u_0\leqslant u\leqslant u_1, \quad v_0\leqslant v\leqslant v_1\\z=z(u,v)\end{cases} \tag{2-3-5}$$

u、v 参数形成了一个参数平面,u、v 的变化区间在参数平面上构成一个矩形区域:$u_0\leqslant u\leqslant u_1$,$v_0\leqslant v\leqslant v_1$。正常情况下,参数域内的点$(u,v)$与曲面上的$r(u,v)$构成一一对应的映射关系,如图2-3-2所示。因为参数平面上的点形成一个矩形区域,所对应的曲面一般也是四边形曲面片,具有4条边界曲线。

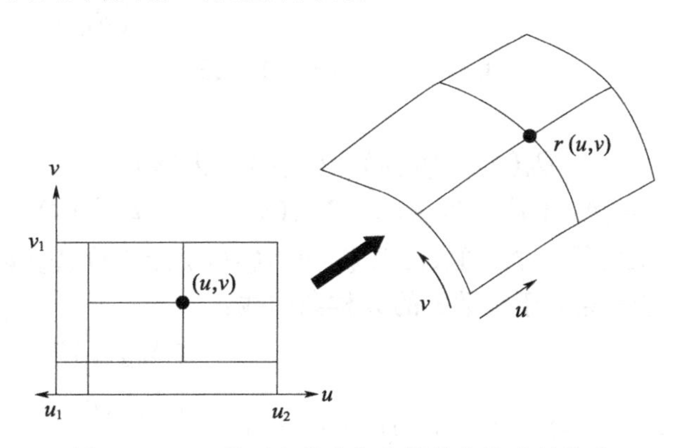

图2-3-2 曲面上的点与参数域内的映射关系

给定一个具体的曲面方程,称为给定了一个曲面的参数化。它既决定了所表示的曲面的形状,也决定了该曲面上的点与其参数域内的点的一种对应关系,同样地,曲面的参数化不是唯一的。

曲面双参数 u、v 的变化范围往往取为单位正方形,即$0\leqslant u\leqslant 1$,$0\leqslant v\leqslant 1$(或写成$0\leqslant u,v\leqslant 1$),这样讨论曲面方程时,既简单、方便又不失一般性。

曲面的种类繁多,与曲线一样,曲面也分为两类:一类为规则曲面;另一类为不规则曲面。规则曲面有柱、锥、球、椭球、环、双曲面、抛物面、螺旋面等,不规则曲面有孔斯(Coons)曲面、Bezier曲面,B样条曲面等。本章主要介绍B样条曲面、NURBS曲面以及T样条曲面。

二、B样条曲面

B样条曲线很容易被推广到B样条曲面。它可看作是两个参数方向的B样条曲线的张量积。

（一）双三次 B 样条曲面片

若给定空间 16 个点的位置矢量 $\boldsymbol{d}_{i,j}(i=0,1,2,3;j=0,1,2,3)$，并将它们排成一个四阶方阵：

$$\boldsymbol{D}=\begin{bmatrix} d_{0,0} & d_{0,1} & d_{0,2} & d_{0,3} \\ d_{1,0} & d_{1,1} & d_{1,2} & d_{1,3} \\ d_{2,0} & d_{2,1} & d_{2,2} & d_{2,3} \\ d_{3,0} & d_{3,1} & d_{3,2} & d_{3,3} \end{bmatrix}$$

其中，每一列看作是特征多边形的顶点，这四阶方阵称为顶点信息阵。将这些顶点沿参数方向分别连成特征多边形，构成特征网格。

取方阵中的每一列元素为特征多边形的 4 个顶点，可构造 4 条三次 B 样条曲线 $Q_j(u)$：

$$\boldsymbol{Q}_j(u)=\begin{bmatrix} N_{0,3}(u) & N_{1,3}(u) & N_{2,3}(u) & N_{3,3}(u) \end{bmatrix}\begin{bmatrix} d_{0,j} \\ d_{1,j} \\ d_{2,j} \\ d_{3,j} \end{bmatrix} \qquad (2-3-6)$$

$$0\leqslant u\leqslant 1;\quad j=0,1,2,3$$

即可表示为

$$\begin{aligned} & Q_0(u) \quad Q_1(u) \quad Q_2(u) \quad Q_3(u) \\ = & \begin{bmatrix} N_{0,3}(u) & N_{1,3}(u) & N_{2,3}(u) & N_{3,3}(u) \end{bmatrix}\cdot\boldsymbol{D} \end{aligned}$$

对于[0,1]区间上的每一个 u 值，再把 $Q_1(u)$、$Q_1(u)$、$Q_2(u)$、$Q_3(u)$ 看成一个特征多边形的 4 个顶点，构造一条关于参数 ν 的 B 样条曲线：

$$\boldsymbol{r}(u,\nu)=\begin{bmatrix} Q_0(u) & Q_1(u) & Q_2(u) & Q_3(u) \end{bmatrix}\begin{bmatrix} N_{0,3}(\nu) \\ N_{1,3}(\nu) \\ N_{2,3}(\nu) \\ N_{3,3}(\nu) \end{bmatrix}$$

将式(2-3-6)代入上式，得

$$\boldsymbol{r}(u,\nu)=\begin{bmatrix} N_{0,3}(u) & N_{1,3}(u) & N_{2,3}(u) & N_{3,3}(u) \end{bmatrix}\cdot\boldsymbol{D}\cdot\begin{bmatrix} N_{0,3}(\nu) \\ N_{1,3}(\nu) \\ N_{2,3}(\nu) \\ N_{3,3}(\nu) \end{bmatrix} \qquad (2-3-7)$$

$$0\leqslant u\leqslant 1;\quad 0\leqslant \nu\leqslant 1;\quad j=0,1,2,3$$

如果把参数 u 和 ν 都看成相互独立地在[0,1]中变化，那么，式(2-3-7)就是双三次 B 样条曲面片的方程。

式(2-3-7)可以写成

$$\boldsymbol{r}(u,\nu)=\boldsymbol{UBVB}^{\mathrm{T}}\boldsymbol{V}^{\mathrm{T}} \qquad (2-3-8)$$

其中

$$\boldsymbol{U}=[1 \quad u \quad u^2 \quad u^3],\quad \boldsymbol{V}=[1 \quad \nu \quad \nu^2 \quad \nu^3]$$

$$\boldsymbol{D}=\begin{bmatrix} d_{0,0} & d_{0,1} & d_{0,2} & d_{0,3} \\ d_{1,0} & d_{1,1} & d_{1,2} & d_{1,3} \\ d_{2,0} & d_{2,1} & d_{2,2} & d_{2,3} \\ d_{3,0} & d_{3,1} & d_{3,2} & d_{3,3} \end{bmatrix},\boldsymbol{B}=\frac{1}{6}\begin{bmatrix} 1 & 4 & 1 & 0 \\ -3 & 0 & 3 & 0 \\ 3 & -6 & 3 & 0 \\ -1 & 3 & -3 & 1 \end{bmatrix}$$

和式形式为

$$\boldsymbol{r}(u,v) = \sum_{i=0}^{3}\sum_{j=0}^{3} N_{i,3}(u)N_{i,3}(v)d_{i,j} \tag{2-3-9}$$

如图 2-3-3 所示，可以看出，曲面片一般不通过特征网格顶点，曲面片的 4 个角点接近网格顶点 $d_{1,1}$、$d_{1,2}$、$d_{2,1}$、$d_{2,2}$。

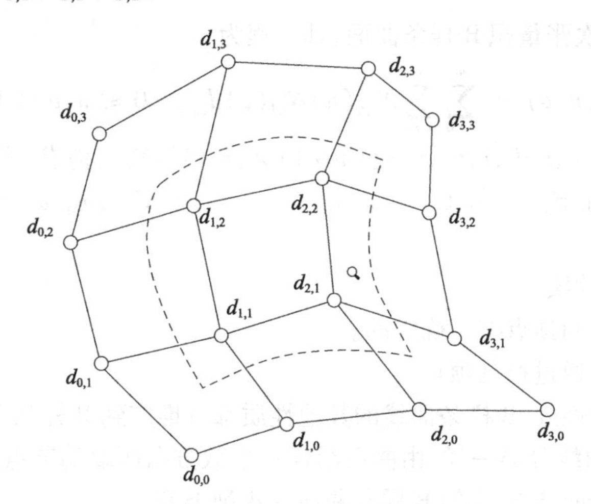

图 2-3-3　双三次 B 样条曲面片

(二)双三次 B 样条曲面的方程

给定 $(m+1)\times(n+1)$ 个特征顶点 $d_{i,j}(i=0,1,\cdots,m;j=0,1,\cdots,n)$ 排成一个 $(m+1)\times(n+1)$ 阶矩阵，构成一张特征网格。相应的双三次 B 样条曲面方程为

$$\boldsymbol{r}(u,v)=\boldsymbol{r}_{i,j}(u,v)=[1\quad u\quad u^2\quad u^3]\boldsymbol{BDB}^{\mathrm{T}}[1\quad v\quad v^2\quad v^3]^{\mathrm{T}}$$
$$0\leqslant u,v\leqslant 1;i=0,1,\cdots,m-3;j=0,1,\cdots n-3 \tag{2-3-10}$$

这张曲面是由 $(m-2)\times(n-2)$ 块双三次 B 样条曲面片组合而成的，并且相邻两片曲面之间自然地达到 C^2 连续。因此，双三次 B 样条曲面片与片之间的拼接问题很容易地解决了。

在式(2-3-10)中：

(1)当 B 样条基的次数 $n=m=1$ 时，B 样条曲面片为双一次曲面片，它的边界是由顶点张成的四边形。

(2)当 $n=m=2$ 时，B 样条曲面片为双二次曲面片。如果网格向外扩展，曲面片也向外延伸，相邻的片与片之间保持 C^1 连续。

(3)当 $n=m=3$ 时，为双三次 B 样条曲面片。它是由 16 个特征网格顶点唯一确定的。

(4)当 $n=1,m=3$ 时，B 样条曲面片为 3×1 次曲面片。这种曲面的方程为

$$r(u,v)=[1\quad u\quad u^2\quad u^3]BD\begin{bmatrix}1 & -1\\0 & 1\end{bmatrix}\begin{bmatrix}1\\v\end{bmatrix},\quad 0\leqslant u,v\leqslant 1$$

其中

$$D=\begin{bmatrix}d_{i,j} & d_{i,j+1}\\d_{i+1,j} & d_{i+1,j+1}\\d_{i+2,j} & d_{i+2,j+1}\\d_{i+3,j} & d_{i+3,j+1}\end{bmatrix}$$

（三）B 样条曲面及其性质

1. B 样条曲面

定义一张 $k\times l$ 次张量积 B 样条曲面，其方程为

$$r(u,v)=\sum_{i=0}^{m}\sum_{j=0}^{n}N_{i,k}(u)N_{j,l}(v)d_{i,j},\quad 0\leqslant u,v\leqslant 1 \tag{2-3-11}$$

式中：$d_{i,j}(i=0,1,\cdots,m;j=0,1,\cdots,n)$是$(m+1)\times(n+1)$阵列，构成一张特征网格；$N_{i,k}(u)$、$N_{j,l}(v)$分别是定义在节点矢量 $U=[u_0,u_1,\cdots,u_{m+k+1}]$、$V=[v_0,v_1,\cdots,v_{n+l+1}]$上的 B 样条基函数。

2. B 样条曲面性质

（1）曲面是由控制顶点唯一确定的。

（2）曲面一般不通过控制顶点。

（3）除变差减少性外，B 样条曲线的其他性质都可推广到 B 样条曲面。

（4）与 B 样条曲线分类一样，由曲面沿任一参数方向所取的节点序列不同，可分为均匀、准均匀、分片 Bezier 与非均匀 B 样条曲面这 4 种类型。

三、NURBS 曲面及船体曲面表达

（一）NURBS 曲面概念

与 NURBS 曲线一样，NURBS 曲面也具有 3 种等价形式，每种形式的定义所表示的作用跟 NURBS 曲线所表示的是一样的，一张 $k\times l$ 次 NURBS 曲面的有理分式形式可表示如下：

$$r(u,v)=\frac{\sum_{i=0}^{m}\sum_{j=0}^{n}\omega_{i,j}d_{i,j}N_{i,k}(u)N_{j,l}(v)}{\sum_{i=0}^{m}\sum_{j=0}^{n}\omega_{i,j}N_{i,k}(u)N_{j,l}(v)} \tag{2-3-12}$$

式中：控制顶点 $d_{i,j}(i=0,1,\cdots,m;j=0,1,\cdots,n)$为一个拓扑型的矩阵阵列，它构成一个控制点网络；$\omega_{i,j}$是与控制顶点 $d_{i,j}$相对应的权因子，规定控制网格 4 个顶点处的权因子为正，即 $\omega_{0,0},\omega_{m,0},\omega_{0,n},\omega_{m,n}>0$，其余 $\omega_{i,j\geqslant 0}$且顺序 $k\times l$ 个权因子不能都等于零；$N_{i,j}(u)(i=0,1,\cdots,m)$和 $N_{j,l}(v)(j=0,1,\cdots,n)$分别为 u 向 k 次和 v 向 l 次的规范 B 样条基函数。同样地，它们分别是根据 u 向和 v 向的节点矢量 $U=[u_0,u_1,\cdots,u_{m+k+1}]$与 $V=[v_0,v_1,\cdots,v_{n+l+1}]$按照 De Boor - Cox 递归公式所决定的。尽管 NURBS 曲面是通过曲线的张量积形式推广得到的，然而，不同于其他类型的参数曲面，NURBS 曲面并非张量积曲面。

NURBS 曲面的有理分式表达也可以转换为有理基函数表示：

$$r(u,\nu) = \sum_{i=0}^{m}\sum_{j=0}^{n} d_{i,j} \cdot R_{i,k,j,l}(u,\nu)$$

式中：$R_{i,k,j,l}(u,\nu)$是双变量有理基函数，即

$$R_{i,k,j,l}(u,\nu) = \frac{\omega_{i,j} \cdot N_{i,k}(u) \cdot N_{j,l}(\nu)}{\sum_{i=0}^{m}\sum_{j=0}^{n} \omega_{i,j} \cdot N_{i,k}(u) \cdot N_{j,l}(\nu)}$$

从上式可以明显看出，双变量有理基函数不是两个单变量函数的乘积，所以，一般来说，NURBS曲面不是张量积曲面。

（二）NURBS曲面的性质

双变量有理基函数$R_{i,k,j,l}(u,\nu)$具有与非有理B样条基函数$N_{i,k}(u) \cdot N_{j,l}(\nu)$相类似的函数图形与性质。

（1）局部性：

$$R_{i,k,j,l}(u,\nu) = 0, \quad u \notin [u_i, u_{i+k+1}] \text{或} \nu \notin [\nu_j, \nu_{j+l+1}]$$

（2）规范性：

$$\sum_{i=0}^{m}\sum_{j=0}^{n} R_{i,k,j,l}(u,\nu) \equiv 1$$

（3）可微性。在每个矩形域内所有偏导数存在，在重复度为r的节点处沿u向是$k-r$次可微的，在重复度为r的节点处沿ν向是$l-r$可微的。

（4）双变量B样条基函数的推广，即当所有$\omega_{i,j}=1$，$R_{i,k,j,l}(u,\nu)=N_{i,k}(u) \cdot N_{j,l}(\nu)$。

NURBS曲线的大多数性质都可以直接推广到NURBS曲面。

（1）局部性质是NURBS曲线局部性质的推广。

（2）与非有理B样条一样的凸包性质。

（3）仿射与透视变换下的不变性。

（4）沿u向在重复度为r的节点处是参数C^{k-r}连续的，沿ν向在重复度为r的节点处是参数C^{l-r}连续的。

（5）NURBS曲面是非有理与有理Bezier曲面及非有理B样条曲面的合适推广。它们都是NURBS曲面的特例。NURBS曲面不具有变差减少性质。

类似于曲线情况，权因子是附加的形状参数。它们对曲面的局部推拉作用可以定量确定。

NURBS曲面中，每个节点矢量的两端节点通常都取成重节点，重复度等于该方向参数次数加1。这样可以使NURBS曲面的4个角点恰恰就是控制网格的四角顶点，曲面在角点处的单向偏导矢恰好就是边界曲线在端点处偏导矢。

由NURBS曲面的方程可知，欲给出一张曲面的NURBS表示，需要确定的定义数据包括：控制顶点及其权因子$d_{i,j}$和$\omega_{i,j}(i=0,1,\cdots,m;j=0,1,\cdots,n)$，$u$参数的次数$k$，$\nu$参数的次数$l$，$u$节点矢量$\boldsymbol{U}$与$\nu$向节点矢量$\boldsymbol{V}$。次数$k$与$l$也分别隐含于节点矢量$\boldsymbol{U}$与$\boldsymbol{V}$中。

（三）NURBS曲面的形状修改

NURBS曲面的交互形状修改技术是NURBS曲线修改方法的推广。在NURBS曲面构造完成后，由于参数化引起的问题以及曲面光顺等问题依然存在，使得生成的曲面形状难以接受。因此，形状修改是必要的。

有两种修改曲面的方式，一个明显的方式就是修改生成曲面的原始信息，如型值点等。这种方法比较直观，也容易被工程人员接受。但当曲面形状复杂或尺寸很大，定义曲面的数据很多时，这个修改过程将会比较耗时。每一个微小的局部变化后，都必须将整张曲面重新进行计算，不具备局部修改性质，因此这种方式不常用。

另外一种方式，可以直接修改曲面的定义信息，如控制顶点与权因子。这种方法不考虑曲面是如何生成的，而直接把对曲面定义信息的修改作为交互形状修改过程的输入信息。这种方法主要是为了满足如下工程实际的要求。

(1)为几何形状设计提供更大的灵活性。

(2)提供一套在设计过程任何阶段都有效的工具。

(3)保持参数连续性。

(4)工作方式可靠、快速、准确。

(5)为实时交互应用提供即时的系统响应。

由定义曲面的有理基函数的性质可以得知，改变某一个控制顶点的位置或改变某一个权因子的值将只会影响曲面的某一个局部范围的形状。

NURBS 方法最重要的优点是统一了自由曲线曲面和解析曲线曲面的表达形式。

(四)船体曲面的 NURBS 曲面表达

在非参数化的交互式船舶设计软件中，曲面可以通过分布规律的型值点进行曲面插值得到，但是非常困难，因为在边界条件的处理上存在很大的麻烦，所以就算得到了曲面，也是很难满足设计要求的。对于乱向分布的型值点，对其进行插值几乎是不可能的，遇到这种情况，大多是根据曲线插值得到各个横剖面曲线，然后将各横剖面曲线作为截面曲线，通过蒙皮法得到船体曲面，如果船体曲面简单，可以将中纵剖线、水线或甲板边线作为脊线和引导线生成整个船体曲面。但是大多数船舶在首尾部形状特别复杂，所以用一张曲面表达整个船体几乎是不可能的，此时就需要通过曲面分片的形式，将各个曲面片按照相应的连接处几何连续条件，将各个曲面片光顺连接起来，这种曲面的生成方式称为曲面拼接。蒙皮法生成船体曲面的过程如图 2-3-4 所示。

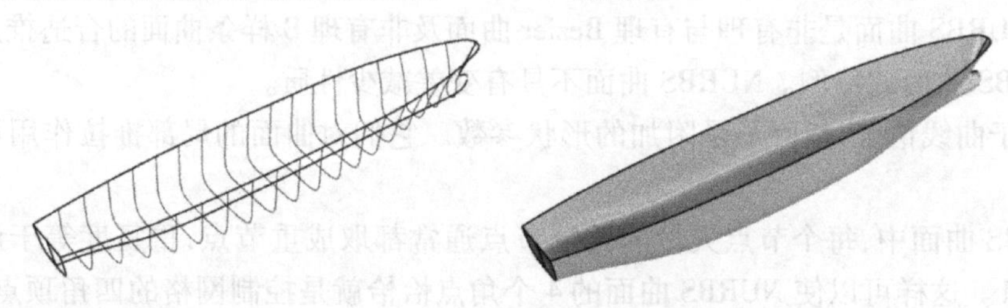

图 2-3-4 蒙皮法生成简单船体曲面

对于用曲面分片形式处理的情况，各个曲面片之间的边界连接条件是有很大限制的，通常情况下，限制条件是在边界连接处二阶几何连续(G^2)，即位置、切矢和曲率连续。NURBS 方法作为国际标准化组织(ISO)规定的定义工业产品几何形状信息的唯一数学方法，它具有非常优良的特性，为了跟国际接轨，我国船舶设计行业也普遍采用 NURBS 方法表达船型。尽管如此，由于权因子非常难以驾驭，因此，大多数情况下，人们还是应用权因子皆为 1 的特例，即 B 样条曲线曲面进行表达，只有在遇到二次解析曲线和曲面的情况下，才会应用相应的特殊 NURBS 表达进行设计。

四、T 样条曲面及船体的曲面表达

虽然当前 NURBS 技术是船舶设计领域广泛应用的曲线曲面造型技术，但 NURBS 也还存在一些固有的缺陷，如局部特征表达能力不强，用于船体曲面造型时对含有折角线、球艏的船体曲面，通常需要分片处理，采用多个裁剪的 NURBS 曲面才能完整表达整个船体曲面。采用多个面片表征船体使得船体三维曲面建模自动化变得困难，另外，也带来一个隐藏问题，每个面片之间并不是真正无缝的，只是满足一定误差要求下的闭合。在 CAD、CAM 软件间传递时，可能会出现明显裂缝等问题。在 2003 年 SIGGRAPH 会议上，Sederberg 等推广了参数张量积曲面，首次提出了 T 样条（T - spline）相关理论，经过十多年的发展，T 样条技术逐步成熟，把曲线曲面建模推向了新的高度，当前一些流行的建模软件如 Rhinoceros、SolidWorks 等已包含 T - Splines 建模插件。T 样条结合了 NURBS 和细分表面建模技术的特点，虽然和 NURBS 很相似，不过它极大地减少了模型表面上的控制点数目，可以进行局部细分和合并两个 NURBS 面片等操作，使建模操作速度和渲染速度都得到提升。T 样条是一种基于 NURBS 的新的建模技术，简单地可以称为 NURBS 的细分建模工具，可以完全兼容 NURBS。

近几年，T 样条也开始被引入船舶造型领域，用于船体曲面造型时能够较方便地反映折角线、球首等船体局部特征，且整个船体曲面只需要一个 T 样条曲面即可完整表征。国外有学者指出，T 样条将越来越多地用于船舶设计领域，可能取代 NURBS 成为造型设计的主要方式。

（一）T 样条基本理论

T 样条曲面与 NURBS 曲面类似，也是由控制点和节点矢量来确定，通常把 T 样条曲面控制点构成的网格称为 T 网格。两者的区别在于 T 网格不要求内部顶点处不平行的网格线相互贯穿，因此 T 网格中没有 B 样条曲面所具有的 u、v 方向的参数线。如果 T 网格是一个规整的矩形网格，那么，T 样条曲面就可以退化为 B 样条曲面。以 T 样条节点矢量中两节点的差分，对 T 网格的每条边赋予一个非负实数，称其为节点间距，主要用作提供 T 样条节点信息。如图 2 - 3 - 5 所示，为 T 网格在 (s,t) 参数空间上的局部示意图，图中 d_i 和 e_i 分别代表了不同的节点间距。任何网格面边界线上节点间距的代数和必须与对边上的节点间距代数和相等。如图 2 - 3 - 5 中的 F_1 面上，$e_3+e_4=e_6+e_7$，在 F_2 面上，$d_6+d_7=d_9$。

根据 T 网格上的节点间距建立一个节点间距局部坐标系，首先选择一个控制点作为参数域 (s,t) 的原点 $(0,0)$。如图 2 - 3 - 5 所示，指定 (s_0,t_0) 为节点坐标系的原点。一旦节点的原点确定后，我们就可以对 T 网格边界拓扑结构的垂直和水平方向分别指定一个 s 节点值与一个 t 节点值。在图 2 - 3 - 5 中，s 和 t 的节点值分别用 s_i 和 t_i 表示。根据所选择的原点，得到 $s_0=t_0=0$，$s_1=d_1$，$s_2=d_1+d_2$，$s_3=d_1+d_2+d_3$，$t_1=e_1$，$t_2=e_1+e_2$ 等，以此类推。每个控制点都有其对应的节点矢量坐标。例如，$\boldsymbol{P}_0$ 点的坐标为 $(0,0)$，$\boldsymbol{P}_1$ 点的坐标为 (s_2,t_2+e_6)，$\boldsymbol{P}_2$ 点的坐标为 (s_5,t_2)，$\boldsymbol{P}_3$ 点的坐标为 (s_5,t_2+e_6)。

如果 T 网格边上的 T 形控制点可以与对边 T 形控制点有效地连接起来，从而将网格面一分为二，那么，这条边界必须包含在这个 T 网格中。所谓的有效性，是指网格面上两条对边节点间距总和必须保持相等。因此，当且仅当 $e_3=e_6$ 且 $e_4=e_7$ 时，曲面 F_1 才能被水平线分割。

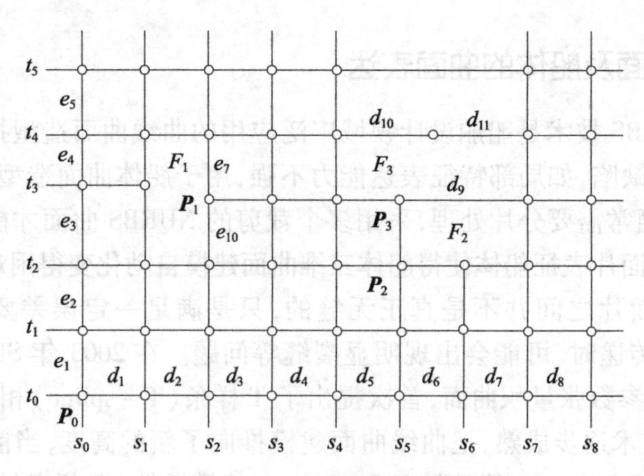

图 2-3-5 T 网格示意图

在上述节点矢量坐标系下，T 样条曲面可以用下式来表示：

$$\boldsymbol{P}(s,t)=(x(s,t),y(s,t),z(s,t),\omega(s,t))=\sum_{i=1}^{n}\boldsymbol{P}_iB_i(s,t) \qquad (2-3-13)$$

式中：$\boldsymbol{P}_i=(x_i,y_i,z_i,\omega_i)$为控制点；$\omega_i$为控制点的权重。在笛卡儿坐标系下$\boldsymbol{P}_i$的坐标为$\frac{1}{\omega_i}(x_i,y_i,z_i)$。同样，在笛卡儿坐标系下曲面上的点的表达式为

$$\frac{\sum_{i=1}^{n}(x_i,y_i,z_i)B_i(s,t)}{\sum_{i=1}^{n}\omega_iB_i(s,t)} \qquad (2-3-14)$$

式(2-3-13)中的调和函数$B_i(s,t)$由下式给出，即

$$B_i(s,t)=N[s_{i0},s_{i1},s_{i2},s_{i3},s_{i4}](s)N[t_{i0},t_{i1},t_{i2},t_{i3},t_{i4}](t) \qquad (2-3-15)$$

式中：$N[s_{i0},s_{i1},s_{i2},s_{i3},s_{i4}](s)$为与节点矢量相关的三次 B 样条基函数，如图 2-3-6 所示，即

$$\boldsymbol{s}_i=[s_{i0},s_{i1},s_{i2},s_{i3},s_{i4}]$$

同时，$N[t_{i0},t_{i1},t_{i2},t_{i3},t_{i4}](t)$也是与节点矢量相关的函数，即

$$\boldsymbol{t}_i=[t_{i0},t_{i1},t_{i2},t_{i3},t_{i4}]$$

与有理 B 样条曲线类似，设计者可以自由地调整控制点的ω_i(权重)获得额外的形状控制能力，并且权重在局部优化算法中可以发挥重要的作用。

T 样条方程与有理 B 样条曲面的张量乘积方程非常相似，不同之处在于如何确定调和函数$B_i(s,t)$的节点矢量值$\boldsymbol{s}_i$和$\boldsymbol{t}_i$。T 样条节点矢量$\boldsymbol{s}_i$和$\boldsymbol{t}_i$由 T 网格上各控制点$\boldsymbol{P}_i$的相邻关系推导得到，将这种规则定义为 T 样条节点矢量推导规则。

T 样条节点矢量推导规则：$\boldsymbol{P}_i$的调和函数的节点矢量$\boldsymbol{s}_i$和$\boldsymbol{t}_i$按以下方式定义：假定(s_{i2},t_{i2})是$\boldsymbol{P}_i$的节点矢量坐标，$\boldsymbol{R}_{(\alpha)}=(s_{i2}+\alpha,t_{i2})$为参数空间中的一条射线，定义$s$边为垂直方向长度为$s$的一条线段，那么，$s_{i3}$和$s_{i4}$将是这条射线与$s$边相交的前两个交点(不包括最初的$(s_{i2},t_{i2})$点)所对应的节点间距，其他节点值的选取方法与此相同。如图 2-3-5 所示，$\boldsymbol{P}_1$的节点矢量分别是$\boldsymbol{s}_1=[s_0,s_1,s_2,s_3,s_4]$和$\boldsymbol{t}_1=[t_1,t_2,t_2+e_6,t_4,t_5]$，$\boldsymbol{P}_2$的节点矢量分别是$\boldsymbol{s}_2=[s_3,s_4,s_5,s_6,s_7]$和$\boldsymbol{t}_2=[t_0,t_1,t_2,t_2+e_6,t_4]$，$\boldsymbol{P}_3$的节点矢量分别是$\boldsymbol{s}_3=[s_3,s_4,$

s_5, s_7, s_8]和 $\boldsymbol{t}_3 = [t_1, t_2, t_2 + e_6, t_4, t_5]$。一旦这些调和函数的节点矢量确定了，T 样条曲面也就由式(2－3－13)和式(2－3－15)确定了。

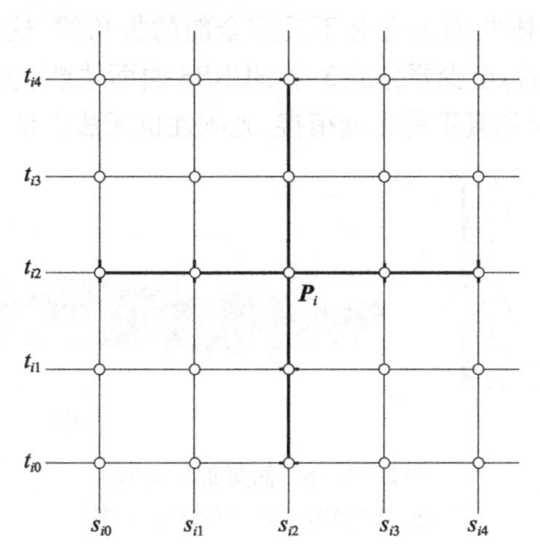

图 2－3－6　调和函数 $B_i(s,t)$ 的节点排列

(二) T 样条技术在船体曲面造型中的应用

为了展现 T 样条曲面的能力，选取 3 个具有典型局部特征的船体曲面进行 T 样条曲面造型研究，分别为 DTMB 5415 船模、涡尾折角船型和双尾船型。

1. DTMB 5415 船模首部造型

图 2－3－7 所示为 DTMB 5415 船模首部位置三维模型，图 2－3－7(a)采用 NURBS 曲面进行船体曲面造型的控制点及结构线形式，图 2－3－7(b)为 T 样条曲面控制点和结构线形式，可以看出，因为 T 样条曲面不需要全四边形拓扑结构，采用比 NURBS 曲面较少的控制点就能表达同样的形状。这是 T 样条的主要优点，即可以大大减少控制点数量，并且可以通过不断细分曲面某个部分从而展示其详细的局部特征。在船型优化过程中，较少的控制点数量往往可以减小优化问题求解规模，提高优化计算的效率。

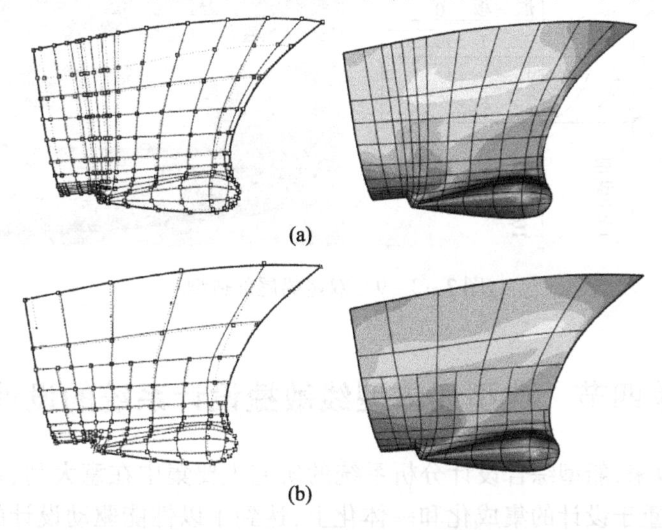

图 2－3－7　DTMB 5415 首部模型

(a) DTMB 5415 船模首部的 NURBS 曲面造型；(b) DTMB 5415 船模首部的 T 样条曲面造型。

2. 涡尾折角船型曲面造型

图2-3-8所示为某折角涡尾船型船体曲面的T样条表示，整个船体曲面采用单一的T样条曲面表示，该船体曲面上含有不贯穿全船的折角线，这种特征的曲面采用单个NURBS曲面是无法表示的，至少要分成3个NURBS曲面才能表示，但分片表示带来的问题就是各片之间并不能做到真正的无缝衔接，光顺性也无法保证。

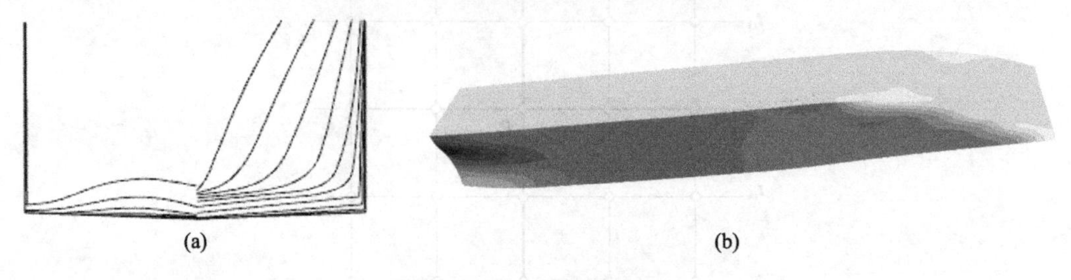

图2-3-8　涡尾折角船型

(a)横剖线简图；(b)T样条曲面造型。

3. 双尾船型曲面造型

图2-3-9所示为某内河双尾船的尾部型线及尾轴部位的T样条曲面表示，这种Y形结构曲面也无法直接采用单个NURBS曲面表示，给此类特征船体的三维曲面造型带来了较大困难，但是T样条曲面却可以方便地表示此类特征，直接采用单个T样条曲面就能准确表示。

T样条技术有望应用于船体曲面参数优化设计，在保证局部特征造型能力的前提下，可以用单一的曲面进行船体曲面造型，并可大大减少控制点数量，也就是减少优化问题求解时的未知量规模，这些特点都将简化优化设计问题，同时有效提高优化问题求解效率。

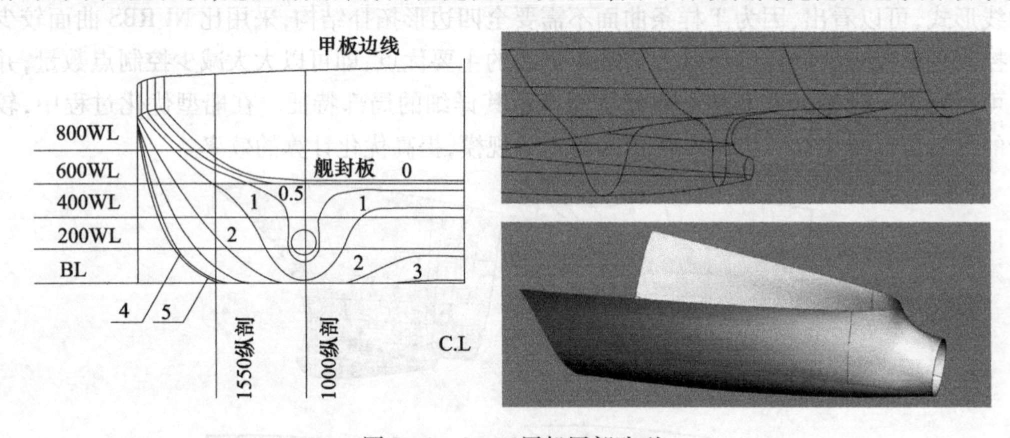

图2-3-9　双尾船尾部造型

第四节　典型船体型线敏捷设计系统的设计

自21世纪以来，船型综合设计分析系统的研究主要集中在意大利、日本、德国等国，其研究重点都侧重于设计的集成化和一体化上，达到了以性能驱动设计的目的。在船型参数化建模方面采用了CAD软件的二次开发或新开发船舶参数化设计软件(如Friendship);在 CFD 计算方面部分学者采用商业软件(如 Shipflow、Fluent 等),也有部分学者采用自编软件;在集成方面大都采用了商业集成框架(如 ModelCenter 或 iSIGHT)。其研究的内容也不仅仅局限在单个性能,而是多个性能的综合优化,目前,多学科设计优化正日益受到重视,并在实际工程中得到应用。

我国在船型设计系统方面虽然开展了不少工作,但相比欧美国家,国内的软件研发在综合化和实用化方面略显不足,总体上仍存在一定差距。相关研究的主要代表有中国船舶科学研究中心的船舶水动力性能集成设计系统 SHIDS、大连理工大学的船舶型线设计软件系统 AUTOform、中国船舶及海洋工程设计研究院的船型设计系统 NUBLINE 和 SLINE 等。

通过借鉴国内外在此领域的技术发展,海军工程大学提出了一种基于 T 样条曲面技术的船体型线敏捷设计分析系统 TShip。TShip 船体型线敏捷设计分析系统是基于三维软件 Rhinoceros 开发的一套完整的船型设计优化系统,采用面向对象的 C#语言,集成了 T 样条建模技术、遗传算法优化技术及线性/非线性兴波阻力理论等算法,将船舶的计算机辅助设计 CAD、多学科优化设计 MDO 和计算流体力学 CFD 等学科相结合,涵盖了一般船型设计优化的全部内容,可在提供船型基本参数信息的基础上,快捷生成、修改、优化船体曲面,为新船型的开发和选择提供高效快速的支持。同时便于设计复杂特征船型,如灵活增加球鼻首、修改球鼻首形状、灵活设置折角线、修改折角线形式及位置(如变阶滑行艇曲面、深 V 形船等)。

系统界面及功能如图 2－4－1 所示,在船型建模和优化方面本系统还具有以下优点。

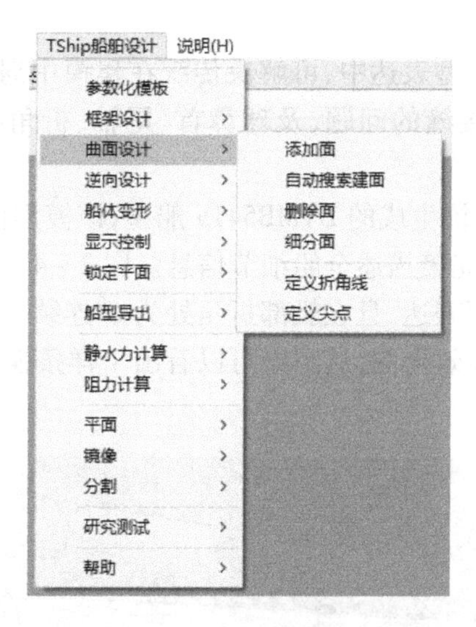

图 2－4－1　TShip 系统命令界面

(1)船型表达方法先进,T 样条技术作为最新的曲面造型技术,解决了传统 NURBS 模型的诸多问题,使整个船体曲面成为一体,完全满足光顺性和无缝性的要求,而且由于 T 节点(T－junction)技术,大大减少了曲面控制点的数量,为船型的快速调整优化奠定基础。

(2)船型设计自由度高,系统基于 T 样条曲面技术,包括船型特征参数驱动的船体曲面快速生成修改的整套方法,设计者可以根据自己的意图迅速创建或者修改船体曲面形状，根据需要调用内置的优化模块，进行局部修改或者整体修改，既具备高效的设计效率，也能充分发挥设计者的主观能动性。

（3）船型优化快速灵活，系统可根据设计者的意图，直接采用船型特征参数（如船长、型宽、型深这类主尺度参数；形状系数等船型系数；排水量、浮心位置等静水力参数）生成和修改船体曲面，不需要设计者手动逐个定义和修改型值点数据。生成曲面后，可以根据需要对局部形状进行快速修改，通过局部拉宽拉窄或单点修改，使周围形状自动顺应变化。更进一步，可根据船型水动力性能反向驱动参数优化。

（4）正逆向建模便捷，为了兼容母型船基础上的快速修改与调整，系统可利用现有型值表、二维型线图快速反向求解T样条网格。可以直接求解，也可以在初步设计的T网格框架基础上通过自动调整控制点坐标实现，同时，可以根据需要加密T网格，以提高精度。以上算法主要解决了包括从型值表或二维型线图中提取加密的离散的三维型值点，以及根据型值点优化反求T样条曲面等问题。

（5）可视化程度高，系统采用二维和三维模型显示技术，具备完整的参数设置界面，支持船体曲面控制点的手动调整或数值调整，调整变化可实时动态显示，同时可显示船型静水力参数、船型阻力等曲线。

（6）成果转化率高，系统可输出标准格式文件，根据T样条船体曲面生成型值表，导出至EXCEL/PDF/WORD文件；根据T样条船体曲面生成二维型线图，导出至AutoCAD/PDF文件。根据T样条船体曲面生成通用三维CAD曲面文件，导出至IGS/TSM文件。

一、T样条曲面建模

将T样条技术应用于船型表达中，可解决传统在建模中遇到的只能用多个曲面表达船体及相应的曲面间存在接缝的问题，及球鼻首、尾轴、折角线等局部表达建模困难的问题。

图2-4-2为TShip系统生成的DTMB5415船型，该模型由单一T样条曲面表达，在较少控制点的情况下，即可完美描述全船细节信息。图2-4-3为带长折角快艇船型，该模型同样由单一T样条曲面表达，且在舭部折角处为C^0连续。图2-4-4分别为双尾鳍、球鼻首和封闭船尾部的建模效果图，从图中可以看出T样条强大的曲面表达能力，这些都是传统NURBS难以实现的。

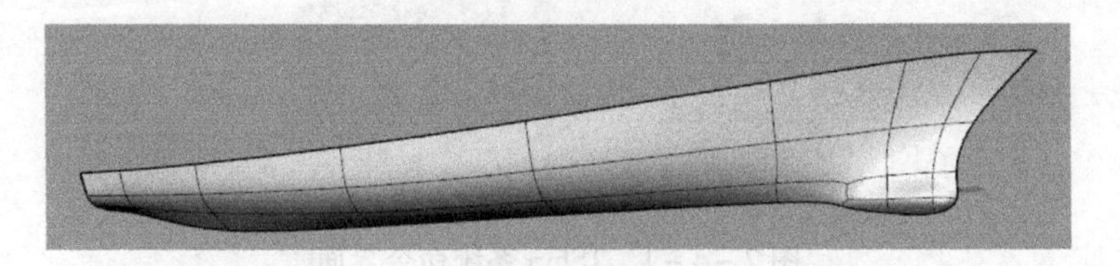

图2-4-2　DTMB5415船型T样条曲面

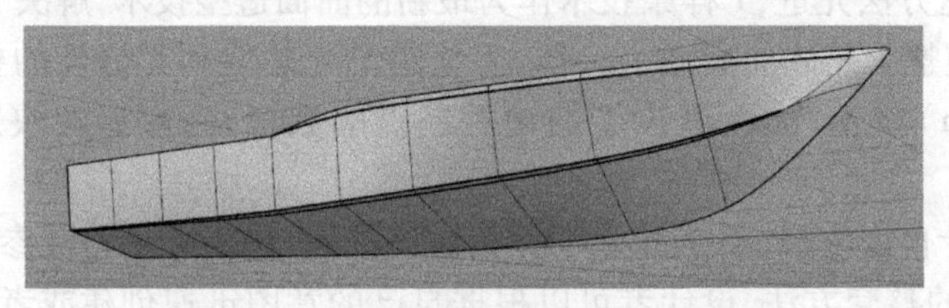

图2-4-3　长折角快艇船型T样条曲面

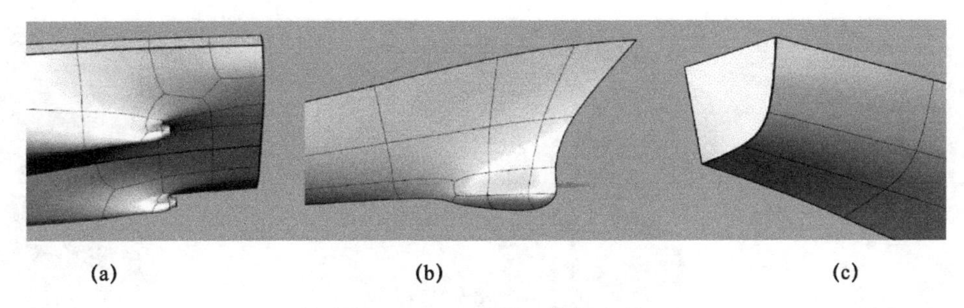

图 2-4-4　局部 T 样条造型

(a)双尾鳍;(b)球鼻首;(c)封闭船尾。

二、特征参数驱动修改

在 TShip 系统中建立模型调整模块,可对预设船型参数中的任意参数进行调整,直接驱动整个船体或局部曲面形状的修改。这种修改方法避免了传统建模方法的缺点,具有修改速度快、数值反应灵敏、修改变量易控制等优点。图 2-4-5(a)所示为模型参数调整平台,设计者可通过调整一个或多个参数来驱动船型的修改,使船型在脱离手动干预的情况下,快速达到设计输入要求。图 2-4-5(b)、(c)分别为根据不同局部特征参数驱动修改得到的首部造型,从图中结果可以看出,船型能够很快适应不同参数带来的船体变化,在参数变化范围较大时仍能保证良好的光顺性。

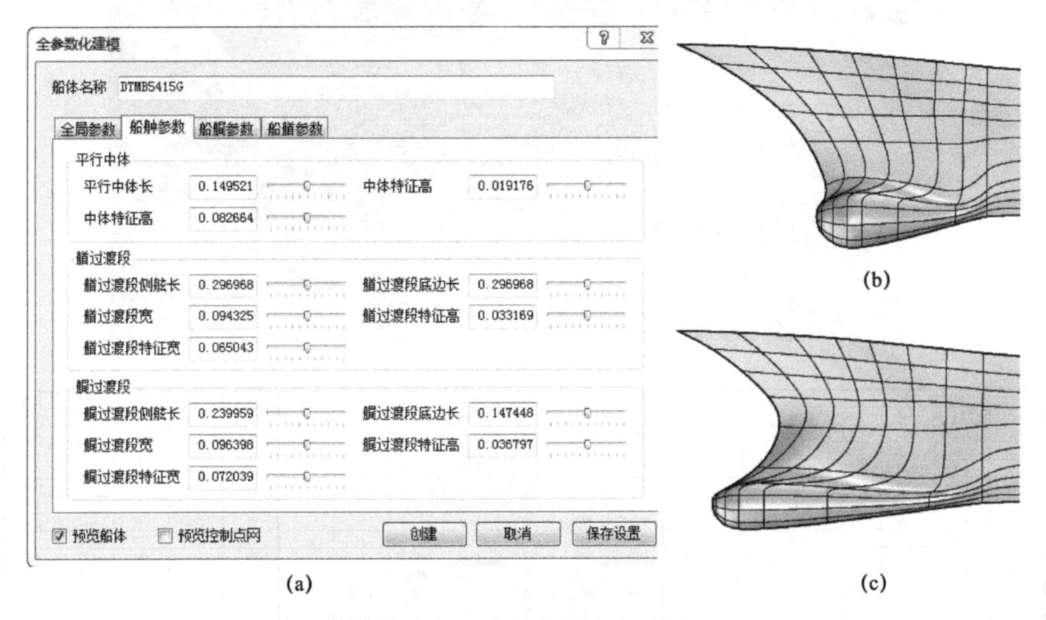

图 2-4-5　参数化设计调整模块

(a)参数控制界面;(b)Bulb_L = 0.1506,Bulb_H = 0.0627;(c)Bulb_L = 0.2516,Bulb_H = 0.0523。

系统同时支持控制点手动修改,可对局部区域进行控制点的增删和调整,这种调整方式较参数调整更为直观,能快速地将设计者的设计意图反映到模型中。图 2-4-6 所示为手动调整控制点调整球鼻首造型的实例,通过人工拖动 T 样条曲面控制点,实现球鼻首首部上翘的效果。

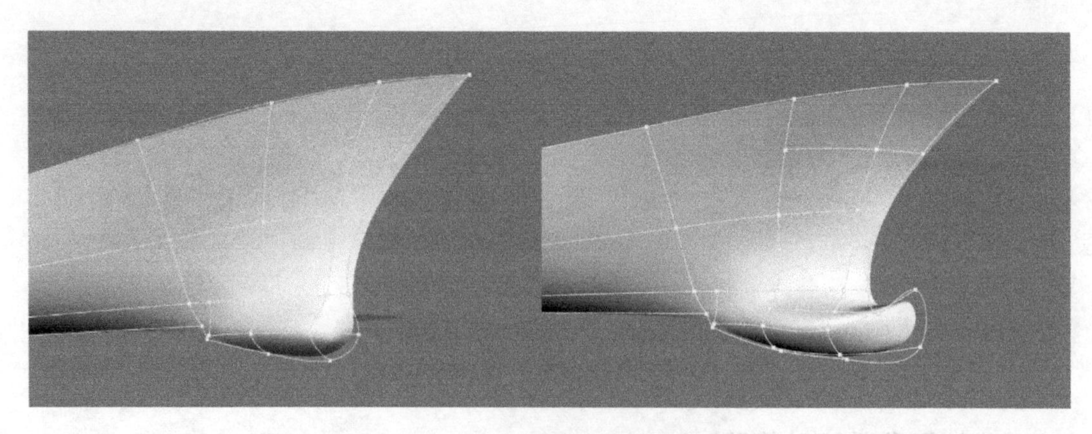

图 2-4-6　手动调整球鼻首首部上翘

三、传统二维数据交互

系统可根据传统二维型值表或型线图快速形成模型曲面，同时可将设计船型快速输出为型值表及型线图，如图 2-4-7 所示。

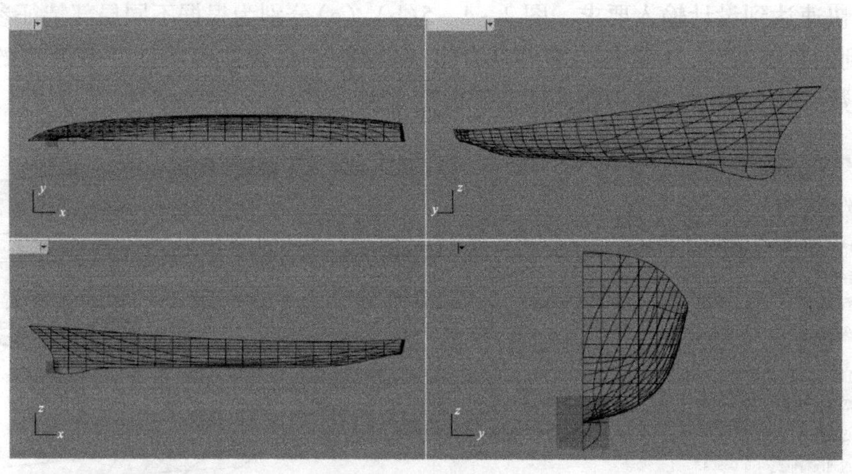

(a)

--	678	1518	2360	2383	2406	2429	2451	2474	2497	2519	--	--	--	297	439	581	723	865
--	741	1546	2362	2385	2408	2432	2455	2478	2502	2525	--	--	--	268	416	565	713	861
30	801	1572	2362	2386	2410	2434	2458	2482	2506	2530	--	--	--	239	394	548	703	858
120	859	1598	2360	2385	2410	2435	2459	2484	2509	2534	--	--	--	208	370	531	692	854
206	915	1624	2349	2384	2409	2435	2460	2486	2511	2536	--	--	--	176	345	513	681	849
286	968	1650	2334	2384	2409	2435	2461	2487	2512	2538	--	--	--	144	319	494	669	844
358	1016	1674	2323	2386	2412	2437	2463	2489	2514	2540	--	--	--	113	295	476	657	838
420	1057	1694	2314	2391	2417	2442	2467	2493	2518	2544	--	--	--	85	272	459	647	834
469	1083	1697	2295	2398	2422	2447	2472	2497	2522	2547	--	--	--	59	253	447	642	836
501	1085	1668	2250	2398	2422	2446	2470	2494	2518	2543	2567	--	--	35	240	444	648	853
513	1061	1609	2157	2390	2413	2437	2461	2484	2508	2532	2555	2572	--	16	234	451	669	886
500	1015	1530	2045	2367	2393	2418	2444	2470	2496	2522	2548	2572	--	7	239	470	702	934
463	947	1431	1915	2323	2353	2384	2414	2444	2475	2505	2536	2566	--	11	257	504	750	997
402	853	1304	1756	2192	2285	2322	2358	2394	2430	2466	2503	2539	--	27	292	556	820	1084
321	735	1149	1563	1977	2180	2223	2266	2310	2353	2396	2439	2482	--	56	344	632	920	1209
235	602	969	1336	1703	2028	2082	2136	2189	2243	2297	2351	2405	--	90	415	739	1064	1388
147	459	771	1083	1395	1716	1886	1956	2026	2096	2167	2237	2307	--	131	514	896	1278	1858
51	305	560	814	1068	1323	1621	1712	1803	1894	1986	2077	2168	--	199	668	1137	1606	2554
--	134	335	536	737	938	1139	1389	1504	1618	1732	1847	1961	--	331	925	1519	2098	3141
--	--	77	240	403	566	729	892	1124	1256	1388	1521	1653	--	629	1360	2034	2831	--
--	--	--	--	0	154	309	465	626	816	944	1074	1206	1292	1243	2012	2765	--	--

(b)

图 2-4-7　系统输出文件

(a) DTMB5415 型线图；(b) DTMB5415 型值表。

四、非线性兴波阻力预报

将基于势流理论线性/非线性三维 Rankine 源兴波阻力数值方法集成应用于软件系统中，用于船型阻力优化，该模块可预报带球鼻首、方尾、折角线等复杂特征船体的兴波阻力、波形、升沉和纵倾。计算时采用完整的 T 样条曲面，按铺砌法在船体瞬时浸湿表面上划分全四边形网格进行迭代计算，如图 2－4－8 所示；自动生成计算所需自由面网格，如图 2－4－9 所示；采用非线性兴波求解得到 DTMB5415 在弗劳德数 $Fr=0.41$ 时的波形图，如图 2－4－10 所示。

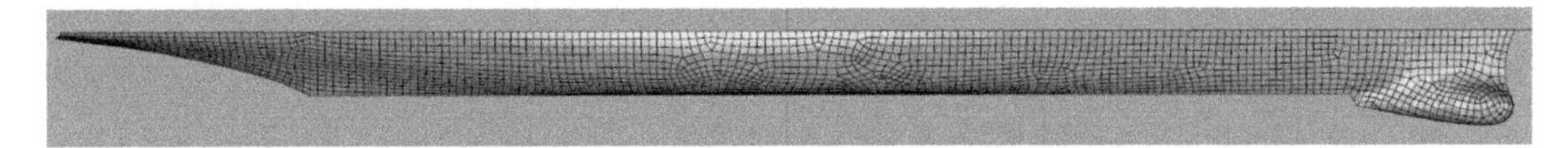

图 2－4－8　DTMB5415 船体全四边形网格

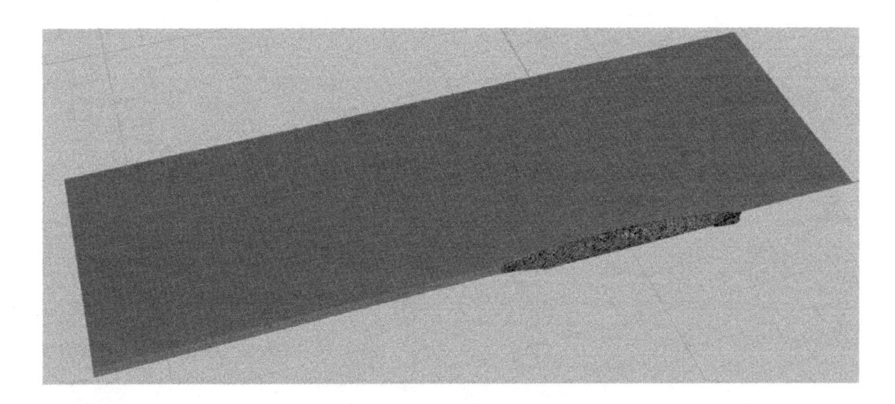

图 2－4－9　DTMB5415 非线性兴波计算自由面网格

图 2－4－10　DTMB5415 非线性兴波求解波形图

思考题

1. 插值三次样条函数的优缺点是什么?
2. 简述 B 样条曲线的性质及分类。
3. 写出曲面参数方程的两种表达方式。
4. B 样条曲面和 NURBS 曲面各有什么特点?
5. T 样条在船体曲面造型中的应用表现出了哪些优越性?

第三章　计算机辅助舰船优化设计与论证

一艘舰船的诞生通常要经过预先研究、方案论证、设计、建造、试验等一系列研究与工程工作。例如,在预先研究阶段,就要进行需求论证、作战环境分析、目标方案图像提出、技术经济可行性分析等,而这个过程中的核心就是进行论证与设计的优化。舰艇优化设计涉及多因素、多步骤、多目标等问题,相当复杂,一般来说,当优化模型确定后,就由工程优化问题转变为求模型的极值或最大(小)值的数学问题。舰船优化设计与论证本质上是最优化理论、计算机辅助设计手段与舰船工程相结合的产物。

本章将首先介绍舰船优化设计的一般概念和数学寻优方法,然后结合舰艇实际,介绍总体参数优化模型、总布置优化模型、综合模型等几种优化模型。此外,对于舰艇论证部分,本章重点介绍了舰艇战术技术论证方法以及舰艇设计方案论证方法。其中在计算机辅助战术技术论证中,计算机模拟技术是核心内容,它要求分析人员熟悉舰艇作战战术和过程,采用合理的战术组合和概率模型,选取合适的最优判断准则。在计算机辅助方案设计中,应始终贯彻优化设计的思想,采用最佳的优化方法,充分结合设计经验和历史数据去构造舰艇可行方案并从中选优。

总体来说,计算机辅助舰艇优化设计与论证是舰艇论证设计人员借助于计算机进行舰艇各性能分析论证和设计的一项专门技术,是由论证设计人员提出设计思想和分析模型,然后编程上机计算和绘图,并最终对计算结果进行分析和评价。在这个过程中,优化是核心,提高设计精度和效率是目的,必须按一定的程序,选定合适的优化模型,选用最佳的计算工具和绘图软件,才能快速、准确地得到优化的论证设计结果。

第一节　计算机辅助舰船最优化设计概述

本节将从优化目标、优化的基本内容以及优化模型的数学描述等几个方面,对舰船的最优化设计进行一个概述。

一、舰船最优化设计的基本概念

按照舰船使用的目标,把各种资源最有效地综合起来,在某种衡准下达到方案最优的方法叫舰船最优化设计。这种最优可能是性能最好、费用最少或效费比最佳等情况。由于舰船本身在技术上、社会上的重要性,最优化设计的思想、观点从过去到现在一直是存在的,只是由于舰船设计本身的复杂性形成了所谓传统的设计方法与最优化设计方法。

传统舰船设计是根据任务书或船方的要求,搜集相应的资料,如服役的类似舰船资料、试验资料、新技术等,按照设计者的经验和规范进行计算、选择、确定要素,形成舰船总体方案。总体方案包括主尺度、船型参数、型线、结构、布置、装备等项目,再进行校核计算,确定是否达到设计指标要求。设计中舰船要素的确定是一个逐步细化的过程,先确定主要的要素,再确定分项的要素,每一次均要进行相应的指标校核计算,这样就形成了设计螺旋线。传统设计方法的特点是,以分步(阶段)设计降低舰船设计的复杂程度,以试验、经验来选择难以确定的项目,这样找到的设计方案只是一个较好的可行方案。

优化设计通过确定优化的目标、优化的模型及解法,从而保证在给定的范围内获得最佳的设计方案。优化目标的确定涉及多种不同性质的指标,优化模型的建立涉及定性指标的量化、定量指标的关系;优化模型的解法又涉及线性与非线性、整数与连续等问题;因计算量很大、涉及人员很多而又与信息技术相关,因此,舰船优化设计是建立在现代高新技术之上的新型舰船设计方法,主要的技术、理论为系统科学、控制理论、计算机技术、决策理论、模糊数学等。由于舰艇本身的复杂性、评价的随机性和模糊性,舰艇优化设计仍然处于不太成熟的发展阶段。

优化目标一般是从单目标优化到综合目标优化。单目标有航速、船长、结构重量等关于船总体或局部的一些指标值;综合目标有效能、效费比等一些多目标的综合。由于现有的单目标是用舰船总体或局部的技术指标来表示,因此,对目标的反映是简单、明了、精确的,但是单目标只反映舰船局部情况,与使用要求有很大距离。综合目标不仅把多个单目标包含进去,而且把一些复杂、模糊、随机的概念融入进来。如作战能力,除己方的一些情况外,还包括作战对象、作战环境以及作战模式这些难以确定的因素。再如生存能力,人们对生存的意义有不同的认识,其包括的因素亦繁多,这样的综合目标虽与使用要求相对贴近得多,但同时存在多种理解与表达,因此对综合目标的研究尚处于发展之中。

在优化模型的研究上,已建立了一些局部的优化模型。从目标上分,有单指标的优化模型、多指标的比较模型;从优化的内容分,有主尺度优化、船型优化、结构优化、方案优化等;从方法上,有直接法、间接法(即解析法)。对于各因素间的规律已明确的,而相对较简单的问题,用间接法求解;对于关系、内涵不清,关系又较复杂的问题,可用直接法求解。直接法的优点是一般能用解析法建立的模型,皆可用直接法来求解,但直接法因只用方案的结果来比较,所以,方案的数量受到限制。随着研究的深入,舰船各因素间的内在规律逐步清晰,所以间接法适用的范围将逐步扩展,从而使得求解的精度提高。但随着舰船装备的发展,舰船的复杂性也在增加,所以,在可预见的将来,间接法与直接法在对方案进行优选时将同时存在。从舰船设计的结果看,现在的舰船设计方案是在许多方面带有局部优化的可行的适宜方案,离整体最佳还有许多距离。

最优化设计的基本内容是:确定优化目标,建立目标函数及限制条件(优化模型),选出适合于优化模型的优化方法,求解出合乎设计者主观愿望的最优解。在建立目标函数时,要把定性的、不同质的指标用统一的数学模型表达出来,要把复杂的船型用一定的、简明的数学关系表示出来,这涉及系统科学中的定性指标的量化分析、不同质指标比较技术、数学船型等一系列内容。

二、舰船最优化模型的数学表述

对舰船这个客观实体的描述,可用船体、各种装备重量尺寸及各部分之间的空间尺寸描述。众所周知,船体是一个复杂的三维曲面,对它的表达从详细程度上可分两种层次,即宏观与微观。宏观上用主尺度与船型系数,微观上用型值及相应于型值的曲线曲面,装备重量尺寸及各部分间的空间可用坐标、重量来表示,这样对船可用一系列的变量,设为

$X=(x_1,x_2,\cdots,x_n)$来描述。舰船优化设计问题与其他优化问题类似，可表示如下：

$$\min F(X)$$
$$G(X)\leqslant 0 \tag{3-1-1}$$

式中：$\min F(X)$为目标函数矢量，若矢量维数为1，是单目标函数优化，维数大于1，是多目标优化决策；$G(X)$为约束条件函数矢量；$X=(x_1,x_2,\cdots,x_n)$为自变量。

第二节　常用最优化方法

最优化方法就是寻求最好结果或最优目标的方法，包括直接法和间接法两个大类。间接法是利用导数求得目标函数的各极值点，得到最优值，这对能容易求得导数的函数来讲是方便的。直接法是以不同解的目标函数的数值做比较，使其逐渐下降，一步步地逼近最优解，这对难以求导的复杂目标函数是适用的。直接法的最优化方法很多，本节简要介绍直线搜索法、无约束下的多变量寻优方法、等式约束下的寻优方法、不等式约束下的寻优方法、多目标问题的解法等方法的基本思路和模型。

一、直线搜索法

直线搜索法的解题思路是：确定最优值所在的区间，通过不同的方法，使搜索区间缩小从而得到最优值。这种方法要求函数在搜索区间只有一个峰。用于缩小搜索区间的方法有对分法、牛顿法、黄金分割法、抛物线插值法等。

（一）对分法

若$F(x)$的导函数存在，令$F'(x)=0$，因搜索区间只有一个峰，因此$F'(x)=0$为单调函数。设搜索区间为$[a,b]$，假定峰点在$[a,b]$内，所以$F'(a)\neq 0$，$F'(b)\neq 0$，显然，$F'(a)\cdot F'(b)<0$，计算$F'\left(\frac{a+b}{2}\right)$值，观察$F'\left(\frac{a+b}{2}\right)$值与$F'(a)$、$F'(b)$是否异号，不妨设与$F'(a)$异号，则搜索区间变为$\left[a,\frac{a+b}{2}\right]$，即缩小1倍，周而复始；区间大小以几何级数收缩，当搜索区间足够小，就可用此值作为解。

（二）牛顿切线法

当$F(x)$的一阶、二阶导函数存在且已求出其表达式，用牛顿切线法能较快地求出$F'(x)=0$的根。方法如下：

设在区间$[a,b]$中经k次迭代已求得$F'(x)=0$的一个近似根x_k，过点$(x_k,F'(x_k))$作曲线$y=F'(x)$的切线，其方程为

$$y-F'(x_k)=F''(x_k)\cdot(x-x_k) \tag{3-2-1}$$

令$y=0$，则第$k+1$次迭代的近似根为

$$x_{k+1}=x_k-F'(x_k)/F''(x_k)$$

设误差要求为η，则当

$$|x_{k+1}-x_k|<\eta\cdot|x_k| \tag{3-2-2}$$

x_{k+1}即为所求的解。

（三）黄金分割法

黄金分割法可用来求$F'(x)=0$的解，亦可用来求$F(x)$的极值。求$F'(x)=0$的解，

与搜索区间对分法类似,其算法思想如下:

在搜索区间$[a,b]$内适当插入两点x_1和x_2,$x_1<x_2$,它们把$[a,b]$分为3段,通过比较这两点、端点的数值,根据单峰(谷)函数的性质,确定峰(谷)在哪两段内,删去最左(或右)一段,完成一次迭代。重复上述计算过程,可使搜索区间趋于0。确定峰(谷)位置的方法如下:

设搜索区间为有一波谷(亦可设有一波峰),当$F(x_1)<F(x_2)$时,谷在$[a,x_2]$内;当$F(x_1)>F(x_2)$时,谷在$[x_1,b]$内。

(四)抛物线插值法

抛物线法的基本思想是:在极小点附近,用二次三项式$\varphi(x)$逼近目标函数$f(x)$,令$\varphi(x)$与$f(x)$在三点$x^{(1)}<x^{(2)}<x^{(3)}$处有相同的函数值,并假设

$$f(x^{(1)})>f(x^{(2)}),\quad f(x^{(2)})<f(x^{(3)})$$

令

$$\varphi(x)=a+bx+cx^2$$

又令

$$\varphi(x^{(1)})=a+bx^{(1)}+cx^{(1)2}=f(x^{(1)}) \tag{3-2-3}$$

$$\varphi(x^{(2)})=a+bx^{(2)}+cx^{(2)2}=f(x^{(2)}) \tag{3-2-4}$$

$$\varphi(x^{(3)})=a+bx^{(3)}+cx^{(3)2}=f(x^{(3)}) \tag{3-2-5}$$

解式(3-2-3)~式(3-2-5),求二次逼近函数$\varphi(x)$的系数b和c,为书写方便,记作

$$B_1=(x^{(2)^2}-x^{(3)^2})f(x^{(1)}),\quad B_2=(x^{(3)^2}-x^{(1)^2})f(x^{(2)}),$$
$$B_3=(x^{(1)^2}-x^{(2)^2})f(x^{(3)}),\quad C_1=(x^{(2)}-x^{(3)})f(x^{(1)}),$$
$$C_2=(x^{(3)}-x^{(1)})f(x^{(2)}),\quad C_3=(x^{(1)}-x^{(2)})f(x^{(3)}),$$
$$D=(x^{(1)}-x^{(2)})(x^{(2)}-x^{(3)})(x^{(3)}-x^{(1)})$$

则由式(3-2-3)~式(3-2-5)得到

$$b=\frac{B_1+B_2+B_3}{D} \tag{3-2-6}$$

$$c=-\frac{C_1+C_2+C_3}{D} \tag{3-2-7}$$

为求$\varphi(x)$的极小点,令

$$\varphi'(x)=b+2cx=0$$

由此解得

$$x=-\frac{b}{2c} \tag{3-2-8}$$

把$\varphi(x)$的驻点x记作$\bar{x}^{(k)}$,则

$$\bar{x}^{(k)}=\frac{B_1+B_2+B_3}{2(C_1+C_2+C_3)} \tag{3-2-9}$$

这样,把$\bar{x}^{(k)}$作为$f(x)$的极小点的一个估计,再从$x^{(1)}$、$x^{(2)}$、$x^{(3)}$、$\bar{x}^{(k)}$中选择目标函数值最小的点及其左、右两点,给予相应的上标 ,代入式(3-2-9),求出极小点的新的估计值$\bar{x}^{(k+1)}$,以此类推,产生点列$\{\bar{x}^{(k)}\}$,在一定条件下,这个点列收敛于问题的解。在实际

应用中,不必无止境迭代下去,只要满足精度要求即可。一般用目标函数值的下降量或位移来控制,即当

$$|f(\bar{x}^{(k+1)})-f(\bar{x}^{(k)})|<\varepsilon$$

或者当

$$\|\bar{x}^{(k+1)}-\bar{x}^{(k)}\|<\delta$$

时,终止迭代,其中 ε、δ 为事先给定的允许误差。值得注意,3 个初始点

$$x^{(1)}<x^{(2)}<x^{(3)}$$

的选择,必须满足

$$f(x^{(1)})>f(x^{(2)}),f(x^{(2)})<f(x^{(3)})$$

这样才能保证极小点在区间$(x^{(1)},x^{(3)})$内,同时保证 $\varphi(x)$ 的二次项的系数 $c>0$,而且 $\varphi(x)$ 的极小点在$(x^{(1)},x^{(3)})$内;否则,可能出现 $c<0$ 的情形,这时利用(3-2-9)式可达 $\varphi(x)$ 的极大点。因此,迭代前必须先求出满足上述条件的 3 个初始点。

二、无约束条件下多变量函数的寻优方法

对于多变量函数寻优,因为实际情况很复杂,还没有一个适合各种情况的最好方法。下面介绍几种常用的方法。

(一)变量轮换法

因为变量多,从而寻优过程复杂。显然,把变量一个一个来考虑就变得相对简单了,变量轮换法即是出于此种想法。这种方法实质上是单变量寻优方法的结合,因此可简述如下:除一个变量外,固定其他变量,作单变量寻优搜索,找到单变量最优点,再寻求第二个变量的最优点,依次一直轮换下去,直到给定的精度。

(二)最速下降法

一个点变化最大的方向是梯度方向,最速下降法就是沿负梯度方向进行搜索,其公式如下:

$$\overrightarrow{x_{k+1}}=\overrightarrow{x_k}-l\cdot\overrightarrow{\nabla f(x_k)} \tag{3-2-10}$$

式中:$\overrightarrow{x_k}$为第 k 次搜索的近似最优点,$k=0,1,2,\cdots$;l 为步长因子,常数;$\overrightarrow{\nabla f(x_k)}$为一阶偏导数矢量。

当$f(x)$满足一定的条件时,点列$\{\overrightarrow{x_k}\}$必收敛于极小点$\overrightarrow{x^*}$。

(三)共轭梯度法

共轭梯度法的基本思想源于如下的事实:当在某点 x_0 沿某一方向$\overrightarrow{p_0}$,作直线搜索到点 x_1,在点 x_1 沿某$\overrightarrow{p_0}$的共轭方向作直线搜索到 x_2,则 x_2 即为由$\overrightarrow{p_0}$、$\overrightarrow{p_1}$确定的空间的极小点;依次类推,x_n 即为由$\overrightarrow{p_0}$、$\overrightarrow{p_1}$、…、$\overrightarrow{p_{n-1}}$确定的空间的极小点,即 $F(x)$的极小点。按照这个事实,算法的关键是如何获得$\overrightarrow{p_1}$,下面是其算法的过程。

设已知目标函数 $F(x)$及其梯度$\overrightarrow{g(x)}$,自变量的维数为 n。

(1)选定初始点 x_0,计算 $F(x_0)$、$\overrightarrow{g(x_0)}$,取搜索方向$\overrightarrow{p_0}=\overrightarrow{g(x_0)}$,置 $k=0$。

(2)进行直线搜索,获第 k 次搜索直线上的极小点 x_{k+1}。

(3)判断是否满足误差衡准,若满足则停止。

(4)判断 $k=n$ 是否成立,即是否已迭代了 $n+1$ 次,若是则重置初始点:$x_0=x_{k+1}$,

$F(x_0)=F(x_{k+1}),\overrightarrow{g(x_1)}=\overrightarrow{g(x_{k+1})},k=0$，然后转(2)；否则转(5)。

(5)按 Fleteher - Reeves 公式计算共轭方向$\overrightarrow{p_{n+1}}$，即

$$\overrightarrow{p_{n+1}}=-\overrightarrow{g(x_{k+1})}a_k\overrightarrow{p_k} \tag{3-2-11}$$

$$a_k=\frac{\| g(x_{k+1})\|^2}{\| g(x_k)\|^2} \tag{3-2-12}$$

(6)判别$\overrightarrow{p_{n+1}}\cdot\overrightarrow{g(x_{k+1})}\geqslant 0$是否成立。理论上肯定有$\overrightarrow{p_{n+1}}\cdot\overrightarrow{g(x_{k+1})}<0$，但是实际上由于目标函数的复杂性和计算中的舍入误差也可能使得$\overrightarrow{p_{n+1}}\cdot\overrightarrow{g(x_{k+1})}\geqslant 0$，此时，$\overrightarrow{p_{n+1}}$不是下降方向。一旦出现这种情况，需要重新设置初始点，转(2)；否则$k=k+1$转(2)。

(四)单纯形法

单纯形法是一种直接法。所谓单纯形，就是n维空间中的$n+1$面体，也就是有$n+1$个顶点的多面体，如果$n+1$个顶点间的距离均相等，则称为正规单纯形。单纯形法就是求解顶点处的目标函数值，通过比较各顶点的目标函数值，找出其中最坏的顶点，并以其相反方向的一个新点代替它，形成一新的单纯形再比较，再去掉坏点，按此程序，每次去掉坏点，留下好点，逐步逼近最优点。

三、等式约束下的寻优方法

在一般工程问题中，各自变量的取值范围是有一定限制的，等式约束是其常见的一种约束。求解有约束问题的目标函数最优值，均是通过把有约束问题化为无约束问题来解，下面简述3种化法。

(一)消元法

把等式约束的变量解出，代入目标函数中去，这样既达到降阶，又把有约束问题化为无约束问题。但这种方法的困难在于某些函数很难把变量解出，因此限制了其应用。

(二)拉格朗日(Lagrangian)乘子法

拉格朗日函数为

$$L=F(x)-\sum_i\lambda_i g_i(x),\quad i=1,2,\cdots,m<n$$

式中：$F(x)$为目标函数；λ_i为待定常数；m、n分别为等式约束方程数、自变量数。

求$F(x)$的最优值，变为求拉格朗日函数的驻点值，即

$$\frac{\partial L}{\partial x_1}=\cdots=\frac{\partial L}{\partial x_n}=\frac{\partial L}{\partial \lambda_1}=\cdots=\frac{\partial L}{\partial \lambda_m}$$

(三)罚函数法

构造的罚函数为

$$R(x,P)=F(x)+\sum_{i=1}^{m}P_i\cdot(g_i(x))^2,\quad i=1,2,\cdots,m<n$$

式中：$P_i,i=1,2,\cdots,m$为罚因子，是一组指定的足够大的正常数。

通过$R(x,P)$，把对$F(x)$求最优值变成对$R(x,P)$求最优值，只要P_i足够大，则$R(x,P)$的最优值就以足够精确度接近$F(x)$的最优值。

四、不等式约束条件下多变量函数的寻优方法

不等式约束包括等式约束与不等式约束两部分，比等式约束的情况要复杂，求解的方

法也较不成熟,这里仅简述罚函数法。罚函数法又有外点法与内点法之分。

(一)外点法

构造新的目标函数:

$$T(x,m_j) = F(x) + m_j \sum_{i=1}^{m} \{[\min(0,g_i(x))]^2\} \tag{3-2-13}$$

其中

$$0 < m_1 < m_2 < \cdots < m_j < m_{j+1} < \cdots$$

$g_i(x) \leqslant 0$,约束条件。

在不同的 m_j 下,新目标函数将对应 m_j 有一最优点,随 m_j 趋于 $+\infty$,则 $T(x,m_j)$ 的最优点与 $F(x)$ 的最优点一致。

(二)内点法

构造新的目标函数:

$$u(x,r_j) = F(x) + r_j \sum_{i=1}^{m} \frac{1}{g_i(x)} \tag{3-2-14}$$

其中

$$r_1 > r_2 > \cdots > r_j > r_{i+1} > \cdots > 0$$

且

$$\lim_{j\to\infty} r_j = 0$$

对应于不同的 r_j,$u(x,r_j)$ 有不同的最优点,当 r_j 趋于 0 时,$u(x,r_j)$ 的最优点即为 $F(x)$ 最优点。

五、多目标问题的解法

对于像舰船这样的复杂系统,一般具有多种目标,如作战能力强,采购费用、全寿命费用低,安全性、可操作性、居住性好等。对于多目标问题一般是化作单目标问题来解决,下面是一些具体方法的说明。

1. 主要目标法

选定一个主要目标,其他目标只要达到一定的程度即可,亦即其他目标变成了约束条件,多目标问题变成了单目标问题。

2. 目标综合法

把各单个的目标通过综合变成一个复合目标。综合方法的数学形式有线性加权平均法、平方加权平均法、几何平均法等,还可根据目标内在的逻辑关系构建复合目标函数。

3. 理想点法

先对各个单目标分别求出最优目标值,各单目标的最优值组成一个理想点,距理想点最近的解就是最优解。其数学表述如下。

设目标函数 $\boldsymbol{F}(x)$ 为矢量函数:

$$\boldsymbol{F}(x) = [f_1(x), \cdots, f_m(x)]^{\mathrm{T}}$$

矢量 $\boldsymbol{F}^0 = [f_1^0, f_2^0, \cdots, f_m^0]$ 为理想点,距理想点的距离函数为

$$U(x) = \sum_{i=1}^{m} \left[\frac{f_1(x) - f_i^0}{f_i^0}\right]^2 \tag{3-2-15}$$

这样多目标函数 $\boldsymbol{F}(x)$ 变成了单目标函数 $U(x)$，$U(x)$ 的最优解便为 $\boldsymbol{F}(x)$ 的最优解。

4. 分层序列法

分层序列法的基本思想是：首先按目标的重要性逐一排队，然后依次在前一目标最优解的集合内，逐个地对各自目标求取最优解。即首先在约束规定的可行区域内对第一个目标求取最优，并找出所有最优解的集合为 R_1，然后在 R_1 内求第二个目标的最优，第二个目标的最优解集合为 R_2，如此进行下去，一直到求得第 m 个目标的最优解。

使用这种方法的前提是每一 R_1 内有多于一个元素，否则难于进行。为了能够进行下去，每一次求解不一定是严格最优，在一定的范围内即可，以保证 R_1 内的元素数。

此法往往只得到一个非劣解，是一个以主要目标为衡准、兼顾其他目标的非劣解。

第三节　舰艇总体参数优化方法

在传统的舰艇设计中，首先要确定一系列舰艇主要或基本的参数，舰艇的优化设计首先表现在这种基本的主要参数的确定上。这种基本的主要参数指的是主尺度、船型参数以及装备方案等，本节仅讨论主尺度、船型参数的优化，装备方案的优化将在第四节中阐述。

（一）优化目标及目标函数

主尺度与船型参数主要确定了舰船的外形，以及由此带来的材料需求及所提供的舰艇容积、面积的差别。因此，在技术上主尺度与船型参数涉及船体的阻力性能，舰船的耐波、操纵性能，舰船的稳性、经济性等主要性能指标。所以，如果以阻力和耐波性能为主要考虑指标，其单项指标目标函数可分别表示如下。

1. 关于阻力

（1）在主机功率确定的条件下，最大航速达到最大值，即 $F(x) = -V_m$，其中 V_m 表示最大航速指标。

（2）在规定的航速下，有效功率 P_e 为最小，$F(x) = P_e$。

2. 关于耐波性能

舰船耐波性指标是一个综合性的指标，涉及船体纵摇、横摇、升沉、砰击、艏摇等项目。由于项目多，增加了评价的复杂性，为此，美国的贝尔斯（N. K. Bales）对驱逐（包括护卫舰和轻巡洋舰）船型和耐波性特征量之间的关系作了深入的研究，把反映耐波性能优劣的“耐波性品级”R 与船型的几何特征用简单的关系式直接联系起来。这样，评定耐波性的衡准有两种：一种是 R 指标；另一种是纵摇、横摇、升沉等单项指标。其目标函数如下。

（1）耐波性品级指标为

$$R = 8.422 + 45.104C_{WF} + 10.078C_{WA} - 378.465(T/L) + 1.273(C/L) - 23.561C_{VPF} - 15.875C_{VPA} \tag{3-3-1}$$

式中：C_{WF} 为中前水线面面积系数；C_{WA} 为中后水线面面积系数；T/L 为吃水船长比；C/L 为截止比 C/L，其中 C 是首垂线至龙骨截止点的距离；C_{VPF} 为中前竖棱形系数；C_{VPA} 为中后竖棱形系数。

目标函数为

$$F(x) = -R$$

(2)分项耐波性指标为

$$\boldsymbol{F}(x) = (\overline{\theta_a}, \bar{z}, \bar{\psi}, \bar{a}, n, m, K)^{\mathrm{T}}$$

式中:$\overline{\theta_a}$为$\frac{1}{3}$最大横摇角的平均值;$\bar{z}$为$\frac{1}{3}$最大垂荡幅值的平均值;$\bar{\psi}$为$\frac{1}{3}$最大纵摇角的平均值;$\bar{a}$为$\frac{1}{3}$最大垂向加速度幅值的平均值;n为砰击概率;m为甲板淹湿;K为螺旋桨出水。

(二)轻型舰艇船型优化模型

(1)优化的目标函数。以航速和耐波性能为主要考虑指标构建目标函数:

$$F(x) = \begin{Bmatrix} -V_{\mathrm{m}} \\ -R \end{Bmatrix} \tag{3-3-2}$$

$$V_{\mathrm{m}} = 75\eta \cdot P/R \tag{3-3-3}$$

$$R = \frac{1}{2}P \cdot V_{\mathrm{m}}^2 \cdot S(C_{\mathrm{r}} + C_{\mathrm{f}}) \times 10^{-3} \times (1 + 0.135) \tag{3-3-4}$$

$$C_{\mathrm{f}} = 0.075/(\log R_{\mathrm{e}} - 2)^2 \tag{3-3-5}$$

式中:C_{r}为剩余阻力系数,可依据驱逐舰、护卫舰船型与阻力历史资料,由船型与重量数据确定C_{r};η为推进系数,并且

$$D_0 = \sum_{i=1}^{16} W_i, i = 1,2,\cdots,16$$

式中:D_0为排水量;W_i分别为各部分的重量,与船型参数、母型参数等相关。

(2)优化方法。采用网络法,在船模系列中搜索最优的方案,具体如下。

给定船型参数及性能范围:$L/B, B/T, L/\nabla^{1/3}, C_{\mathrm{B}}, C_{\mathrm{P}}, C_{\mathrm{W}}, C_{\mathrm{M}}, X_{\mathrm{B}}, D_0, L, B, T, D, D/T, L/D, h, T_\theta, V_{\mathrm{m0}}, M_{\mathrm{d}}/L, P_{\mathrm{SS}}$。

逐个计算船模,去掉不满足船型参数和性能参数要求的方案,保留合格方案。

(3)在合格方案中,计算R指标,以R指标排列,选取R值最大的方案。

(4)最大航速V_{m}的计算,在任务书要求的航速V_{m0}附近,设定3个航速V_1、V_2、V_3,使得$V_1 < V_{\mathrm{m0}} < V_3, V_1 < V_2 < V_3$,求主机功率,只要主机总功率在所计算的范围内,便可插值得V_{m}。

第四节 舰艇战术技术优化论证

战斗舰艇战术技术论证是确定舰艇主要装备配置和主要总体性能指标的重要环节。传统的装备配置论证中,一般采用固定作战样式,设置几种装备配置组合,计算各种组合下舰艇的作战效能(一般为毁伤概率);在主要总体性能指标论证中,也是设定几种机动模式,计算在固定航态下,攻击或规避所必需的航速或续航力等指标。这种论证方法有很多缺陷,如与实际情况不符、分析计算状态少、计算结果与计算公式及计算参数的选取相关性太强等,论证结论信息少且不统一,说服力不强。近年来,随着计算机仿真技术的发展,人们将仿真模拟技术引进到舰艇战术技术论证中,通过计算机模拟分析所选武器装备的有效性,确定舰艇总体性能指标要求,并且通过模拟对抗还可以了解新型舰艇的总体战

术技术水平与国外先进水平相比较的差距或优势,论证分析过程接近实战状况。论证结果说服力强,这种方法已经为国内外广泛接受。

下面首先简要介绍一下计算机辅助战术技术论证的一般原理、方法和步骤,然后通过一个轻型舰空导弹与小口径火炮作战效果分析的实例,使读者初步掌握利用计算机进行战术技术论证的方法。

一、计算机模拟原理

计算机模拟是一门专门化的技术科学,其中包含有一系列的概念、方法、程序等内容,在此我们仅就舰艇战术技术论证中可能涉及的内容作一简单介绍,有兴趣的读者可参阅其他专门的计算机模拟书籍。

(一)计算机模拟的概念

计算机模拟是一门综合性技术科学,是利用数学模型在计算机上进行反复多次运算的仿真实验技术。现代比较流行的定义为:“计算机模拟就是利用模型在计算机上对实际系统进行实验研究的过程。”

具体来说,计算机模拟是一种用数值方法求解动态系统模型的过程。它从某个初始状态开始,按照时间的进程,一步一步求解,最后得到系统模型的一个特解。每步计算的结果,都是实际系统在相应时间点上的一种可能的状态。

由于每次模拟的结果只是系统模型的一个特解,故要得到系统模型在可能的初始状态下的全部解答,就必须反复多次地运行模型。如果模拟的是随机系统,为了得到一个独立的样本观察值,以便对系统的某个性能测度进行估计,同样需要独立地重复运行模型。如果研究的目的是获取一组最佳参数,则不仅需要通过独立重复运行模型以便对参数进行估计,还需要对设计方案的不同参数组合分别进行模拟,以便从中选优。

(二)计算机模拟的方法和步骤

计算机模拟方法按照系统类型的不同,可以分为连续系统模拟方法和离散系统模拟方法两大类,在舰艇战术技术论证中主要采用连续系统模拟方法。

连续系统模拟方法是以时间为步长,逐步计算各时间点上系统状态,即当系统进行到该时间点上时,系统内各种实体的属性和活动状况,并统计各种预定参数值;当达到计算结束条件时(某个事件发生或预定运行时间到等)结束运行,并存储或输出统计参数值。如果需要反复多次运行,则根据设定的运行次数和初始条件规则,连续多次运行,最后给出统计结果。

在计算机模拟中,影响模拟结果准确性的主要是系统模型和初始条件的正确性,其次还有一些如运行次数、运行长度、数据收集等因素。系统模型的正确性和准确性至关重要,必须在认真分析研究的基础上,结合经验和数据分析予以建立;初始条件应根据模型建立过程中对实际情况的分析和所采用的计算方法恰当地选取;运行次数、运行长度等应严格按照保证样本独立性的基本要求确定或根据系统运行假定来设定;数据收集应根据模拟的要求确定收集的参数和收集的时机,以便进行统计分析。

总之,为了保证计算机模拟的科学性,使模拟的研究结果能够真正说明问题,必须遵循一套严格而有序的程序,在具体应用中,也需要根据不同问题的要求灵活地采用合适的方法。图 3-4-1 表明了计算机模拟应采取的各个阶段活动及其相互关系。

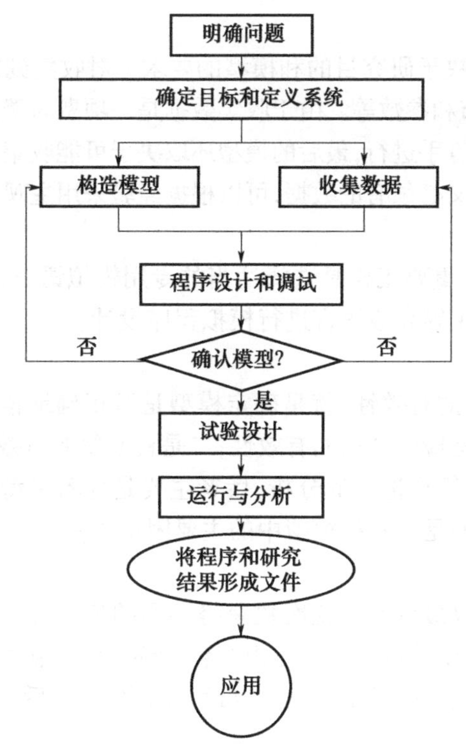

图 3-4-1 计算机模拟的步骤

1. 明确问题

明确问题就是要提出明确的计算机模拟要求。对舰艇战术技术论证来讲,一般有两类问题:一个是某种武器装备(包括全舰总体)的作战效能或生存能力分析,它包括武备本身性能的优选和舰艇武备配置的优化等;另一个是舰艇某项性能指标(如航速、噪声等指标)的优选或优化。

2. 确定目标和定义系统

在明确了要研究的问题之后,应当具体地规定研究的目标和用于衡量是否达到目标的标准(如规定结果的显著性水平和精度等)。只有问题和目标明确了,才能确定系统的边界,也就是确定模拟模型应该描述的实体数量、类型、运动方式和规则等。在定义系统时,要力求简化,在系统中包含过多的次要因素,反而会掩盖和削弱主要因素的作用,从而增加研究的难度以及时间和费用。在舰艇战术技术论证中,定义系统就是规定进行模拟的舰艇、飞机的类型和数量,各舰艇所载的武器种类和数量,以及各舰艇在运行中的活动规则和所包括的海域条件等。

3. 构造模型

构造模型就是将实际系统运行情况用物理或数学的模型表达出来。构造模型既是一门科学又是一种"艺术":一方面,要求建模者具有一定的数学和计算机软件知识;另一方面,在很大程度上取决于建模者把握问题特征的抽象能力和提出各种假设以使模型简化的能力。模型的复杂程度不应超过研究目的要求,这应作为构造模型的一条重要原则。为此,有经验的建模者总是先建立一个简单的系统模型,然后逐步去完善它。在舰艇战术技术论证中,所建立的模型就是根据作战要求和战术,将各种舰艇、飞机施行合理的调度,设定各种活动发生条件和顺序以及各项活动的后果,确定后果判据等。

4. 收集数据

需要收集哪些数据取决于研究目的和模型的要求。对收集到的数据要进行整理,包括过滤、确定随机变量的分布和参数等。由于收集数据是一项费时费力的工作,因此应尽可能在构造模型的最初阶段就着手进行,最后的模型还取决于可能收集到的数据的数量和质量。对于个别实在收集不到而又必须有的数据,可以根据经验采用主观判断的方法估计。

5. 程序设计和调试

程序设计阶段的一个重要工作是选择适当的专用模拟语言,当没有适合的模拟语言时,可以考虑采用C/C + +等高级语言进行模拟程序设计。

6. 确认模型

确认模型或验证模型的有效性,就是确定模型是否正确地描述了真实系统。一般是从两个方面进行检验:一是检验结构的有效性;二是检验复制有效性。前者主要是对模型的基本假定和逻辑结构进行理论上的分析,后者主要是检验模型重复运行的稳定性和一致性。一般认为,确认模型是计算机模拟中的主要困难之一。

7. 模拟试验设计

试验设计的目的,是以最少的试验次数获得必要的信息,以便进行多方案的比较,从中选择较优的方案。一般试验设计的工作内容包括确定消除初始条件引入的偏差所需的模拟运行长度、一次模拟运行的长度以及重复运行的次数等,后者是为了得到足够数量的相互独立的样本观察值。

8. 运行和分析

仅靠一次运行得到最后的模拟结果通常是不可靠的。因此,需要用不同的随机数序列多次重复运行模型,并根据从重复运行中获得的样本观察值,运用数理统计中的方法,对系统的性能测度进行估计。在舰艇战术技术论证中,还需要设定多种初始条件重复运行,以便得到有说服力的结果。

9. 将程序和结果形成文件

为了使研究结果能够得到实际应用,使模型、程序和模拟结果能够经受别人的检验,也为了今后在已有的基础上进一步开展研究工作,必须将工作的成果(包括对问题的说明、模型、程序、试验设计方案、模拟结果及分析结论等)形成文件。

二、计算机模拟在舰艇战术技术论证中的应用

计算机模拟在舰艇战术技术论证中的应用又称为统计模拟法,即通过建立模型后反复多次运行,得到每次运行中任务成功的比率作为模拟结果来反映战术技术论证结论。下面主要从两个方面简要介绍一下它的应用特点和方法。

(一)武器装备作战效能评估

武器装备作战效能评估用于对主要舰载武器的性能、数量和使用方式进行分析、评价和优化配置。评估的方法是将武器装备的配置和使用方法设定几种方案,然后根据舰艇情况选择合适的对抗目标,依照作战中战术规则制定相应的战斗使用程序和判断条件,建立计算机模拟程序上机运行,最后对得到的结果进行分析,得出分析结论。

在整个模拟过程中,确定合理的概率分布和武器使用参数是至关重要的。一般可以同时选择几种武器或几种可行的使用参数进行对比分析,在同样的目标和模拟环境下,不

同性能的武器所反映的模拟效果可能有很大差别,最后对结果进行分析,可以从中选择最有效的武器或性能参数。

在武器装备作战效能评估中,应注意两方面的问题。一方面是模拟环境的限制性,即重点突出武器装备的使用环节,尽可能减少其他因素的影响,也就是前面介绍的“系统定义”工作要注意。如在评估导弹攻击能力时,尽可能避免同时使用火炮的情况等。另一方面是模拟结果应具有可比性,即模拟结果可以在同一尺度下说明与其他同类武器装备的差异。如可同时对几种同类武器用同一模型进行对抗模拟,也可以分别用同类武器设置在同样的平台上进行对抗模拟,这样通过模拟,就可以了解哪种武器作战效能更高。

武器装备作战效能评估通常主要用于导弹、火炮、飞机(含舰载直升机)、鱼雷、水雷、雷达、声纳和电子对抗装备的分析论证中。模拟结果一般用命中概率、毁伤概率、发现概率等效率指标表示。

(二)舰艇总体作战效能评估

舰艇总体作战效能评估是对舰艇平台性能和所有装备性能进行综合评估。评估的方法一般是选择具有代表性的目标舰,让被评估舰与目标舰进行对抗作战模拟,以评估舰与目标舰的交换率作为模拟结果。交换率又称为对抗模拟的效率指标,其一般定义为

$$W = \frac{\text{目标舰被毁伤次数}}{\text{评估舰被毁伤次数}}$$

舰艇总体作战效能要求能全面反映舰艇完成任务的多种情况,因此,需要建立比较多的、相对比较复杂的模型,需要考虑比较多的因素。所以,此项工作难度较大,需要花费比较大的人力和财力。分析计算的周期相对较长,一般仅用于制定舰艇研制总要求书(或研制任务书)阶段。舰艇总体作战效能模拟的全过程如图 3－4－2 所示。现说明如下。

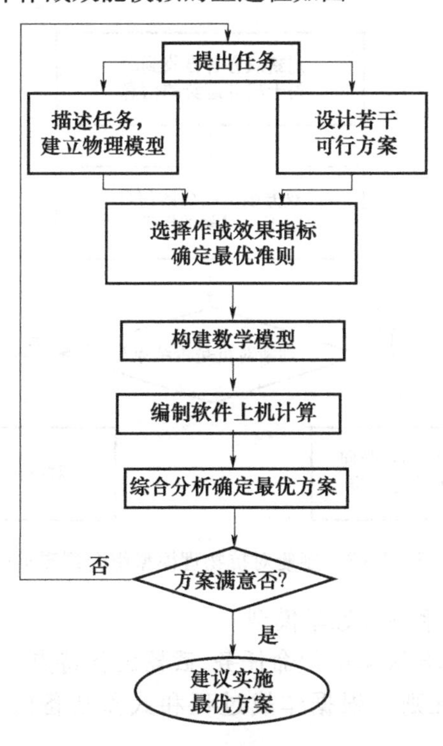

图 3－4－2　舰艇总体作战模拟全过程

1. 提出任务

研制新型舰艇的任务一般由作战部门根据作战需要和调研情况提出。作战任务书的主要内容包括舰艇的使命任务、主要武器装备、舰艇舰级、适航能力、自给力、防护要求、生命力、隐蔽性、舰员编制等。

2. 任务描述,建立物理模型,设计若干可行方案

科研部门接到作战任务书后,即可根据作战要求设计能完成任务的多种可行方案,并将这些方案设计出的舰艇与任务书提出的多种目标,如潜艇、水面舰艇、反潜航空兵、航空母舰编队、护航运输船队等的对抗全过程详细地描述出来,主要内容包括战斗背景、主要战斗情节及战术规则等。这些内容反映了任务的目的和用途、参战的各种对象、双方兵力行动的基本方案、系统内各战斗单位的动作过程、模型的限制使用条件等。有了这些内容就可以画出物理模型的组合逻辑框图。图 3-4-3 就是一种舰艇对抗物理模型的组合逻辑框图。

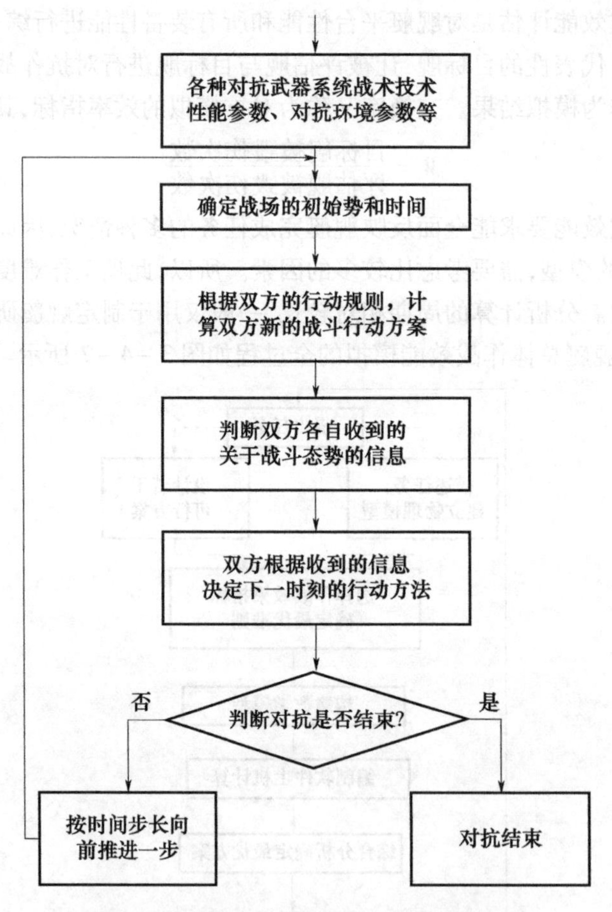

图 3-4-3　舰艇对抗物理模型组合逻辑框图

3. 选择作战效果指标和建立数学模型

作战效果指标的选择与舰艇的使命任务、武器装备特点、武器装备用途等有关。舰艇作战效果指标和最优准则可根据作战过程和武器装备的不同列出,如表 3-4-1 所列。

表 3-4-1　舰艇作战效果指标表

作战任务	武器装备	作战效果指标	最优准则
攻击敌方空中目标	对空导弹、火炮	损失一艘舰艇所摧毁的敌方空中目标数	越大越好
攻击敌方战斗舰艇	对舰导弹、鱼雷、火炮	损失一艘舰艇所摧毁的敌方战斗舰艇数	越大越好
攻击敌护航运输船队	对舰导弹、鱼雷、火炮	损失一艘舰艇所摧毁的敌方运输船数	越大越好
舰艇对空防御	对空导弹、小口径火炮	舰艇生存概率	越大越好

建立数学模型的主要内容包括:确定整个模型的输入值和输出值;确定上述物理模型的框图中每一框的输入值和输出值;推导和论证必要的数学公式;进行检验性计算,以确定所使用公式的可行性;进一步简化公式,使公式及关系更明确和简化;拟定各框的局部算法,明确各框之间的数值传递关系;制定各框算法的逻辑线路。数学模型中的公式主要涉及坐标、运动方程、方位、舷角、航向和距离的计算;初始态势的计算,各种概率分布的计算,武器作用距离、雷达或水声观察作用距离的计算,舰艇变速变向的机动计算,目标运动要素的计算;各种测量值的计算;干扰及诱饵等电子对抗器材性能效果的计算等。

4. 编制程序和仿真计算

各框算法和动作逻辑线路确定后,就可以将它们以某种算法语言实现。在编制程序中,应首先编制各框中相同的运算程序,即子程序,并在计算机上单独调试这些子程序,直到正确无误为止。然后,编制各框的运行程序,并协调各框之间工作程序和数据传输。在编制程序过程中,应注意反复调试程序,每个程序调试通过后再连接到总程序中,以保证整个软件的正确性。程序的编制应注意运行的可行性,应允许多种初始方案的输入,结果的输出应简洁、明了。

仿真计算前,应确定相应的运算结束条件,包括每次运行的长度和总共运行多少次,每次运行也可以某事件发生作为结束条件(如每次运行以我舰被摧毁事件结束等)。

5. 计算结果分析

计算结果分析包括结果精度分析、系统方案优选顺序分析、各个分系统不同性能参数对效果指标的灵敏度分析等。根据结果分析选出最优方案,提出战术技术指标,若不满意,可以重新计算,直至建立新的物理模型和数学模型。最后选出各方面都比较满意的方案,拟定一份较合理的战术技术指标书(或任务书)。

三、轻型舰空导弹与小口径火炮作战效果分析的实例

下面以小型水面舰艇轻型对空防御武器系统作战效能评估的分析实例,说明计算机模拟在舰艇战术技术论证中的应用方法和步骤。

实例中所选用的武器装备均为传统武器,未选用最新的型号,所用数据也为假设,仅用于解释论证的基本方法和流程。

(一)轻型对空防御武器系统的战术使命

水面舰艇的空中威胁主要来自于空中的导弹和飞机,舰艇对低空、超低空防御,特别是对掠海导弹的防御,为舰艇对空防御的重点与核心问题。

目前,水面舰艇的主要空中威胁是:①水面舰艇、潜艇发射的反舰掠海导弹;②固定翼飞机、直升机发射的空舰导弹;③实施低空、超低空轰炸的飞机。

因此,轻型对空防御武器系统的战术使命如下。

(1)截击水面舰艇、潜艇发射的掠海导弹。

(2)截击飞机、直升机发射的空舰导弹。

(3)截击歼击轰炸机实施低空和超低空轰炸。

由于轻型水面舰艇武器装备载荷重量、尺度和造价的限制,它不能装载笨重的对付中远程、中高空目标的对空防御武器系统,截击发射空舰导弹的飞机,并将飞机消灭于发射空舰导弹区域之外,而是装载轻型综合对空防御武器系统,截击与干扰飞机发射的空舰导弹、舰艇发射的掠海导弹,使歼击轰炸机难以实施低空和超低空海上轰炸,提高舰艇生存力与战斗力。

这里主要论述舰空导弹的作战效果,但为了与小口径火炮进行对比及论述导弹与小口径火炮综合防御的作战效果,也简略论述了小口径火炮的作战效果。

(二)小型水面舰艇对空防御武器系统的组成

(1)目标搜索观察系统——雷达、光学观察器材。

(2)目标跟踪系统——雷达、光电器材。

(3)导弹与发射架。

(4)火炮。

对空防御武器系统的战斗步骤一般流程如图3-4-4所示。

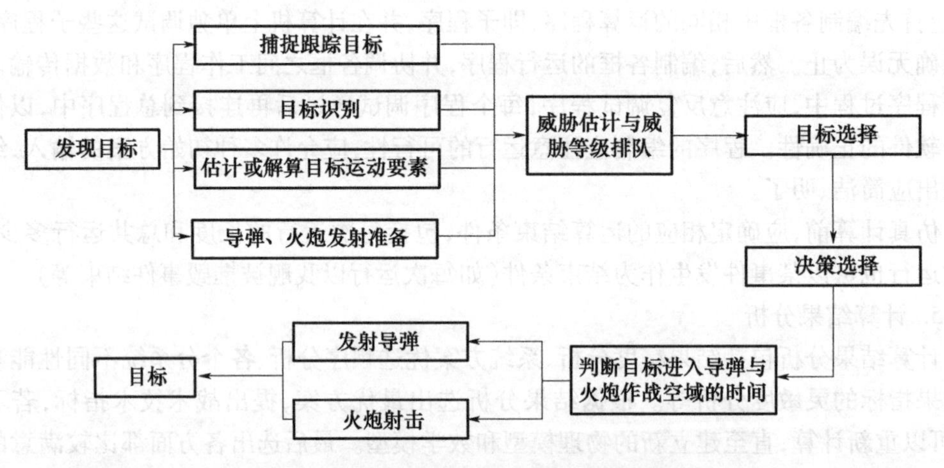

图3-4-4　对空防御武器的一般作战流程

(三)舰空导弹、小口径火炮对空作战物理模型与作战参数

1. 歼击轰炸机轰炸战术与轰炸计算

歼击轰炸机从低空进入目标,能避开雷达引导的对空导弹和截击机的抗击,突然地出现在目标区。歼击轰炸机的飞行高度越低,与地面相对角速度越大,越能降低对方防空武器的射击效率。假设其最有利的高度为100~300m,最不利的高度为1000~1500m。

轰炸机攻击方法分为俯冲攻击、上仰轰炸和水平轰炸等。战斗飞行剖面的选择是根据所担负的任务、战场环境条件和对方防空武器配置不同而定。这里选择3种飞行剖面。

(1)水平轰炸,水平退出。

(2)水平轰炸,跃升退出。

(3)俯冲轰炸,跃升退出。

飞机轰炸时又分为低空轰炸和超低空轰炸两种情况。

低空轰炸时,飞机发现水面舰艇后,开始进入目标。飞机进入轰炸航路起点后,停止机动飞行,保持高度和速度进行瞄准,瞄准时间一般为15s左右。飞机轰炸航路起点一般距目标为4000m左右,速度为720km/h,投弹高度为200~300m,投弹点距舰艇的水平距离为1800m。

超低空水平轰炸时,飞机在进入舰艇雷达发现距离之前,通常下降高度至低空100~300m,以保持其行动的隐蔽性并便于搜索识别目标。飞机发现水面舰艇后,开始进入目标,并在适当距离上下降到攻击高度30~50m。进入速度(以美国A-6A飞机水平投弹为例)为650~720km/h。

轰炸计算的方法如下。

用光学瞄准具进行一般炸弹的水平轰炸,良好技术的空勤组标准散布如下。

(1)高20~400m,速度200~200km/h以上:

$$B_1=(10H+0.1V)\cdot(0.78+0.55H)$$

$$B_2=(10H+0.1V)\cdot(0.45+0.55H)$$

(2)高400~1000m,速度200~200km/h以上:

$$B_1=10H+0.1V$$

$$B_2=(10H+0.1V)\cdot(0.45+0.55H)$$

俯冲时进行一般炸弹轰炸,良好技术的空勤组标准散布如下。

(1)高20~400m:

$$B_1=[10H+0.1V(1-\sin\lambda)]\cdot(0.78+0.55H)$$

$$B_2=[10H+0.1V(1-\sin\lambda)]\cdot(0.45+0.55H)$$

(2)高400~1000m:

$$B_1=10H+0.1V(1-\sin\lambda)$$

$$B_2=[10H+0.1V(1-\sin\lambda)]\cdot(0.45+0.55H)$$

式中:B_1、B_2为公算偏差,m;H为投弹高度,km;V为投弹瞬间的飞行速度,km/h;λ为俯冲角,水平轰炸时,$\lambda=0$。

2. 小口径火炮射击计算的数学处理方法

按巴尔姆定理可知,“若干个互相独立的随机事件叠加所形成的事件流近似于泊松事件流。”因此,当若干门火炮互相独立地对同一个目标进行射击时,此目标所受到的总射击流完全可以看成是泊松事件流。甚至射击流也可来自一门火炮,并在具有显著后效性的情况下,将射击流看作是泊松事件流,对计算结果也无多大影响。所以对战斗过程进行数学描述时,往往将射击流看作是泊松事件流。即在某给定的时间间隔τ内发生m次事件的概率由下式确定:

$$P_m=\frac{a^m}{m!}\mathrm{e}^{-a}$$

击毁目标射击流密度:

$$\Lambda=p\lambda$$

时间间隔τ内的平均事件数:

$$a=\Lambda\tau$$

式中：λ 为射击流密度；p 为火炮单发炮弹毁伤目标的概率；τ 为火炮拦击目标的时间间隔。

在计算机模拟计算时，利用积分分布函数的特性，可在获取 0 ~ 1 区间内服从均匀分布的随机数 R_i，确定服从给定分布律 $f(x)$ 的随机数。

若 $P_m \geqslant R_i$，则火炮击毁目标；

若 $P_m < R_i$，则火炮未击毁目标。

3. 轻型舰空导弹的发射条件、导引方法与杀伤概率

1）某轻型舰空导弹的发射条件

有以下战术技术指标和参数：最大杀伤目标高度、最小杀伤目标高度、尾追攻击目标最大杀伤斜距、迎攻攻击目标最大杀伤斜距、尾追攻击目标的最大速度、迎攻攻击目标的最大速度、导弹最大发射仰角、导弹最小发射仰角、导弹起飞瞬间、红外导引头最大跟踪角速度、导弹布置于舰艇上的射界条件、艏部导弹发射架射界和艉部导弹发射架射界。

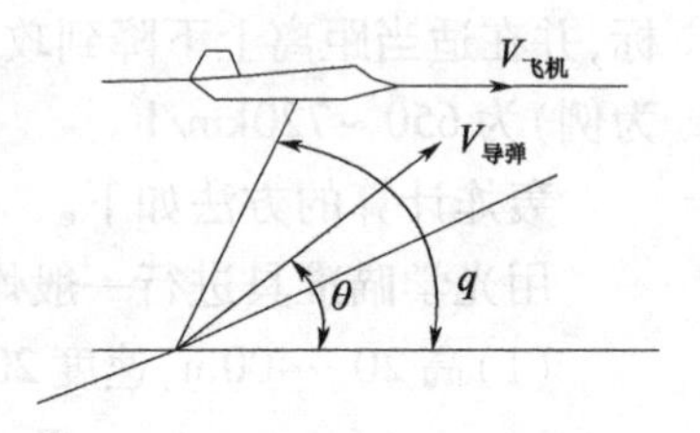

图 3－4－5　比例引导示意图

2）舰空导弹的导引方法

某轻型导弹采用比例导引方法，如图 3－4－5 所示。这种导引方法的原理是使导弹角速度的变化率$\frac{d\theta}{dt}$与导弹、目标方位线的变化率$\frac{dq}{dt}$成比例，即

$$\frac{d\theta}{dt} = K\frac{dq}{dt}$$

式中：K 为比例系数，称为导引常数。

3）舰空导弹杀伤目标的概率

经计算和实验，得出了当某轻型地对空导弹在攻击速度低于 150m/s 的目标时，其单发杀伤概率为 0.85；当攻击速度在 150 ~ 260m/s 的目标时，其单发杀伤概率为 0.53。

4. 歼击轰炸机与舰艇舰空导弹、小口径火炮交战物理模型

设定歼击轰炸机发现水面舰艇后，以不同的航速、不同的高度、不同的进入角进入航路起点，实施低空轰炸。水面舰艇搜索雷达、光学观察器材发现目标后，报告舰艇指挥员并指示目标；跟踪雷达或（和）光电跟踪系统跟踪目标；估计或解算目标运动要素；艇长下定决心并命令进行导弹与火炮发射准备；火炮与导弹发射准备完毕后，在满足火炮与导弹发射条件时，火炮射击与发射导弹。

5. 歼击轰炸机与舰艇对空防御武器系统作战参数的选择

（1）舰空导弹与火炮的类型。

① 某轻型尾追攻击型的导弹。

② 设定的迎攻攻击型的导弹。

③ 小口径双 37mm 火炮。

（2）舰空导弹发射架及火炮的布置与数量。

方案 1：舰首或舰尾布置一座导弹发射架。

方案 2：舰首与舰尾各布置一座导弹发射架。

方案 3：舰首或舰尾布置一门双 37mm 火炮。

方案 4：舰首与舰尾各布置一门双 37mm 火炮。

方案 5：舰首和舰尾各布置一座导弹发射架和一门双 37mm 火炮。

(3)导弹发射数量为1枚导弹单射和2枚导弹齐射。

(4)导弹发射最小仰角为20°、5°及3°。

(5)导弹发射准备时间8~10s。

(6)导弹再捕捉跟踪目标的时间为4s。

(7)小口径火炮系统反应时间为6s。

(8)目标轰炸方法

单机单枚炸弹一次轰炸;单机单枚炸弹连续两次轰炸。

(9)目标投弹高度

① 超低空水平轰炸高度:20~40m。

② 低空水平轰炸高度:100~4000m。

(10)目标投弹速度为260m/s与350m/s。

① 飞机轰炸俯冲角:0°、20°、30°;0°为水平轰炸。

② 飞机轰炸进入角:0°、30°、60°、90°、120°、150°、180°。

6. 作战效率指标的选择

武器装备的效率是指武器装备完成其规定战斗任务所能达到的程度。一般来说,武器装备效率指标的选择与所研究的战斗任务、方案的特点及用途有关。舰艇对空作战的总目标是保卫舰艇免受敌空中的袭击,因而,舰艇生存概率是主要的效率指标,而舰艇毁伤飞机的概率则为次要的效率指标。

这里选用的效率指标如下。

(1)歼击轰炸机轰炸毁伤舰艇的概率:

$$\mathrm{PFDD}=\frac{\mathrm{NFBDD}}{\mathrm{NF}}$$

(2)水面舰艇舰空导弹毁伤飞机的概率:

$$\mathrm{PSAMDF}=\frac{\mathrm{NSAMDF}}{\mathrm{NF}}$$

(3)水面舰艇小口径火炮毁伤飞机的概率:

$$\mathrm{PDGDF}=\frac{\mathrm{NDGDF}}{\mathrm{NF}}$$

(4)水面舰艇舰空导弹与小口径火炮联合作战毁伤飞机的概率:

$$\mathrm{PDDF}=\frac{\mathrm{NSAMDF}+\mathrm{NDGDF}}{\mathrm{NF}}$$

(5)水面舰艇的生存概率:

$$\mathrm{PDL}=1-\mathrm{PFDD}$$

(6)飞机与舰艇的损失比:

$$E=\frac{\mathrm{NSAMDF}+\mathrm{NDGDF}}{\mathrm{NFBDD}}$$

式中:NFBDD为歼击轰炸机轰炸毁伤舰艇的次数;NSAMDF为舰空导弹毁伤飞机的次数;NDGDF为小口径火炮毁伤飞机的次数;NF为舰艇与歼击轰炸机交战的次数。

7. 主程序简要框图

主程序简要框图如图3-4-6所示。

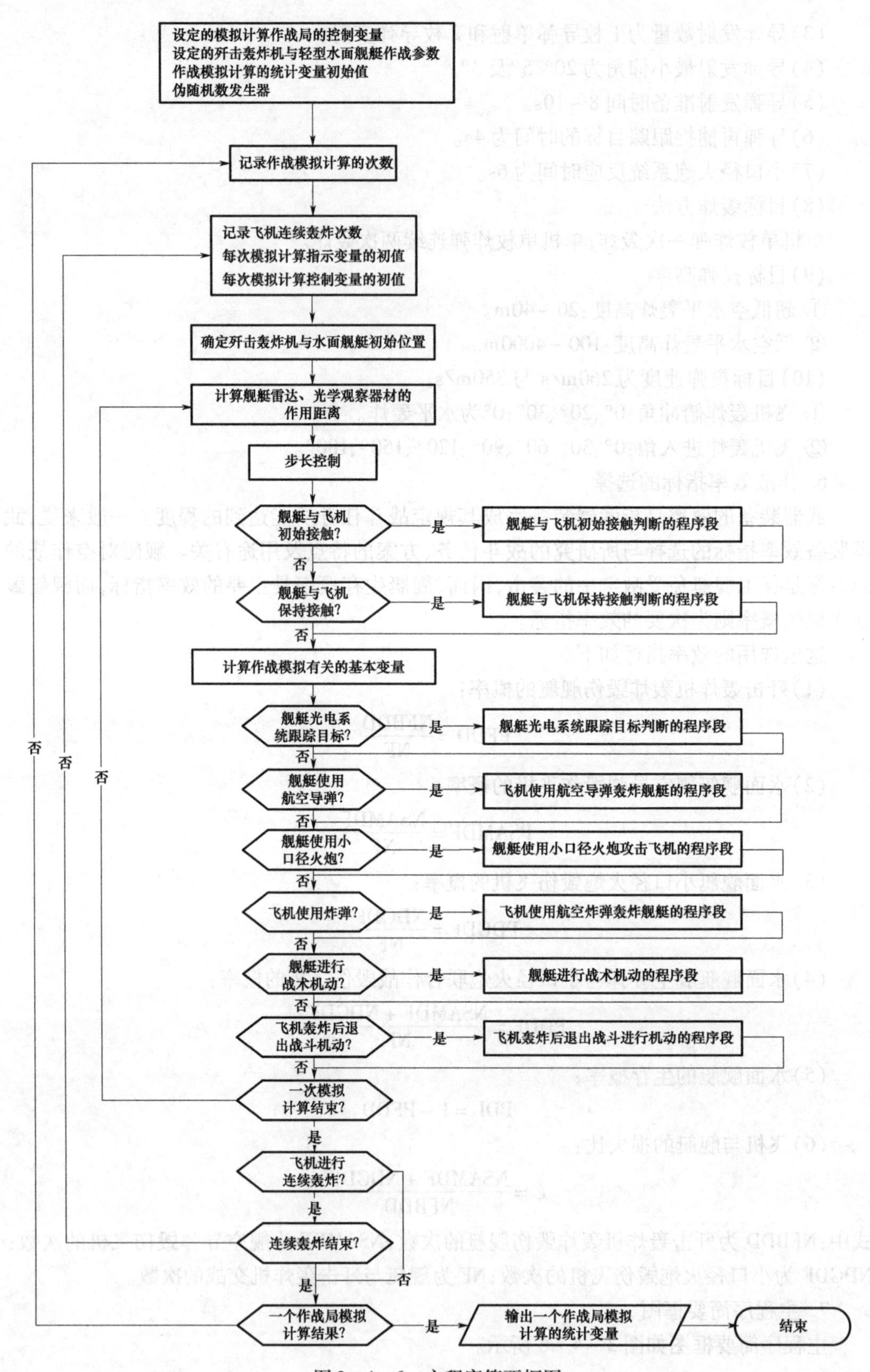

图 3-4-6　主程序简要框图

(四)轻型舰空导弹与小口径火炮武器系统作战效果与分析

小型水面舰艇有对空防御武器系统,对防空来说至关重要。装有对空防御武器系统,就对实施航空轰炸的飞机构成一定的威胁,就能改变飞机对舰艇肆意轰炸的作战态势。这不仅能使飞机轰炸技术空勤组人员产生恐惧心理,并使其不能选择最优作战的航路、航速和投弹高度,从而使轰炸技术状态不能正常发挥,直至消灭飞机。

1. 小型水面舰艇不装任何对空防御武器系统作战效果与分析

小型水面舰艇不装任何对空防御武器系统,歼击轰炸机对舰艇实施一次轰炸和肆意地进行连续两次轰炸,歼击轰炸机毁伤舰艇的概率分别为0.49~0.66与0.74~0.89,舰艇生存概率为0.34~0.51与0.11~0.26。舰艇无抗击手段,毁伤飞机的概率和飞机与舰艇损伤比皆为0。无海上制空权,舰艇无对空防御手段,无法作战。因此,小型水面舰艇应加装对空防御武器系统。

2. 轻型尾追导弹对空防御武器系统作战效果与分析

若飞机实施低空轰炸,当目标经过航路捷径附近时,导弹跟踪瞄准系统俯仰和方位跟踪角速度很大,目前难以满足连续跟踪目标。因此,若采用在目标经过航路捷径前,导弹武器系统开始捕捉跟踪目标,过径后再进行射击程序时,产生一个丢失目标,存在进行再捕捉跟踪的问题。若采用在目标过径航路上进行“等待”射击程序时,产生一个目标经过航路捷径时迅速捕捉跟踪目标的问题。目标经过航路捷径后,捕捉或再捕捉跟踪目标的时间为导弹武器系统重要的战术技术性能之一,两者都不宜过长。

拦截与攻击低空和超低空快速目标的导弹,其最小发射仰角又为一重要的战术技术指标,它显著地影响导弹武器系统的作战空域。如设定导弹武器系统最小发射仰角为20°,飞机投弹速度为260m/s,投弹高度为200m,进行低空水平轰炸,飞机经过航路捷径后的水平距离550m,或经过2.11s时间后,就穿过导弹发射区。在这样短的时间内,导弹武器系统完成捕捉跟踪目标,发射导弹难以达到,则无作战效果。若设定导弹再捕捉跟踪目标的时间为4s,导弹最小发射仰角为20°,导弹尾追攻击不同投弹速度和高度的目标。作战效果表明,飞机投弹速度为200m/s时,仅能攻击飞行高度大于500m的目标;飞机投弹速度若为260m/s时,仅能攻击飞行高度大于700m的目标。这一高度范围大于通常飞机低空轰炸的高度,从作战效果中可看出,导弹最小发射仰角应不大于6°为宜。

由于导弹仅能用尾追攻击,也就是只有在飞机进行轰炸后,才能进行还击。因此,它不能降低飞机毁伤舰艇的概率和提高舰艇的生存概率,对舰艇防御的战术意义不大。但是,由于舰艇具有对空作战手段,在飞机过航路捷径后,实施尾追攻击,对飞机有一定的毁伤概率,也有一定的作战效果和一定的战术意义。为了进一步提高作战效果和消除由于舰艇艏或艉部只安装一座导弹发射架存在的射击的死区,小型水面舰艇应艏艉部各安装一座导弹发射架,且能进行导弹齐射。

小型水面舰艇尾追攻击导弹对空防御武器系统,在某种特定的作战环境条件下,才具有一定的作战效果。

3. 小口径火炮武器系统作战效果与分析

(1)小口径双37mm火炮主要是对空中来袭目标进行迎头攻击,以便在飞机轰炸舰艇前拦击与毁伤飞机,从而降低毁伤舰艇的概率,提高舰艇生存概率。它比尾追攻击的舰空导弹具有明显的战术优点。首先,虽然发炮弹毁伤飞机目标的概率远低于单枚导弹毁伤目标的概率,但火炮发射率高;其次,导弹毁伤目标的概率,不仅取决于导弹毁伤目标的概率,而且更主要的取决于舰艇被轰炸后的生存概率。舰艇上安装尾追的导弹,毁伤目标的概率为舰艇遭到轰炸后,在舰艇生存事件 B 条件下导弹毁伤目标事件 A 的条件概率:

$$P_{\mathrm{SAMDF}}=P(A/B)$$

因此,导弹毁伤目标的概率仅与火炮相当,或略高于火炮。

(2)小口径双37mm 火炮攻击目标特性范围较目前尾追导弹为大,提高了舰艇对空作战适应能力。它不仅能够抗击歼击轰炸机20~40m 超低空水平轰炸,而且能够抗击20~40m 超低空、超声速350m/s 水平轰炸。

(3)小口径双37mm 火炮作战条件不受作战环境的限制,如不受目标退出战斗航路与太阳夹角的限制;不受对方施放电子干扰的影响,且具有一定的反导能力。

但是,小型水面舰艇首尾部各安装一门双37m 火炮,仍然不能完成舰艇对空点防御的任务,击毁飞机与导弹的概率都偏低,舰艇生存概率低。应加装电子对抗、更先进的火炮和迎攻导弹综合对空防御武器系统。

4. 轻型尾追攻击导弹与小口径火炮综合对空防御武器系统作战效果与分析

轻型尾追攻击导弹与小口径火炮综合对空防御武器系统,设定先由小口径火炮对飞机实施攻击,拦击飞机进行航空轰炸;若飞机未被击毁,则进行航空轰炸;若舰艇也未被击毁、则在目标过航路捷径后,实施导弹攻击。两种武器联合作战,作战效果可进一步提高,但作战效果仍偏低。

5. 轻型迎攻导弹对空防御武器系统作战效果与分析

从“保存自己”角度出发,对空防御武器系统应在敌机进行投弹前,截击并毁伤目标才能奏效。迎攻导弹能否满足这一战术要求,与其导弹和系统战术技术性能紧密相关。

从模拟结果中看出,虽然导弹可以进行迎攻攻击目标,但飞机轰炸毁伤舰艇的概率并未降低,舰艇的生存概率也未提高。这是由于导弹不能在飞机进行轰炸投弹前毁伤目标。例如,设定飞机投弹速度为260m/s、投弹高度为200m、进入角为30°,双方交战战斗步的时间如下:

(1)舰艇发射导弹的时间:31.6s。

(2)飞机投弹的时间:32.2s。

(3)导弹毁伤目标的时间:34.6s。

(4)炸弹毁伤舰艇的时间:38.6s。

因此,虽然舰艇优先发射导弹,但导弹尚未接近到目标时,飞机进行投弹毁伤舰艇。为此,应改进导弹和系统的战术技术性能。若设定导弹最小发射仰角为3°,作战效果有很大的提高,除首尾方向进入轰炸外,导弹击毁飞机的概率达到0.95,舰艇的生存概率提高到0.97,基本上满足舰艇对空防御的战术技术要求,优于小口径火炮。若首尾方向轰炸,导弹应能4弹齐射,方能收到上述效果。

(五)结论与建议

(1)本例列举的某轻型舰空导弹武器系统,不能截击水面舰艇发射的掠海导弹和飞机发射的空舰导弹，不能完成水面舰艇对空防御的首要使命，为一重大缺点。它不能抗击飞机进行超低空轰炸为又一缺点。

(2)尾追攻击导弹武器系统，不具有保存舰艇生存的能力，仅能在飞机轰炸后，舰艇未被击毁的条件下，才能对飞机进行尾追攻击。但在战斗过程中，该系统对飞机仍具有一定的毁伤概率，提高了飞机与舰艇的损伤比。

(3)为了消除导弹对空作战的死区和进一步提高作战效果，小型水面舰艇应在首尾部各装一座导弹发射架，并进行2枚导弹齐射为宜，但该系统还不能满足舰艇对空防御的战术使命。至于双方指战员的心理状态与指挥才能的发挥，论证武器装备时不宜过多论述。

(4)导弹武器系统跟踪角速度难以满足目标经过航路捷径附近时的要求，导弹武器系统采用在目标经过航路捷径前，开始捕捉跟踪目标，过径后再进行射击方法时，产生一个丢失目标的问题。即使导弹武器系统跟踪角速度提高到2rad/s也无济于事，应该解决迅速再捕捉跟踪目标的问题或改为“等待”射击的方法。

(5)目标经过航路捷径后，捕捉跟踪或再捕捉跟踪目标的时间与导弹发射最小仰角为舰空导弹对低空、超低空目标进行作战的两个重要的战术技术指标。尾追导弹系统应分别满足不大于4s与5°的指标要求，才能满足一定的作战需要。

(6)尾追攻击导弹武器系统不能代替小口径火炮的作用。

(7)小口径火炮能对目标进行迎攻，能在飞机投弹前击毁目标，提高了舰艇的生存概率。小口径火炮攻击目标范围大，能够抗击超低空20～40m、超声速350m/s的目标。弹丸不受电子对抗的干扰，且具有一定的反导能力，较尾追攻击导弹武器系统具有明显的战术优点。但在舰艇首尾部各装备一门双37mm火炮，作战能力仍有限。

(8)轻型尾追攻击导弹与小口径火炮综合对空防御武器系统，作战效果显著提高。舰艇应采纳首尾部各装备一座导弹发射架和一门小口径火炮的配置方案，但仍不能满足舰艇对空防御的战术要求。

(9)迎攻导弹武器系统的作战效果与其战术技术性能紧密相关。本例列举的迎攻导弹武器系统的作战效果优于上述各武器系统装备方案。除飞机从舰首尾方向进入轰炸外，导弹击毁飞机的概率可达0.95，舰艇的生存概率提高到0.97，飞机与舰艇损失比达到31～38，基本上满足舰艇对空防御的战术技术要求。飞机从舰首尾方向进入轰炸时，首或尾部导弹发射架应能进行4枚导弹齐射，可达到上述作战效果。

(10)尾追导弹武器系统应能适应迎攻导弹的使用要求，以便进行舰艇武器的改装。

第五节　计算机辅助舰艇设计方案论证

计算机辅助方案设计就是利用计算机设计程序迅速地估算出包括排水量、总容积、主尺度及阻力等在内的舰船总体性能参数，以及一些主要的船型参数。计算机辅助方案设计的方法比较多，但都是以优化设计为其目的，根据优化设计的目标进行优化方法的选择和收敛标准的确定。其中，比较简单的计算机辅助方案设计方法是参数法设计，但是其设计精度不太高。这种设计程序一般是建立在某一艘或某一类舰艇母型基础上的，在有较多母型船资料的条件下，可以在众多母型船中选取最理想的母型参数，或变化若干个设计参数,进行网格法选优,可进一步提高设计精度。

在总体方案设计中,首要的任务是求解出设计舰的排水量和总容积,然后是计算设计舰的主尺度和船型参数,进而估算阻力和所需的轴功率,有条件时还可给出船体外形的初步型值。

以下以驱护舰为例介绍参数法设计程序。

(一)功能

参数法设计主要是采用由分系统性质来估计舰船总体特性的参数方程的分析技术,这是它的理论基础。然后是编制一个使用便利、收敛迅速,并且与已知舰艇设计相吻合的解析程序。这个程序把有效载荷参数作为基本输入,并且以母型船或基于设计经验的设计参数为基础,能有效地解出舰船设计参数。

在方案设计中,可以应用程序针对设计舰的战术技术性能要求,快速地估算舰艇的总容积和排水量以及它们的各分量,并可以系列变化某一基本设计参数,探讨该参数的变化对总容积和排水量的敏感程度。

(二)重量和容积解析方法

参数法设计使用了一系列重量和容积方程组来描述舰船,每一组都与设计指标保持一定的比例规律,借助于这些规律能在一个较大的输入参数范围内,估计各组对舰船重量和容积的影响程度。考虑到将来的改装与发展还设有一定的余量因子。

解析方法主要运用两个主方程,前一个是关于舰船总排水量的,后一个是关于舰船总容积的,即

$$\begin{aligned}
\Delta_{N+1} = W_{\mathrm{P}} &+ \left(\frac{W_{\mathrm{Ax}} + W_{\mathrm{SS}} + W_{\mathrm{L}} + W_{\mathrm{H}}}{\nabla}\right)\nabla_N \\
&+ \left[\left(\frac{W_{\mathrm{E}}}{E}\right)\cdot\left(\frac{E}{\Delta}\right) + \left(\frac{\alpha\cdot R_{\mathrm{C}}\cdot \mathrm{SFC_E}}{1000V_{\mathrm{C}}}\right)\cdot\left(\frac{E}{\Delta}\right)\right. \\
&\left. + \left(\frac{W_{\mathrm{MM}}}{M}\right)\cdot\left(\frac{M}{\Delta}\right) + \left(\frac{W_{\mathrm{MST}}}{M\cdot D_{\mathrm{S}}}\right)\cdot\left(\frac{M}{\Delta}\right)\cdot D_{\mathrm{S}} + \lambda_{\Delta}\right]\Delta_N \\
&+ \left[\left(\frac{W_{\mathrm{MP}}}{\mathrm{SHP_{max}}}\right)\cdot\left(\frac{V_{\max}}{V_{\max}^*}\right)^{3.45} + \left(\frac{R_{\mathrm{C}}\cdot \mathrm{SFC_C}}{1000V_{\mathrm{C}}}\right)\left(\frac{V_{\mathrm{C}}}{V_{\max}^*}\right)^{3.45}\right]\cdot\left(\frac{1}{\Delta^*}\right)^{2/3}\cdot \mathrm{SHP}_{\max}^*\cdot\Delta_N^{2/3}
\end{aligned}$$

$$\begin{aligned}
\nabla_{N+1} = \nabla_{\mathrm{P}} &+ \left[\frac{\nabla_{\mathrm{SS}} + \nabla_{\mathrm{AX}}}{\nabla} + \lambda_{\nabla}\right]\cdot\nabla_N \\
&+ \left[\left(\frac{\nabla_{\mathrm{MST}}}{M\cdot D_{\mathrm{S}}}\right)\cdot\left(\frac{M}{\Delta}\right)\cdot D_{\mathrm{S}} + \left(\frac{\nabla_{\mathrm{MM}}}{M}\right)\cdot\left(\frac{M}{\Delta}\right) + \left(\frac{\nabla_{\mathrm{E}}}{E}\right)\right. \\
&\left.\cdot\left(\frac{E}{\Delta}\right) + \frac{1}{S}\cdot\left(\frac{\alpha\cdot R_{\mathrm{C}}\cdot \mathrm{SFC_E}}{V_{\mathrm{C}}}\right)\cdot\left(\frac{E}{\Delta}\right)\right]\cdot\Delta_N + \left[\left(\frac{\nabla_{\mathrm{MP}}}{\mathrm{SHP_{max}}}\right)\cdot\left(\frac{V_{\max}}{V_{\max}^*}\right)^{3.45}\right. \\
&\left. + \frac{1}{S}\cdot\left(\frac{R_{\mathrm{C}}\cdot \mathrm{SFC_C}}{V_{\mathrm{C}}}\right)\cdot\left(\frac{V_{\mathrm{C}}}{V_{\max}^*}\right)^{3.45}\right]\cdot\left(\frac{1}{\Delta^*}\right)^{2/3}\cdot \mathrm{SHP}_{\max}^*\cdot\Delta_N^{2/3}
\end{aligned}$$

方程中符号定义如下:

Δ——舰船满载排水量,t;

W_{P}——有效载荷重量,t;

∇——舰船内部总容积,m^3;

W_H——舰体结构重量,t;
W_{Ax}——船舶舾装重量,t;
W_{SS}——船舶系统重量,t;
W_L——液体负荷重量,t;
W_E——电站重量,t;
W_{MP}——动力机械重量,t;
E——电站的功率,kW;
SHP——对应于最大航速 V_{max} 时的轴功率,hp;
V_{max}——最大航速,kn;
V_C——巡航速度,kn;
R_C——巡航时续航力,n mile;.
W_{MM}——人员、行李和供应品重量,t;
W_{MST}——食品和淡水重量,t;
M——舰员总数:
SFC_C——巡航时主机耗油率,kg/(hp·h);
SFC_E——电机耗油率,kg/(kW·h);
λ_Δ——排水量储备系数;
D_S——自持力,d;
S——燃油密度,kg/m^3;
V_{max}^*——母型船最大航速,kn;
Δ^*——母型船排水量,t;
SHP_{max}^*——母型船的轴马力,hp;
∇_P——有效载荷容积,m^3;
∇_{SS}——船舶系统容积,m^3;
∇_{AX}——船舶舾装容积,m^3;
λ_∇——容积储备系数;
∇_E——电站容积,mm^3;
∇_{MM}——舰员生活区划的容积,mm^3;
∇_{MST}——食品和淡水舱室容积,mm^3;
∇_{MP}——机械舱室容积,mm^3;
α——电力负荷系数;
N、$N+1$——迭代次数的标记。

以上各项参数主要对照母型船数据确定,有效载荷重量和有效载荷容积则根据设计舰船具体要求确定,当上述参数确定后,即可通过计算机用迭代法求解方程。迭代法的求解思路是,用第一个初步估计值来计算第二个估计值,并且这个过程一直进行到下一个值收敛到规定的或小于规定的误差为止。

收敛标准如下:

$$\Delta_{N+1} - \Delta_N \leqslant \xi \cdot \Delta_N$$

$$\nabla_{N+1} - \nabla_N \leqslant \xi \cdot \nabla_N$$

式中:ξ 为误差限界值,一般取 $\xi=0.01$ 或更小的界限值。

(三)船型参数、主尺度和阻力计算

船型参数、主尺度和阻力采用母型法计算,在程序中引进已有的船模作为“母型库”,可以选取其中任一船模作为母型,经过相似原理的计算,可得出设计舰船的船型系数、主尺度和阻力(相应于 V_{max},必要时还可以计算阻力曲线)。每个船模有 11 个船型参数对相对吃水 T/T_0 的曲线,它们是 L/B、B/T、CL(即 $L/\Delta_m^{1/3}$)、C_B、C_P、C_W、C_M、X_B(浮心相对纵坐标)、S_B(船模湿表面积)、Δ_m(船模排水量)和 L_m(船模船长)。对每个参数进行曲线拟合,以二次多项式计算,例如,排水量曲线为

$$\Delta_m = \sum_{i=0}^{2} a_i \cdot (T/T_0)^i$$

式中:a_i 为多项式拟合系数,被选为母型的船模无因次系数 L/B、B/T、CL、C_B、C_P、C_W、C_M、X_B 等就是设计舰船的船型参数;Δ_m 与设计舰的排水量 Δ 相比,可求得缩尺比 λ,从而设计舰船的主尺度可如下计算:

$$L=\lambda \cdot L_m$$

$$B=\frac{L}{C_{L/B}}$$

$$T=\frac{B}{C_{B/T}}$$

$$S=\lambda^2 \cdot S_m$$

式中:$C_{L/B}$ 与 $C_{B/T}$ 分别对应母型参数 L/B、T/B,在船模库中,船模的剩余阻力系数 C_r 是 Δ_m 和弗劳德数 Fr 的函数,经曲面拟合可表示为

$$C_r = \sum_{i=0}^{3} \sum_{j=0}^{9} C_{ij} \cdot \Delta_m^i \cdot F^j r$$

式中:C_{ij} 为曲面拟合系数。

摩擦阻力系数采用 1957 年 ITTC 公式:

$$C_f=\frac{0.075}{(\lg Re-2)^2}$$

式中:Re 为雷诺数。

于是,总阻力为

$$R_t=\frac{1}{2}\rho V^2 S(C_f+C_r+0.4\times 10^{-3})\times 1.15$$

式中:0.4×10^{-3} 为粗糙度补贴。另外,考虑增加 15% 的附体阻力,故在阻力系数上再乘以 1.15。

(四)程序流程图

参数法设计的典型程序流程图如图 3-5-1 所示。图 3-5-1 中,NGO 为数据组编号,一种设计参数方案为一组,不同组的输入数据存放在不同的数据文件中;KPARA 为人工输入的控制参数,1 表示计算下一个方案,2 表示结束计算;NT 为迭代次数,NM 为母型编号,W 为排水量,V 为容积,WW 为排水量计算中间值,VV 为容积计算中间值。

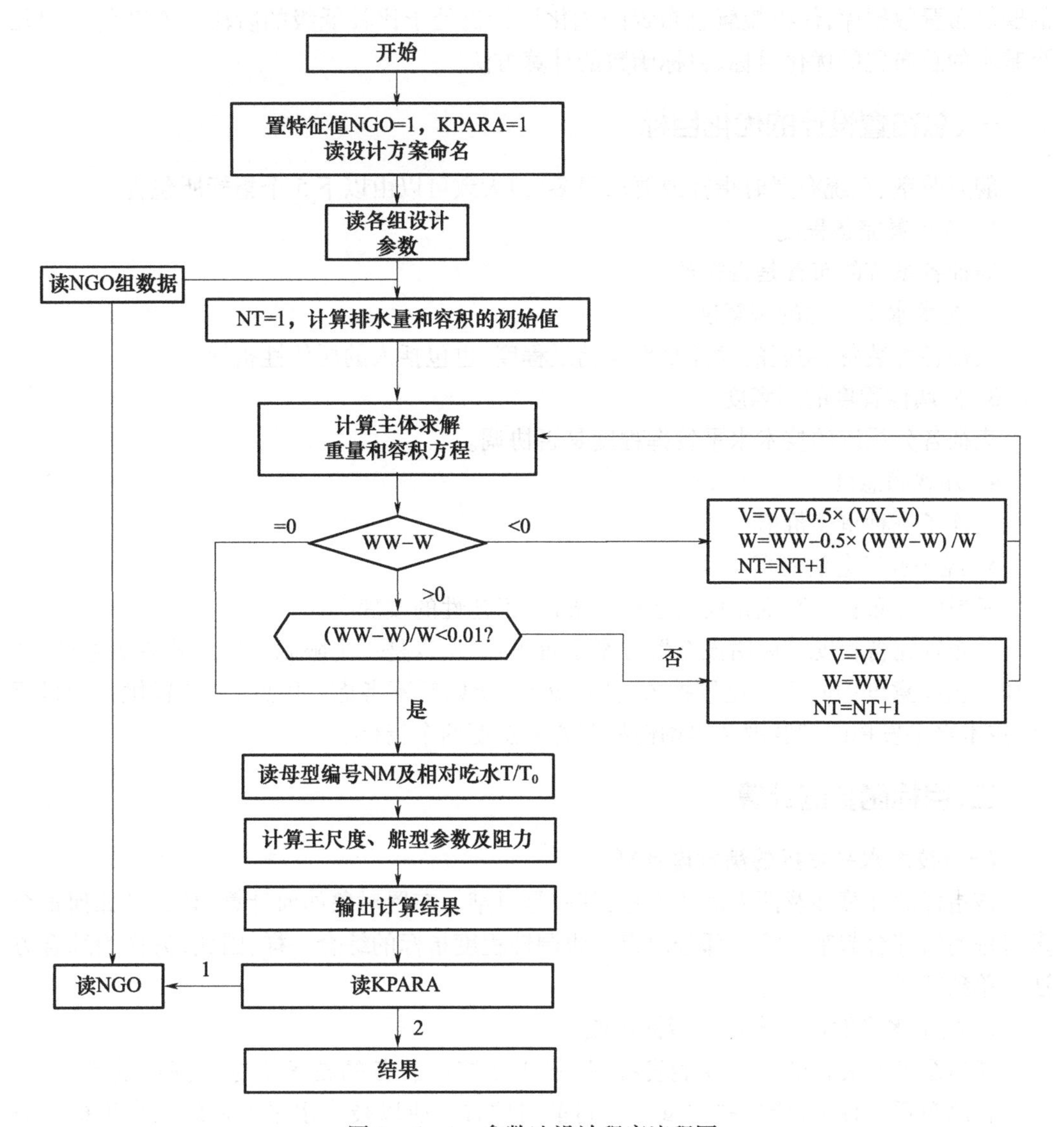

图 3-5-1　参数法设计程序流程图

第六节　舰艇总布置优化设计方法

舰艇总布置设计是把众多的分系统、装置按其性能要求布置到狭小舰艇空间的一项工作。由于舰艇空间狭小，势必要限制各系统、装备性能的完全发挥。总布置优化设计就是要在舰艇空间限制的条件下，获得整体最优的布置结果。总布置优化设计涉及优化目标、目标函数、优化方法等问题。因为舰上舱室、系统、装备繁多，关系复杂，如中型舰船舱室达数百个，系统、分系统、装备及相应的性能指标数以千计甚至数以万计，所以要确定合宜的优化目标、目标函数，需要对相关的舱室、性能指标做出统一的衡准，这不仅非常繁杂，而且还因没有公认的衡准指标，从而难于集合各单位、各部门的力量建立总布置所需的舰艇布置数据库,使得舰艇总布置的优化设计仍处于比较低级的阶段。本节将介绍几个基本的总布置的优化目标、目标函数的计算方法。

一、总布置设计的优化目标

舰艇舱室、系统布置时指标或要求很多,但大致可以由以下5个指标所包含。

1. 总布置完备程度

表征各系统的布置是否完整。

2. 技术水平发挥的满意度

表征各种装备、功能的发挥水平与满足程度,也包括人的居住性指标。

3. 协调性程度的满意度

表征各分系统的技术水平发挥程度是否协调。

4. 外观满意度

表征了一种审美价值。

5. 经济和工艺满意度

考虑因总布置方案变化而引起的经济性、工艺性的改变。

总布置完备程度是说明该布置方案是否可行,所以是一个限制条件。外观满意度、经济和工艺满意度因其含义比较抽象,数据又少,所以暂不考虑。因此,总布置优化的目标是:技术水平发挥的满意度及协调性程度的满意度两个指标。

二、目标函数的计算

(一)技术水平发挥的满意度计算

该指标的计算涉及两方面的内容,其一是对某一布置对象如何计算,其二是如何把众多对象的值综合起来。第二部分内容与协调性程度指标的综合一样,因此,另作为综合方法来单独阐述。

1. 技术水平发挥的满意度指标构成

任何系统及装备的技术性能发挥,依赖于系统或装备的技术指标和提供的空间、位置。在总布置设计中,能控制的量是空间量与位置。所以技术水平发挥的满意度即是对分配给系统的空间与位置是否合宜的满意度。

对于空间量有两种意义,系统、装备本身与相关的活动所需的空间、控制空间。如对于住舱及工作舱室就是室内的空间,而对于火炮、雷达等还有射界这个控制空间。所以在技术水平发挥满意度下需划分出3个技术水平发挥程度的分指标,即操作空间满意度指标、控制空间满意度指标、位置满意度指标。对不同的系统及装备的技术水平发挥程度的满意度指标可由上述3种分指标中的3种、2种或1种组成。

2. 操作空间满意度指标的确定

确定的方法大致有3种,即定性定量评估、统计模型评估、机理性评价模型。

1)定性定量评估

根据评估者的经验,对操作空间的满意度指标做出定性的评价。按评价者人数、处理的形式,有如下几种方法。

(1)单人评估。根据做出的评估等级如优、良、中等、尚可、差等转换成相应的评估值。规定:优为0.9~1,良为0.8~0.9,中等为0.7~0.8,尚可为0.6~0.7,差小于0.6。

(2)多人评估。根据每个人做出的评估值,可取算术平均值,或取加权和法计算,具体公式分别为

$$p_{操} = \frac{1}{n}\sum_{i=1}^{n} p_{操i}$$

$$p_{操} = \frac{1}{n}\sum_{i=1}^{n} w_i p_{操i}$$

式中:w_i为第i个评估值的权重。

随每个人做出评估时的情况不同,又可分成头脑风暴法、调查表法等多种形式。具体采用何种方法,按评估的要求及所具有的资源而定。

(3)层次分析法。层次分析法是确定一组复杂事物相互关系(重要性、优劣)的一种比较有效的方法。该方法通过两两比较,给出相对量值,再确定各对象的量值。由于对两者给出相对量值,要比对一组对象给出量值容易得多,因此,层次分析法使得对一组复杂事物的评估降低了技术难度。下面简要介绍层次分析法(AHP法)的应用。

设有一组设备(舱室)的布置,用$q_i(i=1,2,\cdots,n,n\leqslant9)$表示,当$n>9$时,分成若干组,使每组内的数量小于等于9个。两两比较各设备,得出相对优劣值。相对值是这样取的:根据心理学实验,一般来讲,人们一次所能注意的数目为7±2个,所以相对值通常取1~9及它们的倒数,其含义是:1表示两者同等程度;3表示前者比后者稍好一点;5表示前者比后者明显好;7表示前者比后者好得多;9表示前者比后者绝对好。它们之间的数2、4、6、8表示两个相邻判断的中值,诸倒数则表示相应的反比较。设q_i与q_j比较,比较值用$b_{i,j}$表示,则判断值之间有如下关系:

$$b_{i,i}=1$$

$$b_{i,j}=\frac{1}{b_{j,i}},i,j=\{1,2,\cdots,n\}$$

判断值可构成一矩阵,称为判断矩阵,用$\boldsymbol{B}$表示,即

$$\boldsymbol{B}=\begin{bmatrix} b_{1,1} & b_{1,2} & \cdots & b_{1,n} \\ b_{2,1} & b_{2,2} & \cdots & b_{2,n} \\ \vdots & \vdots & \ddots & \vdots \\ b_{n,1} & b_{n,2} & \cdots & b_{n,n} \end{bmatrix}$$

由两两比较值获得整体的评估值的方法是求出判断矩阵$\boldsymbol{B}$的最大特征值,设其为$\lambda_{\max}$,$\lambda_{\max}$所对应的特征矢量即为整体的评估值。

求出$\lambda_{\max}$后还要进行一致检查,检查两两比较时前后是否一致。一致性检查涉及一致性指标CI和随机指标CR,计算方法如下:

$$\mathrm{CI}=\frac{\lambda_{\max}-n}{n-1}$$

$$\mathrm{CR}=\frac{\mathrm{CI}}{\mathrm{RI}}$$

RI为平均一致性指标,对于1~9阶矩阵,RI如表3-6-1所列。

表 3-6-1 RI 计算表

阶数	1	2	3	4	5	6	7	8	9
RI	0	0	0.58	0.90	1.12	1.24	1.32	1.41	1.45

当判断矩阵完全一致时 $CI=0$,CI 越大,则一致性越差,当 $CR<0.10$ 时,可以认为判断矩阵具有满意的一致性。

2)统计模型评估

当有同类的历史数据时,可以运用历史数据对现在的布置情况做出评估。评估时,需要选择敏感因素和合宜的统计模型。

(1)敏感因素。有时间因素、评估对象本身的物理因素。不同的系统、装备有不同的敏感因素,当布置主要受到人员操作舒适性影响时,一般时间因素便成为敏感因素。

(2)统计模型。统计模型以自变量数量来分,有单因素模型、多因素模型;以变化形式来分,有线性模型、指数模型、对数模型、逆元模型、幂元模型、费尔哈斯模型等。当然,模型形式还有许多,但是上述6种形式概括了主要的变化关系,且表述比较简单。下面是这些模型的公式。

线性模型:

$$y=a+bx$$

$$y=a+b_1x_1+b_2x_2+\cdots+b_mx_m$$

指数模型:

$$y=a\cdot e^{bx}$$

对数模型:

$$y=a+b\cdot\ln x$$

逆元模型

$$\frac{1}{y}=a+\frac{b}{x}$$

幂元模型:

$$y=a\cdot x^b$$

式中:a、b、b_i表示模型拟合参数;x、y 表示一组历史数据。

统计模型的建立方法是:对一组历史数据用统计模型去拟合,按照误差的要求,确定合适的模型。

(3)评估。由于历史数据已经过实践检验,因此,可以比较有把握地确定其布置的满意度指标。一般来说,各个历史数据的满意度指标是不一样的,需要规范化处理。如设定一个满意度值,对布置的数据按此满意度进行修正,从而获得同一满意度下的一组布置数据,再设定不同的满意度值获得相应的布置数据,直到满足拟合要求。拟合后,根据拟合的统计公式可获得评估对象在不同满意度指标下的布置数据,与评估对象的实际布置数据相比较后,可得到评估对象的满意度值。

3)机理性评估模型

机理性评估模型指的是用评估对象的空间的明确要求来确定实际所需空间的满意度。操作空间的要求比较复杂,按其特性可分成如下3种类型。

(1)操作空间的大小主要决定于装备尺寸的布置单元。

这类装备主要有各种机组室、各种储藏室、设备室、器材室、油舱、蓄电池室、配电中心、罗经室、干粮舱、蔬菜库、鱼库、造水装置、洗衣机室、烘干室等舱室。这些都是无人舱室，室内空间由装备布局和本身的尺寸、安装、维修尺寸确定。

(2)操作空间的大小主要决定于装备尺寸和人员最小活动尺寸的舱室。

这类舱室有弹药库、转运间、机舱、锅炉舱等，其空间由两部分组成，即装备本身的尺寸和人员最小活动尺寸。对人员最小活动尺寸的要求是：在人员活动区域，空间尺寸能保证人自然地走动、站立、弯腰等。

(3)操作空间决定于装备尺寸和人员舒适性要求的布置的舱室。

舰艇上大多数工作舱皆属此类，如驾驶室、海图室、计算中心、指挥仪室、报房等，另外还包括住舱、会议室、餐厅、医务室等。这类空间的共同特点是：除装备尺寸、人员操作活动空间外，还要考虑人员舒适性要求的空间。

按照这三类布置的不同要求与实际情况建立评估模型。由于各舱室、设备布置的具体情况复杂，在此只以通道宽度为例说明建立模型的方法。

通道的参数有宽度、高度、长度、有否拐弯等，在此为简便起见，仅取宽度。用 b 表示对通道宽度的要求，随对通道性质要求的不同可取如下的值：

b = 人身体的侧向宽度 +2 倍的间隙，一般为 0.2 ~0.5m；

b = 人身体的横向宽度 +2 倍的间隙，一般为 0.4 ~0.7m；

b =2 倍的人身体的横向宽度 +3 倍的间隙，一般为 1.0 ~2.0m。

间隙的大小，随对人运动时的自由程度不同取不同的值。

最后比较布置参数的要求与实际的布置值，确定评估值。

3. 控制空间满意度指标的确定

有控制空间要求的主要是火炮、导弹、鱼雷、火箭深弹、雷达等装备。对控制空间的满意程度与对控制空间的要求、实际的控制空间值相关，而对控制空间要求值取决于装备的性能指标和战术要求。装备的性能指标和战术要求都是随时间而发展变化的，并且由于战术要求一般是比较抽象的，在把战术要求转化为对空间的要求时有多种多样的认识，这些都造成了对评价控制空间满意度的困难。因此，在建立控制空间的满意度评估模型时，一般是利用战术对空间布置的已有成果及规范上有明确要求的指标进行建模。以下是副炮的评估模型，仅供参考。

副炮的控制空间满意度值：

$$p_{控} = 1 - \frac{1}{8}\sqrt{\sum_{i=1}^{8}\left(\eta_i - \frac{LF_i}{\sum_{j=1}^{8} LF_j}\right)^2}$$

式中：η_i为第 i 方向，敌导弹、飞机来袭的概率，$i = 1,2,\cdots,8$；LF_i为第 i 方向，副炮的火力分布密度。

LF_i的计算公式如下：

$$LF_{i,j} = \frac{\theta_{i,j}}{45°}$$

$$LF_i = \sum_{j=1}^{m} LF_{i,j}$$

式中：$\theta_{i,j}$为第j门副炮在i方向左右$\frac{45°}{2}$范围所具有的射角；m为副炮的门数。

4. 位置满意度指标的确定

舰艇上各位置的噪声、振动、摇摆程度以及布置位置与露天甲板的距离，影响着这个位置的好坏。不同的装备对噪声、振动、摇摆等环境因素有不同的要求，要求与实际之间的差距决定了位置的满意程度。评估模型可以取定性定量模型、统计模型、机理模型，方法如前。

5. 技术水平发挥的满意度确定

1）设备或舱室的技术水平发挥的满意度

设$\boldsymbol{w}_i$、$\boldsymbol{p}_i$为第i设备或舱室的操作空间、控制空间、位置的重要度与满意度矢量：

$$\boldsymbol{w}_i=(w_{i,操},w_{i,控},w_{i,位}),\quad \boldsymbol{p}_i=(p_{i,操},p_{i,控},p_{i,位})$$

该设备或舱室的技术水平发挥满意度为

$$P_i=\boldsymbol{w}_i\cdot\boldsymbol{p}_i^{\mathrm{T}}$$

2）系统的技术水平发挥的满意度确定

$\boldsymbol{U}$、$\boldsymbol{P}$为系统的重要度矢量与满意度矢量，即设$\boldsymbol{U}=(u_1,u_2,\cdots,u_m)$，$m$为系统内子系统的数量，即

$$\boldsymbol{P}=(\boldsymbol{p}_1,\boldsymbol{p}_2,\cdots,\boldsymbol{p}_m)$$

式中：$\boldsymbol{p}_j$为j系统的满意度。

系统的技术水平发挥的满意度为

$$P=\boldsymbol{U}\cdot\boldsymbol{P}^{\mathrm{T}}$$

（二）协调性程度的满意度确定

协调性表征了系统内部各元素之间的一种联系。舰艇总布置的协调性主要体现在分配给系统各部分的空间是否合理。下面说明该指标的一种计算方法，仅供评估时选用：

$$C=\frac{1}{2}\left(C'+\sum_{i=1}^{m}C_i\cdot u_i\right)$$

$$C'=1-\sqrt{\sum_{i=1}^{m}u_i\cdot(P_i-\overline{P})^2}$$

$$\overline{P}=\sum_{i=1}^{m}u_i\cdot P_i$$

式中：u_i为各子系统的重要度；P_i为各子系统技术水平发挥满意度值；m为子系统数；C'为该系统本身的协调性（不包含子系统的协调性）；C为该系统的综合协调性；C_i为i系统的综合协调性。

（三）总布置评估值

对技术水平发挥的满意度指标、协调性程度的满意度指标取综合，可得总布置评估值，综合的方法有如下3种。

1. 加权平均

加权平均为

$$P_{综}=C+(1-\eta)\cdot P$$

式中：η为权重。

2. 几何平均

几何平均为

$$P_{综} = \sqrt{C \cdot P}$$

3. 取小值

取小值为

$$P_{综} = \min(P, C)$$

三、总布置优化

按照不同的总布置方案，计算出总布置评估值，按评估值的大小可选择出优化的布置方案。

第七节　综合优化方法

除了单目标单因素优化外，其他所有的优化皆有对多因素、多目标的一个综合问题。绝大部分的工程问题都是多因素、多目标的问题，因此，可以说，大部分工程优化问题都是多因素、多目标的优化问题，亦即大部分的工程优化都是综合优化。关于舰船的优化有许多类型的优化，如装备方案的优化、布置的优化、船型的优化、结构优化、工艺优化等。在此，综合优化一是指如何把各部分的优化问题分别综合起来，二是指以全船整体作为目标进行的优化。从前面已介绍的总体参数优化、总布置优化等方法中，综合优化的方法在目标函数方面已确定下来，并作了阐述，所以，在此仅介绍目标函数一般的构建方法与特殊之处。

一、从单个的分系统优化到多个分系统的综合优化

按照系统的观点，任何系统皆是上一层系统的元素，下一层系统的整体。但是往往存在这种情况，因各种原因，只获得了系统内部分系统的情况，如何对此进行综合，一般的综合方法如下。

设有分系统 n 个，各分系统目标函数为 $f_i(x)$，且 $f_i(x)$ 为单目标函数，$i = \{1, 2, \cdots, n\}$。显然，有 n 个目标函数，若有的分系统的目标函数为多个，可化为多个单目标处理。

1. 加权和法

加权和法为

$$F(x) = \sum_{i=1}^{n} w_i \cdot f_i(x)$$

$$\sum_{i=1}^{n} w_i = 1$$

式中：w_i 为 i 系统的重要度权。

加权和法一般用于各系统为并行关系的情况。

2. 几何平均法

几何平均法为

$$F(x) = \prod_{i=1}^{n} f_i(x)^{\eta_i}$$

式中:η_i为 i 系统的几何权重。

几何平均法一般用于各个系统中有串联关系的情况。

3. 最劣最优值法

最劣最优值法为

$$F(x) = \max\{f_1(x), f_2(x), \cdots, f_n(x)\}$$

因目标函数以小值为优,所以此式是取各系统最优值中的最劣项。这种情况相当于几何平均值法的极端情况,也就是一差百差。另外,在用此法时,各目标函数要标准化,亦即要统一测度。

4. 最好最优值法

最好最优值法为

$$F(x) = \min\{f_1(x), f_2(x), \cdots, f_n(x)\}$$

此种情况与上述三法情况恰好相反,是加权和法的极端情况,相当于俗话说的一俊遮百丑,这种综合目标的构造方法,对鼓励个别项冒尖,促进发展有益,而对整个系统的有效使用不利。

5. 混合法

混合法为

$$F(x) = \prod_{k} \left(\sum_{j} w_j \cdot f_j(x) \right)^{\eta_k}$$

当分系统数较多且各分系统间形成亚结构时,可用此法。

6. 理想点法

设理想点为$(f_1^0(x^{(1)}), f_2^0(x^{(2)}), \cdots, f_n^0(x^{(n)}))$,各$f_i^0(x^{(i)})$为 i 系统的最优值,$x^{(i)}$为 i 系统相应最优值的自变量取值,则

$$F(x) = \sqrt{(f_1(x) - f_1^0(x^{(1)}))^2 + (f_2(x) - f_2^0(x^{(2)}))^2 + \cdots + (f_n(x) - f_n^0(x^{(n)}))^2}$$

二、舰船整体的目标函数

(一)已有的舰船目标函数

1. 水面舰艇效能模型

水面舰艇效能模型为

$$E = A \cdot D \cdot C$$

式中:E 为效能的度量;A 为可用度;D 为可信度;C 为能力。

可用度为

$$A = a \cdot P_K$$

$$a = \frac{\text{可出航时间}}{\text{待修时间} + \text{在修时间} + \text{可出航时间}}$$

式中:a 为在航率;P_K为恶劣环境下的出航概率,取决于使用的海况,如表 3-7-1 所列。

关于驱护舰艇其在航率可用如下统计公式:

$$a = 0.924 \times (1 - 0.0296)^X$$

式中:X 为舰龄,即舰的使用年限。

表 3-7-1　一些海区的各海况出现频率

海况范围		≤2	≤4	≤5	≤6	7
P_K	北半球公海	0.057	0.537	0.732	0.906	0.983
	北太平洋公海	0.041	0.488	0.723	0.896	0.977
	北大西洋公海	0.072	0.583	0.738	0.925	0.986
	我国近中海	0.282	0.762	0.924	0.960	0.968
	中国海及邻海	0.316	0.748	0.954	0.994	0.997

2. 可信度 D

一个系统的可信度(亦称可信赖度)是指在执行任务过程中,某个瞬间或多瞬间系统状态的量度,在性质上它与可靠性的概念相似,但维修性也影响系统的可信度。因此,可信度 D 与舰艇的设计、建造质量,与活动海域的水文气象条件,与舰龄的长短,与舰员的素质等因素有关。各种水面舰艇的可信度指标需要通过大量试验和服役期间有关可信度的实际统计资料等计算分析后得出,而我国这方面的试验、统计资料不完善,无法给出较准确的数据。根据国内外水面舰艇有关可信度粗略的估算,对不同舰种的舰龄的长短,取 0.40～0.94。

3. 能力 C

在此 C 指的是完成预定任务的能力,它是平台特性、作战能力和生存能力的函数,其关系式为

$$C = K_1C_1 + K_2C_2 + K_3C_3$$
$$K_1 + K_2 + K_3 = 1$$

式中:C_1为平台特性;C_2为作战能力;C_3为生存能力;K_1、K_2、K_3为相应的权系数,不同舰种可不同。

(1)平台特性 C_1:

$$C_1 = \frac{V_m}{10^3}\sqrt[3]{\frac{R \cdot A_T \cdot l_1}{D_T}} \cdot \sqrt[2]{\frac{\Delta}{M} \cdot l_2 \cdot l_3}$$

式中:V_m为最大航速,kn;R 为续航力,n mile;A_T为自给力,天;l_1为对续航力和自给力的修正系数,无海补装置时取 $l_1 = 1.0$,有海补装置时取 $l_1 = 2.0$;D_T为相对回转直径,即舰艇全速满舵回转时的回转直径与舰长之比;Δ 为正常排水量,t;M 为人员编制数;l_2为不沉性系数,两舱制取 $l_2 = 1.0$,三舱制取 $l_2 = 2.0$,四舱制取 $l_2 = 3.0$;l_3为适航性系数。当有效使用武器的海况为三级时取 $l_3 = 1.0$,为四级时取 $l_3 = 1.5$,为五级时取 $l_3 = 2.0$,为六级海况时取 $l_3 = 2.5$。

(2)作战能力 C_2。舰艇的作战能力主要指武器系统的反舰能力、防空能力和反潜能力,其关系式为

$$C_2 = C_{21} + C_{22} + C_{23}$$

式中:C_{21}为反舰能力;C_{22}为防空能力;C_{23}为反潜能力。

(3)生存能力 C_3。水面舰艇生存能力 C_3主要包括隐蔽性能、电子对抗性能和生命力等,其关系式为

$$C_3 = C_{31} + C_{32} + C_{33}$$

式中：C_{31}为隐蔽能力；C_{32}为电子对抗性能；C_{33}为生命，且

$$C_{31}=\frac{10^3 \cdot h \cdot r}{\sqrt[4]{\delta} \cdot \sqrt{L_p}}$$

式中：h 为船体磁场强度系数。没有消磁装置时，$h=0.5$，有消磁装置时，$h=1.0$，对防御高灵敏度的反水雷舰艇，$h=2.0$；r 为船体红外辐射系数。动力装置的烟囱无防红外辐射装置时，$r=0.5$，有防红外辐射装置时，$r=1.5$；δ 为船体雷达平均有效反射面积，m^2，且

$$\delta=52 \cdot f^{1/2} \cdot \Delta^{3/2}$$

式中：f 为雷达频率，MHz。如对海警戒雷达，波长一般为 23 ~ 21cm，频率为 1300 ~ 9200MHz；L_p为船体辐射噪声总声级，dB；Δ 为舰艇满载排水量（1000t），且

$$C_{32}=\frac{N_{35} \cdot R_{35}}{S_{35}}$$

式中：N_{35}为电子对抗器材总数，等于每种电子对抗器材数量之和；R_{35}为每种电子对抗器材作用距离的平均值，km；S_{35}为电子对抗系统反应时间，且

$$C_{33}=\frac{10^3 \cdot m_1 \cdot m_2 \cdot m_3}{R_a}$$

式中：R_a为舰艇遭到一定当量空中核爆炸后，船体结构和装备虽有损伤，但仍能完成其作战任务时，舰艇距爆心投影的最小距离——安全半径（m）。例如，2 万吨级 TNT 当量（中型）离水面 400m 空中核爆炸时，轻巡洋舰的安全半径为 1800m，驱逐舰和中型护卫舰的安全半径为 2000m；运输舰和登陆舰的安全半径为 2100m，鱼雷艇和猎潜艇的安全半径为 2200m，处于水下状态的潜艇的安全半径为 1700m；m_1 为冗余度系数，水面舰艇上重要设备、舱室、指挥所和战位考虑备份的程度，如动力系统、电力系统、消防系统、指控系统、观测系统、通讯系统、导航系统、燃料系统、操纵系统、总指挥所、各分指挥所等，根据其备份的程度，一般取 $m_1=1\sim3$；m_2为三防能力系数，水面舰艇上三防设施完善的程度（如内部通道、水幕系统、三防系统、三防器材、洗消站、全封闭等），一般取 $m_2=1\sim3$；m_3为装甲防护系数。当水面舰艇只在指挥台、炮位装局部防弹板时，取 $m_3=1$；当作战指挥室和弹药舱也有局部装甲时，取 $m_3=2$；当大型舰艇如航空母舰、战列舰、重巡洋舰等有全舰性装甲堡垒和水下防雷隔舱时，取 $m_3=4$。

（二）舰船整体优化目标函数的构建要求

舰船是一个非常复杂的系统，因为对舰船的要求及各舰船的技术情况千差万别，所以优化往往具有侧重点。一般来说，构建的优化目标函数应满足如下要求。

（1）整体优化目标函数与舰艇的使命任务相吻合。

（2）目标函数的精度与函数的可操作性相平衡。

（3）目标函数应尽可能地兼顾到多种情况，如总体性能、结构与工艺、使用情况等。

（4）目标函数的变量、含义应非常明确。

（5）目标函数应简洁而有科学性。

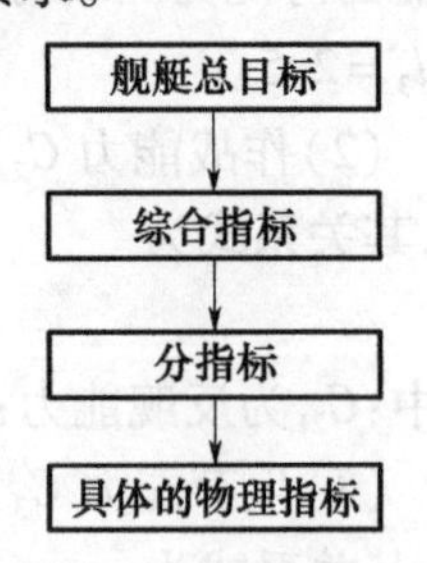

图 3-7-1　舰艇指标层次结构

对于舰艇而言，至今仍没有一个权威的舰艇目标函数，但已给出了许多舰艇的指标体系，一般可分成如图 3-7-1 所示的层

次结构。

综合指标有许多种，典型的如二力六性，GJB2258 中的作战能力、作战保障能力、作战适用性等；分指标有火炮的对海能力、防空能力等分系统的综合指标；具体的物理指标如速度、尺寸、重量、性能等。

思考题

1. 简述计算机辅助舰船最优化设计的基本概念，以及求解优化问题的基本思路和策略。
2. 简述直接搜索法的基本原理。
3. 有哪几类典型的舰船优化设计与论证的方法？
4. 以舰艇总体作战效能评估为例，对计算机模拟在舰艇战术技术论证中的应用进行简要介绍。
5. 简述应用层次分析法解决舰艇总布置优化设计的基本过程。

第四章　舰船可视化设计与制造技术

舰船是一个综合武器平台，为满足军事对抗的需要，高性能和独特性能是军用舰船发展的主要追求目标。因此，在军用舰船的研制过程中，总是尽可能瞄准至关重要的前沿技术加以研究、培育、开发、应用，这就构成了它在技术上的高度综合性，增大了研制、建造及其管理工作的难度和复杂程度。此外，一艘舰船的诞生通常要经过需求论证、总体与系统概念研究、基础技术与应用技术的预先研究、方案论证、设计、建造、试验等一系列研究与工程工作。这一过程中的不同工作既有时间上的阶段性，又互相交融、迭代，这些问题都需要采用先进的 CASD 技术来解决。可视化(Visualization)是利用计算机图形学和图像处理技术，将数据转换成图形或图像在屏幕上显示出来，再进行交互处理的理论、方法和技术，是一种提高舰船设计建造的质量和效率、降低耗费、提高舰船综合效能的非常有效的手段。从世界各造船强国先进设计技术的现状和发展来看，采用可视化技术用于舰船设计的各个阶段已成为代表先进技术的主流发展方向。

舰船可视化设计通常包括 3 个大的方向：一是舰船结构、设备等的实体模型可视化技术；二是设计过程中计算分析结果的数据可视化技术；三是舰船建造、修理过程的动态仿真可视化技术。实体模型可视化是其他两个可视化技术的基础。

本章将首先介绍实体模型可视化技术的基本理论，然后再以此为基础阐述舰船建造、修理过程的动态仿真可视化技术。此外，由于数据可视化技术主要涉及有限元仿真，本书将不做介绍，此部分内容读者可参考相关书籍。

第一节　计算机图形学基础

计算机图形显示是舰船 CASD 系统最重要的功能之一，图形处理技术也成为包括船舶行业在内的计算机辅助设计、制造系统中广泛应用的基础技术之一。计算机图形处理技术包括图形变换、窗口与视区的坐标变换、图形裁剪、消隐等方面，本节主要介绍计算机图形学的相关基础知识。

一、图形的矩阵表示

图形变换的核心是点的坐标值变换，而点的坐标一般采用矢量和矩阵来表示，因此，本节将介绍计算机图形中的点的坐标表达方式和原理。

（一）点的矢量表示

二维空间里的一个点可以用 x 和 y 两个坐标表示，也可用一行两列矩阵 $[x\ y]$ 表示。三维空间里的一个点可以用 x、y 和 z 三个坐标表示，也可用一行三列矩阵 $[x\ y\ z]$ 表示。当然，二维空间和三维空间里的一个点也可以分别用列矩阵 $[x\ y]^T$ 和 $[x\ y\ z]^T$ 表示。表示一个点的矩阵称为位置矢量。

如图4-1-1所示，三角形顶点1、2、3的矩阵为

$$\begin{bmatrix} x_1y_1 \\ x_2y_2 \\ x_3y_3 \end{bmatrix}$$

可用数组形式存储在计算机中。

（二）点的齐次坐标表示

齐次坐标是将一个原本 n 维的矢量用一个 $n+1$ 维矢量表示。如点(x,y)的齐次坐标表示为(x,y,h)，其中 h 是一个实数。一个矢量的齐次表示不是唯一的，齐次坐标的 h 取不同的值都表示同一个点，如齐次坐标(8,4,2)、(4,2,1)表示的都是二维点(2,1)。

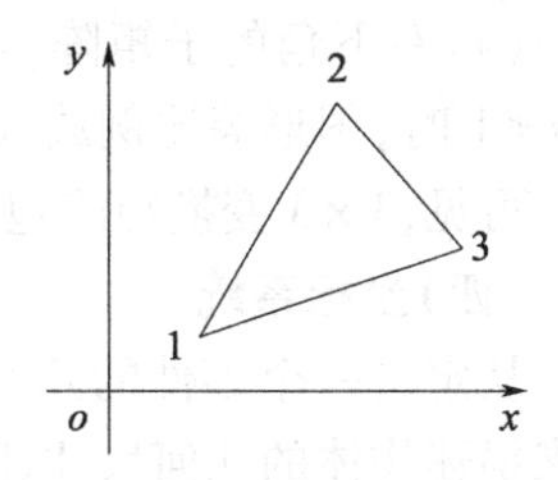

图4-1-1　三角形的矢量表示

那么，引进齐次坐标有什么必要？它又有什么优点呢？

(1)提供了用矩阵运算把二维、三维甚至高维空间中的一个点集从一个坐标系变换到另一个坐标系的有效方法。

(2)可以表示无穷远的点。$n+1$ 维的齐次坐标系中，如果 $h=0$，实际上就表示 n 维空间的一个无穷点。对于齐次坐标(a,b,h)，保持 a、b 不变，$h\to 0$ 的过程就表示了在二维坐标系中的一个点沿直线 $ax+by=0$ 逐渐走向无穷远处的过程。

（三）变换矩阵

用变换矩阵进行图形变换处理比较方便。设 P 代表一个点或一组点的位置矢量，另有一个矩阵 $\boldsymbol{A}$，使矩阵 $\boldsymbol{P}$ 和矩阵 $\boldsymbol{A}$ 相乘就可以得到一个新矩阵 $\boldsymbol{B}$，从而使矩阵 $\boldsymbol{P}$ 得到变换，称矩阵 $\boldsymbol{A}$ 为变换矩阵。按矩阵代数方法可写为

$$\boldsymbol{PA}=\boldsymbol{B}$$

$$\boldsymbol{P}=[x\ y]$$

若变换矩阵为

$$\boldsymbol{A}=\begin{bmatrix} a & b \\ c & d \end{bmatrix}$$

$$\boldsymbol{PA}=[x\quad y]\begin{bmatrix} a & b \\ c & d \end{bmatrix}=[ax+cy\quad bx+dy]=[x'\quad y']$$

则点的初始坐标(x,y)被变换为(x',y')，即

$$x'=ax+cy,y'=bx+dy$$

用齐次坐标时，其矩阵明显将扩展，由于点是3个列元素组成的矢量，因此，2×2变换矩阵将扩展成3×3矩阵：

$$\boldsymbol{T}=\left[\begin{array}{cc:c} a & b & o \\ c & d & p \\ \hdashline l & m & s \end{array}\right]$$

$$[x'\quad y'\quad 1]=[x\quad y\quad 1]\boldsymbol{T}=[x\quad y\quad 1]\begin{bmatrix} a & b & o \\ c & d & p \\ l & m & s \end{bmatrix}$$

该变换矩阵可按其中虚线分成4个子矩阵。

(1)左上角的子矩阵$\begin{bmatrix} a & b \\ c & d \end{bmatrix}$可以完成图形的比例、对称、旋转、错切等变换。

(2)左下角的子矩阵$[l\ m]$可以完成图形的平移变换。

(3)右上角的子矩阵$\begin{bmatrix} o \\ p \end{bmatrix}$可以完成图形的透视变换。

(4)右下角的子矩阵$[s]$可以完成图形的全比例变换,当$s>1$时图形等比例缩小,当$s<1$时,图形等比例放大。

可见,3×3变换矩阵包含了2×2变换矩阵的全部结果。

(四)坐标系统

从定义一个零件的几何外形到图形设备上生成图形,通常都需要建立相应的坐标系统来描述物体的几何尺寸、图形的大小及位置,并通过坐标变换来实现图形的表达。常用的坐标系统有世界坐标系、设备坐标系、规格化设备坐标系。

1. 世界坐标系

世界坐标系(World Coordinate System,WC),是在实物物体所处的空间(二维或三维空间)中,用以协助用户定义图形所表达的物体几何尺寸的坐标系,也称为用户坐标系,多采用右手直角坐标系。图4-1-2(a)是定义二维图形的直角坐标系,图4-1-2(b)是定义三维图形的直角坐标系。理论上,世界坐标是无限大且连续的,即它的定义域为实数域$(-\infty,+\infty)$。

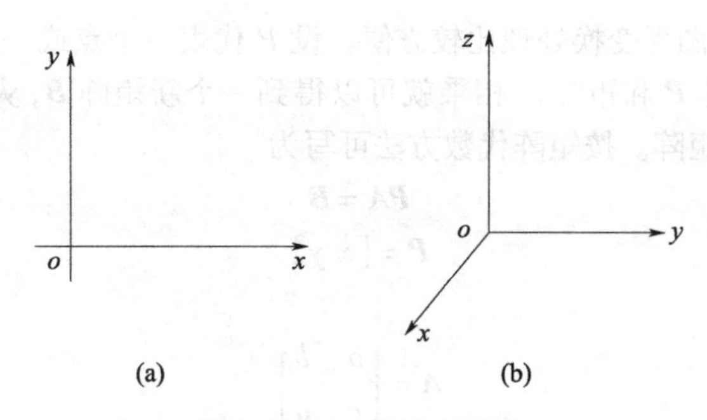

图4-1-2 世界坐标系

(a)二维世界坐标系;(b)三维世界坐标系。

2. 设备坐标系

设备坐标系(Device Coordinate System,DC)是与图形输出设备相关联的,是定义图形几何尺寸位置的坐标系,也称为物理坐标系。设备坐标系是二维平面坐标系,通常采用左手直角坐标系,如图4-1-3所示。它的度量单位是像素(显示器)或步长(绘图仪),如显示器通常为1024×768、1280×1024像素,绘图仪的步长为1μm等,可见设备坐标系的定义域是整数域,而且是有界的。

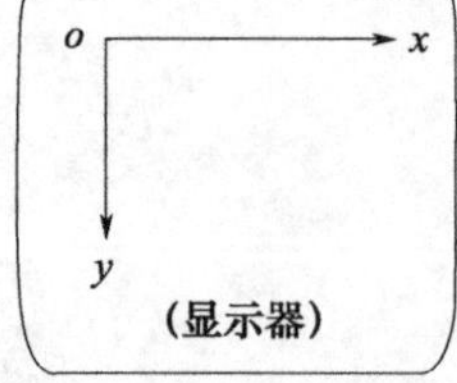

图4-1-3 设备坐标系

3. 规格化设备坐标系

规格化设备坐标系(Normalization Device Coordinate System,NDC)是与设备无关的坐标系,是人为规定的假想设备坐标系,其坐标轴方向及原点与设备坐标系相同,但其最大工作范围的坐标值则规范化为1。以屏幕坐标为例，其规格化设备坐标系的原点仍是左上角（或左下角），坐标为(0.0,0.0)，距原点最远的屏幕右下角（或右上角）的坐标为(1.0,1.0)。对于给定的图形输出设备，其规格化设备坐标系与设备坐标系相差一个固定倍数，即相差该设备的分辨率，当开发应用不同分辨率设备的图形软件时，首要将输出图形转换为规格化设备坐标系，以控制图形在设备显示范围内的相对位置。当转换到不同输出设备时，只需将图形的规格化坐标再乘以相应的设备分辨率即可。这样使图形软件与图形设备隔离开，增加了图形软件的可移植性。

（五）图形变换的概念

图形变换是计算机绘图和实体建模的基础内容之一。计算机图形处理是 CAD/CAM 的重要组成部分，对于 CAD/CAM 系统来说，不仅要能用图元的几何体构成复杂的静态图形，而且要通过三维的几何体来定义船舶的空间模型，能使这些模型进行旋转、缩小、放大等图形变换，以利于从某一最有利的角度去观察它，并进行设计修改，这些功能都是基于图形变换的基本原理实现的。

图形变换一般是指对图形的几何信息经过几何变换后产生新的图形。图形变换既可以看作是坐标系不动而图形变动，又可以看作图形不动而坐标系变动，而这两种情况本质上是一样的。当看作坐标系不动而图形变动时，变动后的图形在坐标系中的坐标值发生变化；当看作图形不动而坐标系变动时，变动后，该图形在新的坐标系下具有新的坐标值。

对于线框图的变换，通常以点变换作为基础，把图形的一系列顶点作几何变换后，连接新的顶点系列即可产生新的图形。对于用参数方程描述的图形，可以通过参数方程作几何变换，实现对图形的变换。本节所介绍的是图形拓扑关系不变的几何变换，由于图形采用了齐次坐标表示，可以方便地用变换矩阵实现对图形的变换。

二、二维图形变换

二维图形的变换是使二维图形在空间的位置和形状产生变化。

（一）基本几何变换

1. 比例变换

若图形在 x、y 两个坐标方向放大或缩小的比例分别为 a 和 d，如图 4-1-4 所示（图中虚线所示图形为原始 T 形物，实线所示图形为变换后的 T 形物），则坐标的比例变换为

$$[x'\ y'\ 1] = [x\ y\ 1]\begin{bmatrix} a & 0 & 0 \\ 0 & d & 0 \\ 0 & 0 & 1 \end{bmatrix} = [ax\ dy\ 1]$$

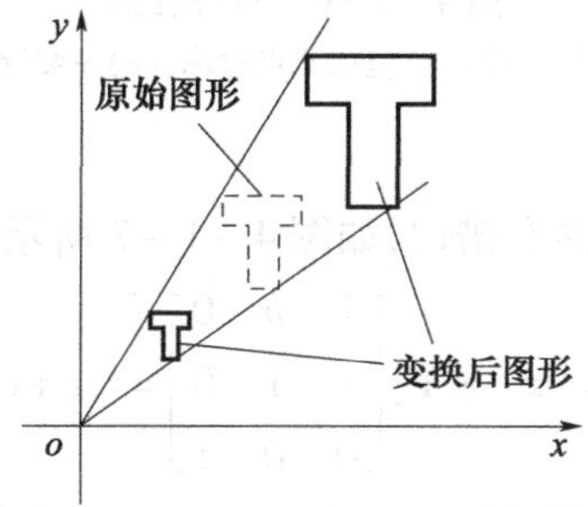

图 4-1-4　二维图形的等比例变换图

(1)若 $a=d=1$,则为恒等变换,图形变换后点的坐标不变。

(2)若 $a=d\neq1$,则为等比例变换,$a=d>1$ 时为放大,$a=d<1$ 时为缩小。

(3)若 $a\neq d$,则为不等比例变换,或图形在 x、y 两坐标的比例不等,如图 4-1-5 所示。

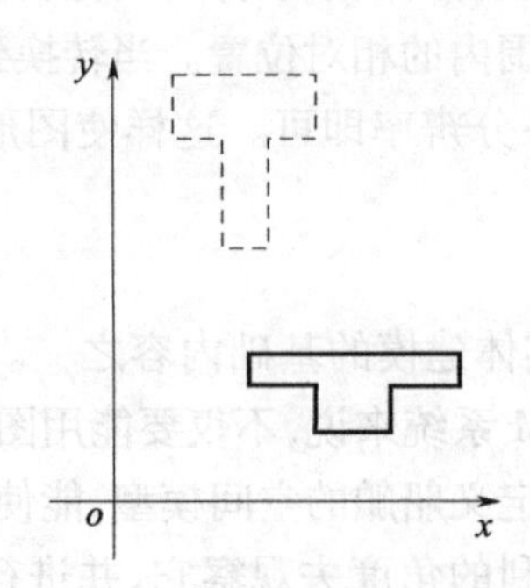

图 4-1-5　二维图形的不等比例变换

2. 对称变换

$$[x'\ y'\ 1]=[x\ y\ 1]\begin{bmatrix}a & b & 0\\ c & d & 0\\ 0 & 0 & 1\end{bmatrix}=[ax+cy\ \ bx+dy\ \ 1]$$

(1)当 $a=-1,b=c=0,d=-1$ 时,$x'=-x,y'=y$,产生与 y 轴对称的图形;当 $a=1$,$b=c=0,d=-1$ 时,$x'=x,y'=-y$,产生与 x 轴对称的图形,如图 4-1-6(a)所示。

(2)当 $a=d=-1,b=c=0$ 时,$x=-x,y'=-y$,产生与原点对称的图形,如图 4-1-6(b)所示。

(3)当 $a=d=0,b=c=1$ 时,$x'=y,y'=x$,产生与 45°线对称的图形;当 $a=d=0,b=c=-1$ 时,$x'=-y,y'=-x$,产生与 -45°线对称的图形,如图 4-1-6(c)所示。

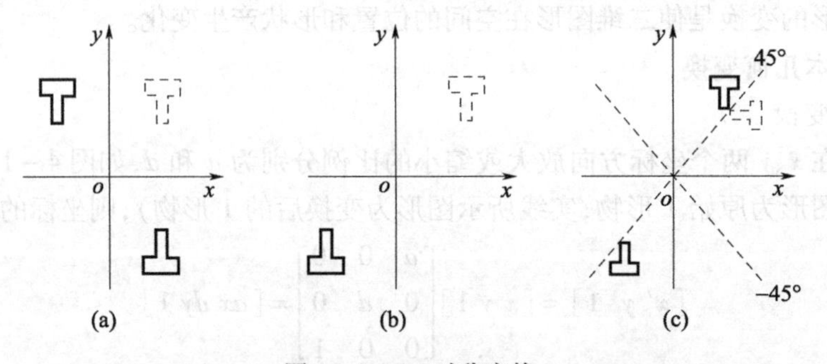

图 4-1-6　对称变换

(a)坐标轴对称;(b)坐标原点对称;(c)±45°线对称。

3. 错切变换

若图形在 x、y 两个坐标方向有错切,如图 4-1-7 所示,则坐标的错切变换为

$$[x'\quad y'1]=[x\quad y\ 1]\begin{bmatrix}1 & b & 0\\ c & 1 & 0\\ 0 & 0 & 1\end{bmatrix}=[x+cy\ \ bx+y\ \ 1]$$

式中:c、b 分别为 x、y 坐标的错切系数。

(1)当$b=0$时,$x'=x+cy,y'=y$,图形y坐标不变。若$c>0$,则图形沿$+x$方向作错切位移,如图4-1-7(a)所示;若$c<0$,则图形沿$-x$方向作错切位移。

(2)当$c=0$时,$x'=x,y'=bx+y$,图形x坐标不变。若$b>0$,则图形沿$+y$方向作错切位移,如图4-1-7(b)所示;若$b<0$,则图形沿$-y$方向作错切位移。

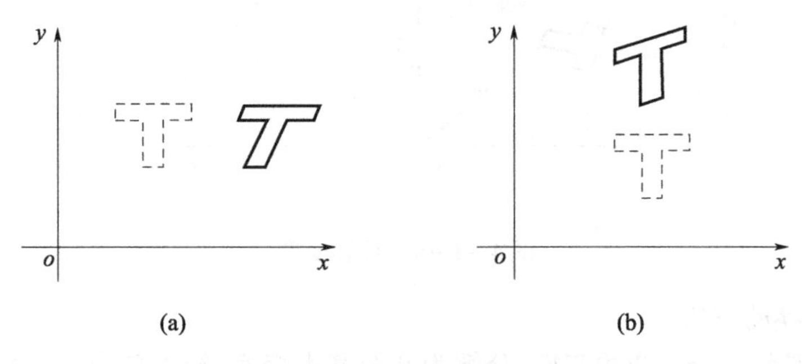

图4-1-7　错切变换

(a)x方向的错切位移;(b)y方向的错切位移。

4. 平移变换

如图4-1-8所示,若图形在x坐标方向平移量为l,在y坐标方向平移量为m,则坐标的平移变换为

$$[x' \quad y' \quad 1]=[x \quad y \quad 1]\begin{bmatrix}1 & 0 & 0\\0 & 1 & 0\\l & m & 1\end{bmatrix}=[x+l \quad y+m \quad 1]$$

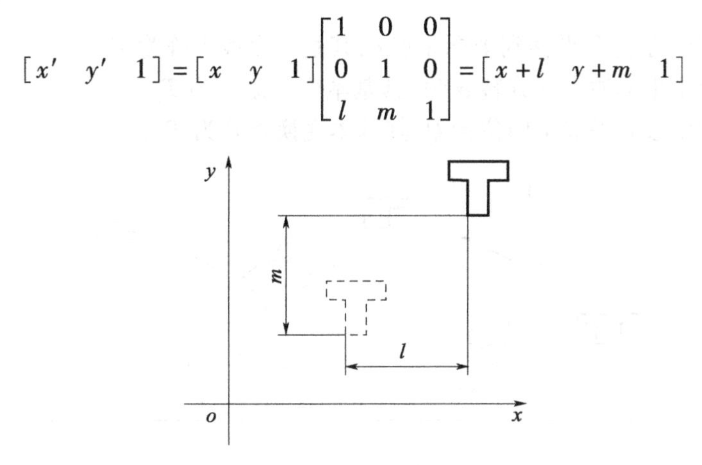

图4-1-8　平移变换

5. 旋转变换

若使图形绕坐标原点旋转θ角,逆时针方向为正,顺时针方向为负,如图4-1-9所示,则其对坐标原点的旋转变换为

$$[x' \ y' \ 1]=[x \ y \ 1]\begin{bmatrix}\cos\theta & \sin\theta & 0\\-\sin\theta & \cos\theta & 0\\0 & 0 & 1\end{bmatrix}=[x\cos\theta-y\sin\theta \ \ x\sin\theta+y\cos\theta \ 1]$$

(二)复合变换

上述图形变换都是相对于坐标轴或坐标原点的基本变换,而CAD/CAM系统所要完成的图形变换要复杂得多。工程应用中的图形变化通常是多种多样的,如要求图形绕任意坐标点(非坐标原点)旋转、图形对任意直线(直线不通过坐标原点)做对称变换等。在

许多情况下，仅用前面介绍的基本变换是不能实现这些复杂的变换的，而必须采用两种或两种以上的基本变换组合起来才能实现，称为复合变换或组合变换。

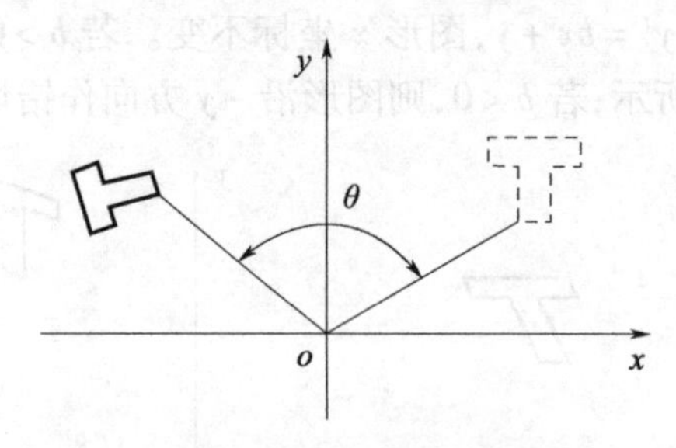

图 4－1－9　旋转变换

1. 复合变换的方法

复合变换是将一个复杂的变换，分解为几个基本变换，给出各个基本变换矩阵，然后将这些基本变换矩阵按照分解顺序相乘得到相应的变换矩阵，称为复合变换矩阵或组合变换矩阵。不管多么复杂的变换，都可以分解为多个基本变换的组合来完成。下面通过一个实例来说明。

如图 4－1－10 所示，T 形物体绕任意点 Q 逆时针旋转 a 角的变换图形，其变换过程如下。

（1）将旋转中心点 Q 平移到坐标原点 o，其基本变换矩阵为 $\boldsymbol{T}_1$。

（2）将图形绕坐标原点 o 旋转 α 角，其基本变换矩阵为 $\boldsymbol{T}_2$。

（3）将旋转中心 o 平移至原位置 Q，其基本变换矩阵为 $\boldsymbol{T}_3$。

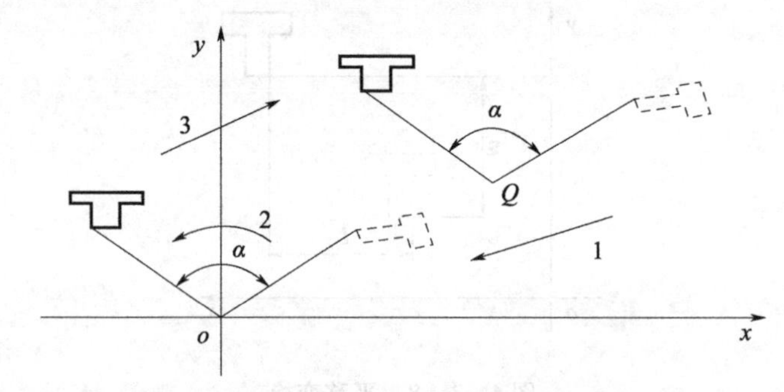

图 4－1－10　复合变换

T 形物体绕任意点 Q 旋转 a 角的变换矩阵为

$$\boldsymbol{T}=\boldsymbol{T}_1\cdot\boldsymbol{T}_2\cdot\boldsymbol{T}_3=\begin{bmatrix}1&0&0\\0&1&0\\-x_Q&-y_Q&1\end{bmatrix}\begin{bmatrix}\cos\alpha&\sin\alpha&0\\-\sin\alpha&\cos\alpha&0\\0&0&1\end{bmatrix}\begin{bmatrix}1&0&0\\0&1&0\\x_Q&y_Q&1\end{bmatrix}$$

$$=\begin{bmatrix}\cos\alpha&\sin\alpha&0\\-\sin\alpha&\cos\alpha&0\\x_Q(1-\cos\alpha)+y_Q\sin\alpha&-x_Q\sin\alpha+y_Q(1-\cos\alpha)&1\end{bmatrix}$$

2. 复合变换顺序对图形的影响

由于矩阵乘法运算不能运用交换律，即 $\boldsymbol{A}\cdot\boldsymbol{B}\neq\boldsymbol{B}\cdot\boldsymbol{A}$。因此复合变换矩阵的求解顺

序不得变动，顺序不同，变换的结果也不同。如图 4-1-11 所示为变换顺序对图形的影响。其中，图 4-1-11(a)为先平移后旋转，图 4-1-11(b)为先旋转后平移，可见其变换结果大不相同。

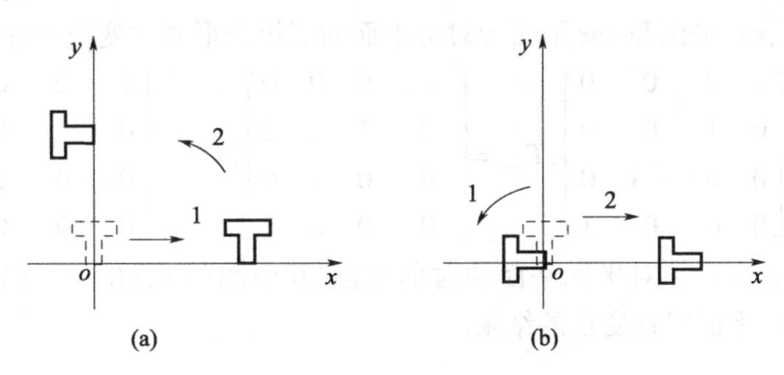

图 4-1-11　复合变换顺序对图形的影响
(a)先平移后旋转；(b)先旋转后平移。

三、三维图形变换

(一)变换矩阵

三维图形的几何变换是三维物体在空间的位置和形状产生变化，可在二维图形几何变换的基础上进行扩展。运用齐次坐标方法，将三维空间中点的几何变换表示为

$$[x' \quad y' \quad z' \quad 1] = [x \quad y \quad z \quad 1]\boldsymbol{T}$$

式中：$\boldsymbol{T}$ 为 4×4 的变换矩阵，表示为

$$\boldsymbol{T} = \begin{bmatrix} a & b & c & p \\ d & e & f & q \\ h & i & j & r \\ l & m & n & s \end{bmatrix}$$

该变换矩阵可按其中的虚线分为 4 个子矩阵。

(1)左上角的子矩阵 $\boldsymbol{T} = \begin{bmatrix} a & b & c \\ d & e & f \\ h & i & j \end{bmatrix}$ 可完成图形的比例、对称、错切和旋转变换。

(2)左下角的子矩阵 $[l \quad m \quad n]$ 可完成图形的平移变换。

(3)右上角的子矩阵 $\begin{bmatrix} p \\ q \\ r \end{bmatrix}$ 可完成图形的透视变换。

(4)右下角的子矩阵 $[s]$ 可完成图形的全比例变换。

(二)三维图形的几何变换

1. 比例变换

三维坐标的比例变换为

$$[x' \quad y' \quad z' \quad 1] = [x \quad y \quad z \quad 1]\begin{bmatrix} a & 0 & 0 & 0 \\ 0 & e & 0 & 0 \\ 0 & 0 & j & 0 \\ 0 & 0 & 0 & 1 \end{bmatrix} = [ax \quad ey \quad jz \quad 1]$$

式中：a、e、j 分别为 x、y、z 三个坐标方向的比例因子。

当 $a=e=j>1$ 时，图形将等比例放大；当 $a=e=j<1$ 时，图形将等比例缩小。

2. 对称变换

以 xoy 平面、yoz 平面和 xoz 平面为对称平面的三维图形对称变换矩阵分别为

$$\boldsymbol{T}_{xoy}=\begin{bmatrix}1&0&0&0\\0&1&0&0\\0&0&-1&0\\0&0&0&1\end{bmatrix},\boldsymbol{T}_{yoz}=\begin{bmatrix}-1&0&0&0\\0&1&0&0\\0&0&1&0\\0&0&0&1\end{bmatrix},\boldsymbol{T}_{xoz}=\begin{bmatrix}1&0&0&0\\0&-1&0&0\\0&0&1&0\\0&0&0&1\end{bmatrix}$$

图 4-1-12 表示了对坐标平面的对称变换，其中图(a)、(b)、(c)分别为对 xoy 平面、xoz 平面和 yoz 平面对称变换的结果。

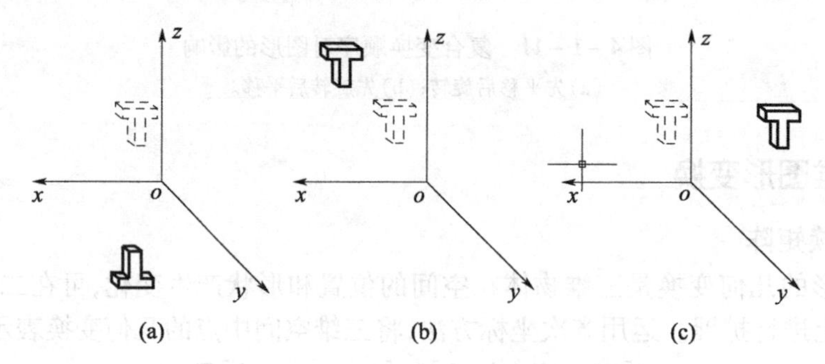

图 4-1-12　对坐标平面的对称变换

(a)对 xoy 平面；(b)对 xoz 平面；(c)对 yoz 平面。

3. 错切变换

三维图形错切变换矩阵为

$$\boldsymbol{T}=\begin{bmatrix}1&b&c&0\\d&1&f&0\\h&i&1&0\\0&0&0&1\end{bmatrix}$$

式中：d、h 为沿 x 坐标方向的错切变换系数；b、i 为沿 y 坐标方向的错切变换系数；c、f 为沿 z 坐标方向的错切变换系数。

4. 平移变换

三维图形的平移变换矩阵为

$$\boldsymbol{T}=\begin{bmatrix}1&0&0&0\\0&1&0&0\\0&0&1&0\\l&m&n&1\end{bmatrix}$$

式中：l、m、n 分别为 x、y、z 三个坐标方向的平移量。

5. 旋转变换

绕 z、x、y 轴旋转 α、β、γ 角的三维变换矩阵 $\boldsymbol{T}_z$、$\boldsymbol{T}_x$、$\boldsymbol{T}_y$ 分别为

$$
\boldsymbol{T}_z=\begin{bmatrix}\cos a & \sin a & 0 & 0\\ -\sin a & \cos a & 0 & 0\\ 0 & 0 & 1 & 0\\ 0 & 0 & 0 & 1\end{bmatrix}
$$

$$
\boldsymbol{T}_x=\begin{bmatrix}1 & 0 & 0 & 0\\ 0 & \cos\beta & \sin\beta & 0\\ 0 & -\sin\beta & \cos\beta & 0\\ 0 & 0 & 0 & 1\end{bmatrix}
$$

$$
\boldsymbol{T}_y=\begin{bmatrix}\cos\gamma & 0 & -\sin\gamma & 0\\ 0 & 1 & 0 & 0\\ \sin\gamma & 0 & \cos\gamma & 0\\ 0 & 0 & 0 & 1\end{bmatrix}
$$

图 4－1－13 所示为 T 形物体分别绕 x、y、z 轴旋转 90°的旋转变换。

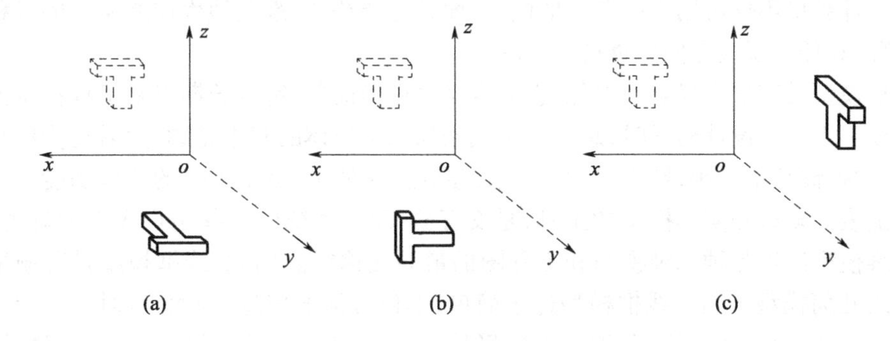

图 4－1－13　旋转变换
(a)绕 x 轴旋转 90°；(b)绕 y 轴旋转 90°；(c)绕 z 轴旋转 90°。

四、三维几何造型基础

产品三维几何模型的基本构成要素是空间的点、线、面和体。根据技术发展过程，建立三维几何模型经历了线框（Wire－frame）、表面（Surface）和实体（Solid）3 种模型方式。图 4－1－14 所示为一带方孔的立方体，通过一个切面截取所得结果来说明这 3 种模型的区别。

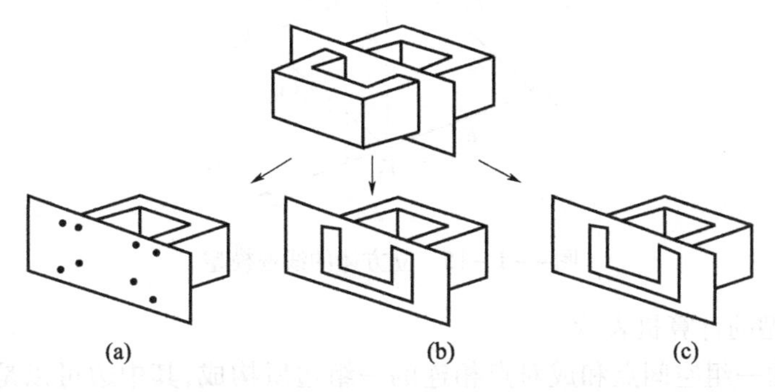

图 4－1－14　表示带方孔的立方体的线框、表面和实体的三种模型
(a)线框模型；(b)表面模型；(c)实体模型。

线框模型只是由一组顶点和边构成的。用一切面截取只能生成一组离散交点，不能形成切面的形状。如果我们只关心物体的形状、位置、方位，这种模型是可用的，也是最简单的，占用内存少，处理速度快。

表面模型是由一组顶点、边和面构成的。用一切面截取则生成一组点和线，可形成切面的形状。如果我们要求表示物体的外表面或数控加工这些表面，这种模型也是可用的。

实体模型则是由一组顶点、边、表面和体积构成的。用一切面截取可生成一组点、线和切平面上物体内部面积。如果我们还需要计算物体的质量特性（如重量、惯性矩和惯性积等）、动态特性（如动量、动量矩等）或物理学特性（如应力应变特征），则需要应用这种最完整的三维几何模型，还可进行多个物体间的干涉检查。但这种模型是最复杂的，占用内存多，处理速度慢。实体模型本身又有几种不同的表示方法，包括边界表示、体素构造表示、半空间表示、八叉树表示。下面将分别叙述这几种几何模型的造型方法。

（一）线框模型

线框模型是由有限个空间点以及成对点之间相连的边（直边或曲边）构成的三维几何模型。计算机不仅可用来构造线框模型，而且还能快速、准确地生成所需要的各种投影图、轴测图和任意视线方向的透视投影图。

线框模型具有很多优点。首先，它的定义过程最简单，符合长期以来工程技术人员的打样习惯。人们在设计构思时，总是先用线条勾画出形体的基本轮廓，然后逐步细化。其次，它的数据储存量最小，操作灵活，响应速度快。事实上，灵活方便的线框功能有时是进一步构造表面模型和实体模型的工具，是交互式 CAD 系统中改善用户界面的有力手段，是从三维模型产生各种二维视图和工程图的最简捷途径。因此，线框模型是普遍采用的一种三维几何模型。由于线框模型过于简单，不包含面的信息，因而，有时不能定义物体的形状或者会定义出实际不可能存在的形体，不能自动消除隐藏线，无法计算物体的体积，这些也是促使发展表面模型和实体模型的重要原因。

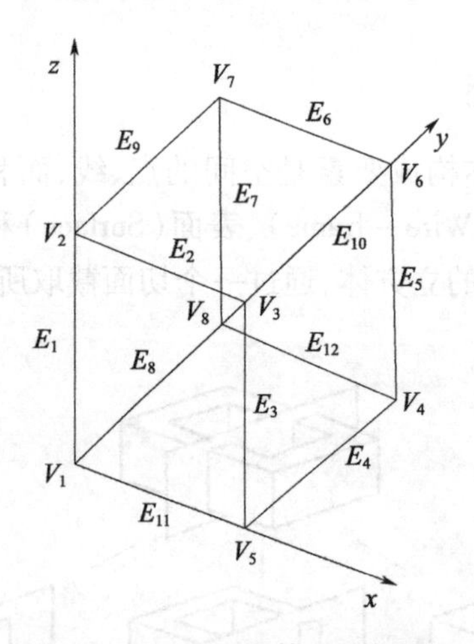

图 4-1-15　立方体的线框模型

1. 线框模型的计算机表示

线框模型由一组空间点和成对点相连的一组边所构成，其中边可以是直边、圆弧边、三次或三次以上的曲边。线框模型的计算机表示主要包括两类信息：一类是几何信息，定义线框模型中空间点的坐标数据和曲边的定义数据；另一类是拓扑信息，定义每条边的两个端点的标号。下面以两个简单的例子来说明线框模型的计算机表示方法。

图4-1-15所示的立方体是由顶点表、边表和边的类型来表示，如表4-1-1所列。顶点表存储各顶点的三维坐标值，即几何信息；边表中存储两个端点的标号，即拓扑信息；此外，还有边的类型代码，表明是直边还是圆弧边或其他曲边。

表4-1-1　单位立方体的几何和拓扑信息

顶点表	边表	边类型
$V_1(0,0,0)$	$E_1<V_1,V_2>$	直边
$V_2(0,0,1)$	$E_2<V_2,V_3>$	直边
$V_3(1,0,1)$	$E_3<V_3,V_4>$	直边
$V_4(1,0,0)$	$E_4<V_4,V_5>$	直边
$V_5(1,1,0)$	$E_5<V_5,V_6>$	直边
$V_6(1,1,1)$	$E_6<V_6,V_7>$	直边
$V_7(0,1,1)$	$E_7<V_7,V_8>$	直边
$V_8(0,1,0)$	$E_8<V_8,V_1>$	直边
	$E_9<V_2,V_7>$	直边
	$E_{10}<V_3,V_6>$	直边
	$E_{11}<V_1,V_4>$	直边
	$E_{12}<V_8,V_5>$	直边

图4-1-16所示的一个圆柱体是由圆柱体的上底面和下底面以及圆柱体的轮廓边所组成的，可以通过表4-1-2中的顶点表、边表和边的类型来表示。顶点表中只有4个顶点，在上、下底面某个直径的两端各有两个顶点。边表中包括6条边，即从上底面到下底面的两条直边和上下底面的各两条圆弧边。

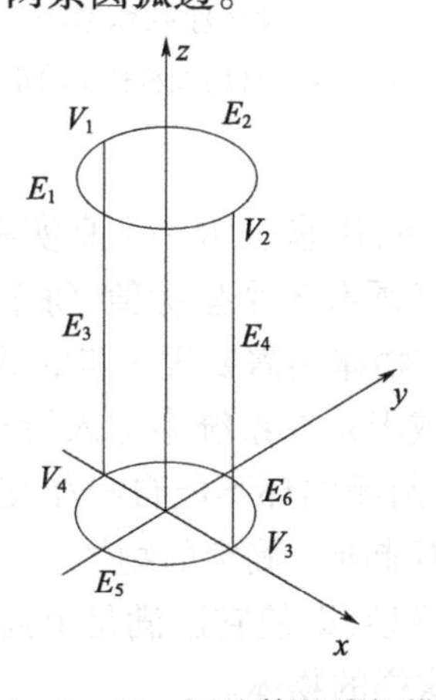

图4-1-16　圆柱体的线框模型

表 4-1-2 圆柱体的几何和拓扑信息

顶点表	边表	边类型
$V_1(-1,0,3)$	$E_1<V_1,V_2>$	半圆
$V_2(1,0,3)$	$E_2<V_2,V_1>$	半圆
$V_3(1,0,0)$	$E_3<V_1,V_4>$	直线
$V_4(-1,0,0)$	$E_4<V_2,V_3>$	直线
	$E_5<V_3,V_4>$	半圆
	$E_6<V_4,V_3>$	半圆

对于圆柱体和圆锥体,在显示时为使视觉效果更好,最好是令两条轮廓边定义在圆柱体的两个侧面,如图 4-1-17(a)所示。但当从不同方向观察此圆柱体时还会形成如图 4-1-17(b)所示视觉较差的图形。为了改善视觉效果,只有当改善视线方向后,通过计算求出图 4-1-17(a)所示真实的轮廓边,但这样做会使问题复杂化。

当然,圆柱体也可以在上、下底面多设一些顶点,上、下底面用多边形近似地表示圆,相应上、下底面则用多条母线相连,类似于多面体表示的方法,形成视觉更真实的形体。

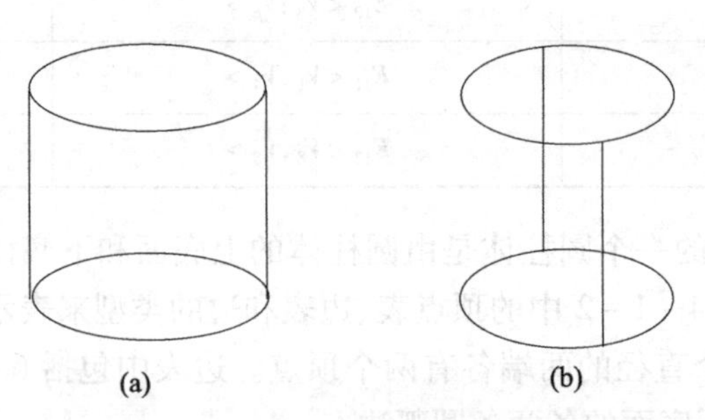

图 4-1-17 圆柱体线框模型中的轮廓边

(a)真实的轮廓边;(b)线框模型的轮廓边。

2. 线框模型存在的问题

由于线框模型的表示过于简单,用来表示一个真实物体的约束条件不够充分。线框模型只有低水平的约束,如顶点必须有 3 个坐标值,每个边只能对应 2 个顶点,且这 2 个顶点必须在顶点表中,但表示真实物体还需要进一步的约束条件,这些进一步的约束可以由用户来确定(但会经常出错),或者是在系统中加入检查算法,以增加约束条件,如一些边必须形成封闭的环(形成面)且封闭的环不能自身相交等条件。即使如此,仍然可能构造出客观不可能存在的物体,或不能唯一确定的物体。

如图 4-1-18 所示的线框模型,即使它已满足上述所有约束条件,但此模型仍是无意义的,我们永远不可能制造出这样的物体。

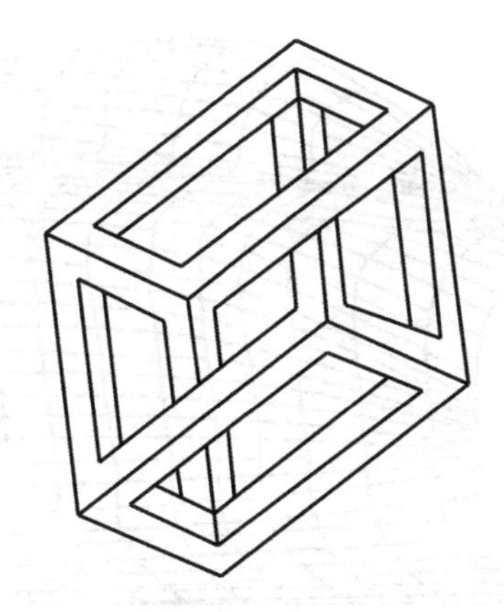

图 4-1-18　线框模型表示的无实际意义的物体

线框模型存在的第二个问题是多义性。一个线框模型也有可能理解成多个实际的物体，如图 4-1-19 所示。图 4-1-19(a)为一线框模型，这一线框模型也满足前面所述所有条件，但可理解为图(b)、(c)和(d)所示 3 个物体。只有采用实体模型才能消除这种多义性。

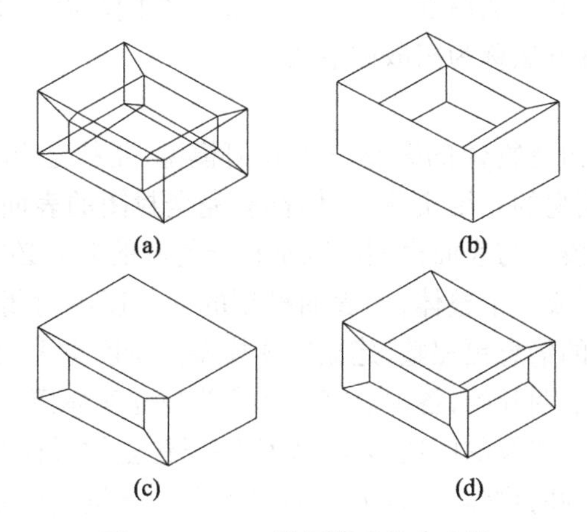

图 4-1-19　线框模型的多义性

(二)表面模型

表面模型是在线框模型的基础上增加面的信息，为形体提供了更多的几何信息，可以在程序中实现自动消除隐藏线，生成明暗图，计算表面积，产生表面数控加工走刀轨迹等，也可以在有限元分析中生成表面有限元网络。表面模型的构造方法大体可以分为两类：一类是整体构造法；另一类是离散构造法。

1. 整体构造法

整体构造法是使用张量积参数样条曲面、孔斯曲面、Bezier 曲面、B 样条曲面等(如第二章所述)。它们要求输入的型值点分布在规则的矩形参数域上，也就是说，输入的数据是 $m \times n$ 点阵，共 n 个切面，每个切面输入 m 个点。例如，图 4-1-20 中飞机机身定义为机身主体和座舱罩两部分，各由一大张量积曲面构成，机身进入座舱罩内的综合切面外形时需要采用裁剪技术将无效的部分删去。

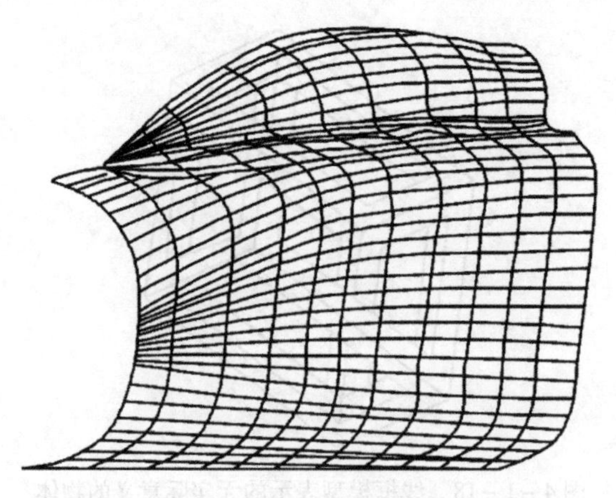

图 4-1-20　整体构造的飞机机身曲面

2. 离散构造法

对于另一类形状相对规则的物体,往往使用离散的方法构造表面模型。这类物体的形状基本上由平面、圆柱面、球面和过渡圆角组成,设计这类形体可以从线框模型入手,首先交互绘制各个面的轮廓线,然后在封闭的内外轮廓线间填补平面或规则曲面。表面是逐块贴到线框上的,这种方法称为离散构造法。

(三)实体模型

实体模型是指用于构造物体的完整三维几何模型,是描述几何形体的高层次模型。机械零件、模具等都是完整的三维实体,它们都有完全封闭的表面,这些表面明确区分出物体的包容空间。实体模型与表面模型的区别在于前者的表面必须封闭、有向,各张表面间有严格的拓扑关系,形成一个整体,而表面模型的面可以不封闭,面的上下表面都可以有效。实体模型所包含的信息更完整,建立实体模型的难度也更大。

自 20 世纪 60 年代末期开始,各国研究工作者为建立实体模型进行了长期、深入的理论研究和试验探讨。这里涉及的问题包括:怎样保证建立的形体是正确的实体而不会出现客观不可能存在的虚构的物体;怎样方便简捷地在计算机内表示三维形体完整的几何和拓扑信息;怎样设计实体造型系统的交互操作步骤以便用户可以迅速而直观地建立起所要求的实体模型;怎样从数学上统一表示形状较规则的机械零件和形状不规则的雕塑曲面零件;怎样有效地组织实体模型的数据存储管理,使产品几何定义格式规范化和标准化;怎样统筹协调线框、表面、实体 3 个层次模型相互间的衔接和转换,处理好它们与二维绘图功能的界面等。

实体模型可提供三维形体的最完整的几何和拓扑信息,因此,从技术发展的趋势看,它在 CAD/CAM 中的重要性将越来越大。在计算机集成制造的环境下,需要将产品的有关设计、制造、管理信息尽量完整地包含在产品的数字化定义中,以便提高生产过程中各个环节的自动化和智能化处理水平。使用实体模型,加上形素技术(Feature Technology)配合,将有助于推动设计工作中自动推理机制的运用,提高成组技术的应用水平,实现有限元分析中的网络自动剖分、加工和装配工艺过程的自动设计,数控加工刀具轨迹的自动生成和校验、加工过程和机器人操作的动态仿真、空间布置和运动机构的干涉检查,视景识别的几何模型建立,人机工程的环境模拟等等。实体模型将成为下一代智能化、集成化、标准化 CAD/CAM 系统的几何描述核心，构成产品定义信息交换国际标准的重要组成部分，因此有着最广阔的发展和应用前景。

第二节　舰船的三维设计与验证

舰船设计是比较典型的三维设计问题，随着计算机硬件技术发展，运行速度成倍提高，在舰船 CAD 中采用可视化三维设计的比重正在逐步增加，其优越性也在逐步得到体现。主流的船舶 CAD 软件，如 CADDS5、INTERGRAPH、TRIBON、FORAN 等都在不同程度上采用了三维设计。对于舰船来讲，其三维设计涉及两方面的问题：一是解决船体外形、船体结构、舰船内部设备的三维模型的构建；二是在三维模型构建的基础上，对设计的有效性进行验证。本节将以应用较为广泛的 CATIA 为例，介绍其基本功能，以及基于 CATIA 的舰船三维模型构建方法。然后，再以 DELMIA 为例，介绍在三维环境中的舰船设计有效性验证方法。

一、基于 CATIA 的舰船三维模型构建概述

舰船三维造型设计包括总体外观造型、船体曲面造型、船体结构造型和船舶设备造型，是一个集线框造型、曲面造型、实体造型于一体的特征造型系统，如图 4-2-1 所示。

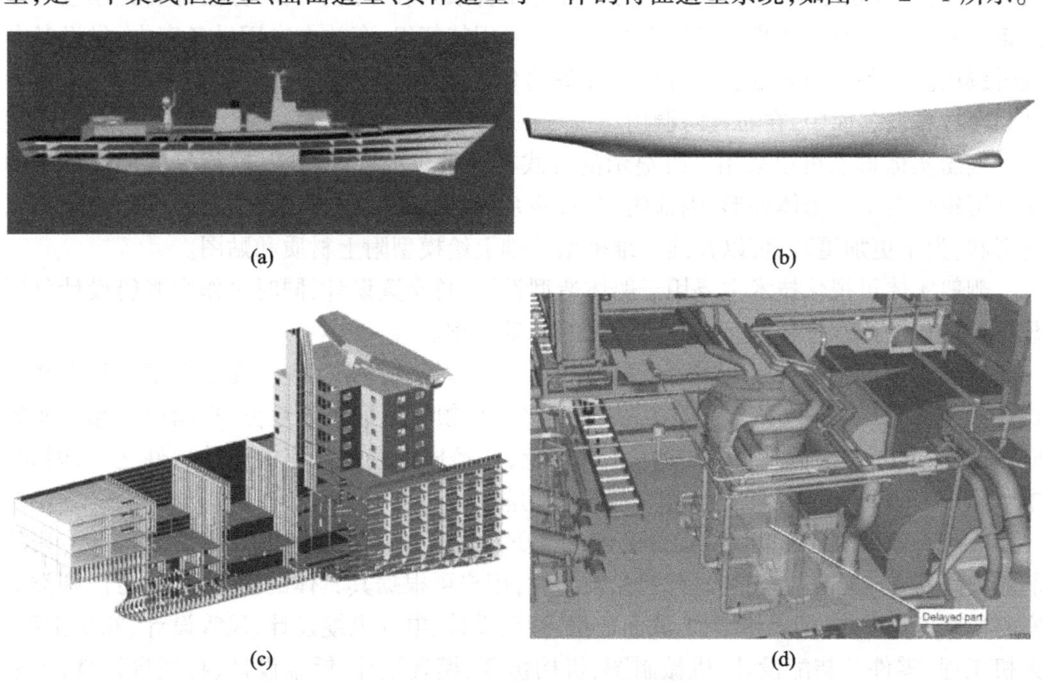

图 4-2-1　舰船可视化示例

(a)某舰的船体曲面及分舱造型；(b)某舰的船体曲面及分舱造型；(c)某舰的船体曲面及分舱造型；(d)虚拟环境下某船舱室示例。

1. 总体外观造型

总体外观造型主要用于舰船方案设计的方案构思阶段，用三维实体形象地描述舰船总体布局及外观形状、协调感与时代感，这是手工设计或二维设计所难以做到的。总体外

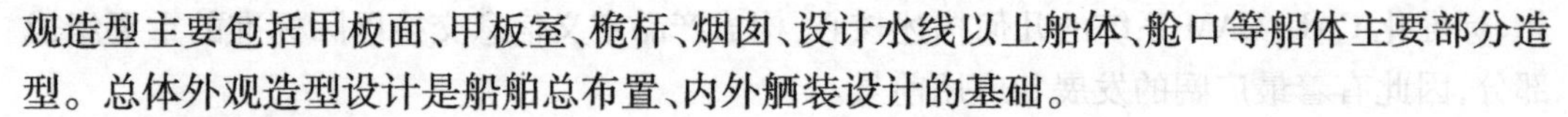

观造型主要包括甲板面、甲板室、桅杆、烟囱、设计水线以上船体、舱口等船体主要部分造型。总体外观造型设计是船舶总布置、内外舾装设计的基础。

2. 船体曲面造型

船体曲面造型是舰船结构设计与机舱设计的基础。采用曲线曲面设计技术,根据已有船体型值表构造船体曲面或采用交互方式重新设计船体曲面,并进行光顺,可完成船体曲面实体的造型。利用该船体实体,可方便、准确地进行船舶静水力性能计算及作为水动力性能计算的基础,通过分舱进行舱容计算。船体曲面也是船体结构和机舱设计的周界。

3. 船体结构造型

船体结构造型包含了结构布置和结构件造型两类功能。结构布置是以船体曲面为基础,通过建立布置构件的基准面同船体曲面相交的方式生成构件布置基准线,并可用式样复制功能进行批处理,方便、快捷,再根据强构件、普通构件、可见与不可见构件在图纸中表达方式的不同,进行型线设计,即可绘制构件布置图。结构件造型通常以构件布置基准线为基准,通过调用型材截面库,进行肋骨、横梁、纵桁等构件的造型。一旦完成构件布置与造型,即可迅速地计算出重量、重心及骨材的材料清单。

4. 舰船设备造型

舰船设备造型包括船舶内外舾装、轮机、电气等专业的设备造型。常用的设备造型方法有两种:一种是专用特征组方法;另一种是设备系列表方法。两种方法都要先建立母型设备。专用特征组方法是将母型设备定义为专用特征组,存放在专用设备库中,供设备布置时调用。设备系列表方法是将母型设备的各可变参数和特征在系列表中定义,将设备系列存放在设备库中,在布置时调用。

舰艇实体模型可以采用三维显示的方式在计算机上表现出来,这就是舰船设计中的实体可视化技术。船体外形、内部舱室、管路系统、设备等,均可以建立三维模型表示其几何形状,为了更加逼真,可以在纯三维模型基础上给模型附上材质和贴图。

舰船实体可视化技术主要用于船体造型设计、总布置设计,同时可作为舰艇设计分析数据可视化及修造过程动态仿真可视化的基础模型。

舰船实体可视化的实现主要依靠专业的三维建模软件来实现。在本书第一章中曾重点介绍了 CATIA 软件,该软件在 CAD/CAM/CAE 领域占据领先地位,在国内船舶行业的应用虽然起步较晚,但发展快,应用非常广泛,已经成为最为主流的设计软件之一,因此,本节将以 CATIA 为主要工具介绍三维建模功能。

CATIA 软件的各个模块的运行平台,无缝地集成了基本的通用机械 CAD 功能与专用的船舶设计 CAD 功能。在实际进行船舶设计时,用户可根据其具体的设计项目,分门别类地实时切换工作模式(即船体结构、曲面造型、管系设计、电气电缆设计、风管设计、知识工程、人机工程、零件及装配设计、机械制图、机构仿真、模具设计、钣金设计、物理量计算、干涉检查、强度分析等工作模式),灵活机动地采用该工作模式环境中的各种设计手段、方法。

CATIA 目前使用较多的是 V6 版本,本节将主要以 V6 版本为例,介绍其船舶三维设计的相关功能。

船舶工程研制是集综合性、复杂性、单一性及特例性于一体的行业。CATIA V6 针对性地将实现某一领域功能所用到的命令集成到单一的工作界面,从而形成独立模块,软件系统能满足船舶从方案设计到生产设计中各专业的基本需求。其模块众多,具体功能如

表 4 -2 -1 所列。

表 4 -2 -1　CATIA V6 各专业功能模块

序号	专业	权限设置	功能模块名称	功能简介
1	基础专业	Mechanical Designer	Part Design Essentials	零部件建模
			Assembly Design Essentials	装配设计功能可建立并管理基于三维模型的装配体，其中，三维模型可以是由多个部件组成的装配体，也可为单一部件。此外，模块可快速实现设备布置
2	资源配置	Platform Contributor	Data Setup	基础库的创建及数据管理
3	总体专业	Mechanical Designer	Gen. Wireframe &Surface	具有快捷构建、控制及修改工程曲面的功能，还提供了曲面光顺性检查工具
4	结构专业	PreliminarySteel Structure Designer	Structure Function Design(SFD)	船体结构整体造型，创建不带厚度的壳体结构
			Structure Design(SDD)	基于基础设计成果，划分舱段，进行开口等定义，完成分段详细设计，创建具有厚度的实体结构
5	管路专业	Systems Schematic Designer, Fluid 3D Systems Designer	Symbol Design	创建轮机二维符号
			Piping & Tubing Systems Design	创建轮机二维原理图
			Piping & Tubing 3D Part Design	创建轮机三维模型
			Piping & Tubing 3D Design	轮机设备布置，三维管路放样
6	风管专业	Systems Schematic Designer, Fluid 3D Systems Designer	HVAC Systems Design	创建风管二维原理图
			HVAC 3D Part Design	创建风管三维模型
			HVAC 3D Design	通风设备布置，三维风管放样
7	电气专业	Systems Schematic Designer, Electrical 3D Systems Designer	Electrical Systems Design	创建电气二维符号、绘制电气二维原理图
			Electrical 3D Part Design	创建电气设备、托架等
			Electrical 3D Design	电气设备布置，三维电缆通道敷设

船舶行业的解决方案可概括为以下几个方面。

1. 船体结构设计

船体设计主要涉及结构基础设计模块（Structure Function Design，SFD）和详细设计模块（Structure Detail Design，SDD）。

基础设计模块主要实现船体整体造型功能,快速生成船体外板、横舱壁、纵舱壁以及各种型材等三维模型,且形成的三维模型在视图中以不带厚度的曲面显示,而设计过程中定义的板厚、板方向、材料等信息被赋予相应属性,可随设计修改实时更新。基础设计具有数据量小,操作、储存方便,且比实体曲面包含信息丰富等特点,其优点在于快速有效地进行整船设计,为后续结构详细设计和船体性能分析等提供充分准备工作。

详细设计模块是在基础设计模块之上开展分段详细设计,形成的三维模型以具有厚度的实体显示,且包含板厚、板方向、材料等信息,能准确地反映船体结构,可实现端部削斜、开孔和焊接坡口等设计。此外,如果船壳、舱壁、肋骨等结构需要设计更改,三维立体模型可以同步更新。

在运用详细设计模块进行设计的过程中,由于船体结构中存在大量重复调用的标准板材、型材等,可通过参数化建模、解析等一系列配置,使在后续的设计中直接从数据库选取所需的构件,实现复用,提高工作效率。同时,船体结构模型可为管路、电气等专业提供放样背景。船体几何模型还可直接用于达索系列产品的力学分析,如船体稳性分析、分段吊装、变形分析等,也可方便地导出其他的数据格式,如 IGS、STEP 等进行后续处理。

2. 机电设计

CATIA V6 针对轮机、电气的专业特点研发了相应的专业设计模块。软件中轮机、电气的设计原理相似,都可通过原理图驱动三维开展布置。以轮机专业为例,管路设计模块具有相对完备的船舶管附件资源配置(Data Setup)、管路原理图设计(Piping & Tubing Systems Design)、设备布置及管路三维设计功能(Piping & Tubing 3D Design),主要用于创建捕获设计信息和意图的智能化管路布置,可自动放置弯管、弯头、三通和阀件等标准部件,这种管路设计功能可使设计人员更高效地实现设计过程并对设计内容进行验证。

管路设计使用的管材与附件是通过建立基础库来实现的,每个项目通常建立一个独立的专用运行环境——基础库,将设备与管附件系列标准件都放到此环境中。基础库中的标准件调用便捷,经过与管路建立匹配关系,便可灵活地添加到管路上。后续修改管径或管路布置调整时,管路附件也会自动调整参数以匹配管材规格。按照管路所在系统,每一条管线都归属相应的系统,生成相应的管线号,便于管路图的管理与提交。

3. 舾装设计

舾装部门从定义舱室编号,到舱内的布置,都可在 CATIA V6 中实现,效果逼真,修改容易。在船舶总体布置中可实现舱室设备布局、主通道的布置方式及结构安排、生活区的空间定义等。首先设定好各个舱室,合理分配舱室空间,满足船舶设计的总体要求,为机电专业的放样提供支撑。对于舾装中楼梯、人孔、栏杆等,可利用 CATIA V6 的参数化设计进行全参数化造型,创建通用的实体零件,使用时调整参数即可。对于轮机、电气、舾装专业的通用设备,同样可以建立标准件库,布置设备时可使用普通装配功能来实现。在各专业模块中,可以实现设备快速定位,定义零件的相关专业属性,例如,电气专业的配电箱,可以输入其电流、功率,确定电气设备的电缆接口位置等,系统可自动统计电气设备的属性,根据需求做出分析报告。

所有的设备都可以使用 CATIA V6 进行精确布局。对于设备与基座,在三维中把设备与基座装配在一起,实时修改,投影出图,可做到两者精准定位。

船、机、电各专业在 CATIA V6 软件中进行放样设计时,可以进行干涉检查。CATIA

V6 能检查出具体的干涉位置，生成干涉报告，减少设计师人工检查过程中的时间浪费及错误率，从而提高工作效率。

二、基于 CATIA 的舰船船体曲面三维模型构建

船型设计在舰船设计过程中具有重要地位，它根本性地决定了舰船的使用性能、航行性能及经济性。传统的船型设计主要是采用手工绘制型线图的方法完成船型设计任务，随着计算机技术的发展，采用第二章中介绍的曲线曲面的理论，按照可视化的方法进行船型设计已经成为现实，而且在生产实践中取得了显著的效益。作为船体结构、机舱等设计的基础，船体曲面在三维模型构建中起到相当重要的角色。目前，对船体曲面的构建方法主要是根据已有的船体型值，利用曲线曲面设计技术对其进行构造，或利用交互式的方式对船体曲面进行重新设计和光顺，以完成对船体曲面实体的造型显示。

船体曲面设计一般是先进行型线设计，然后根据型线放样生成船体曲面。对于比较复杂的船体曲面通常采用分块建模、部分剪裁的策略。如单独采用横剖线（如首部偏后至船尾部分）或水线（如首部）建立放样曲面，或者采用横剖线和水线一起建立网格曲面（如球首部分），为了保证曲面间的光顺过渡，曲面建立时各曲面可适当重叠，然后裁剪。也有直接输入并修改 NURBS 曲面控制点和节点矢量的方式，直接建立船体曲面模型。还可以依据船体特征参数（如主尺度、船型系数等）用优化技术直接生成船体曲面的新方法。接下来将以 CATIA 为例，简要介绍船体曲面造型设计的过程。

（一）船体总体坐标系的构建

船舶总体三维设计主要开展外板、甲板（含平台、内底）、上层建筑、主横隔壁和轻围壁曲面的建模，完成轴包套、舭龙骨和轴支架的曲面设计。三维曲面模型的构建，不仅为结构、机电专业发布三维曲面模型，便于其他专业有条不紊地开展设计工作，更重要的是，为总体静水力、耐波性等综合性能计算提供基础数据。

曲面建模首先需要构建全船坐标系，可以直接利用 CATIA 中的 Space Reference System（空间坐标系）模块来构建，对全船坐标系进行定义，同时设定坐标系的相关参数。

（二）CATIA 中用于船体曲面创建的主要模块

船舶具有复杂的表面形状，尤其是球鼻首、轴包套等部位，这需要总体专业使用 CATIA V6 的曲面造型功能开展设计工作。CATIA V6 为设计者提供了 Gen. Wireframe & Surface（常规曲面设计）和 FreeStyle（自由曲面设计）等由面造型模块。前者提供了大量创建和编辑曲面设计的工具，允许用户快速建立曲面模型；FreeStyle 适用于创建任意形状的曲线和曲面，不易于修改。此外，软件还提供了 Digitized Shape Editor（数字化曲面编辑器）模块实施曲面设计的逆向工程。

就船舶总体设计而言，主要使用 Gen. Wireframe & Surface 模块。其主要涉及 5 种工具栏，具体如下。

（1）Wireframe（线框）工具栏，提供了多种点、线、面创建工具，用于形成基本的线框结构。

（2）Surface（曲面）工具栏，提供了多种基于线框和已有曲面生成各种曲面的方法，是构建三维曲面的通用工具。

（3）Operation（操作）工具栏，提供了多种对生成曲线和曲面进行编辑的辅助工具，包括连接结合特征、切割曲面等操作。

(4) Developed Shapes(投影造型)工具栏,提供了投影生成曲面和曲线的工具。

(5) Advance Sufaces(高级曲面)工具栏,提供了多种对生成曲面进行修改的工具,使曲面可以按照设计者意图进行多样化造型。

(三)船体曲面构建的主要内容

船体曲面创建主要包括船壳创建、甲板创建、横舱壁创建等内容。

1)船壳曲面的创建

利用 Gen. Wireframe & Surface 模块,在多个站位创建样条曲面,然后在多个样条曲面之间形成相交点,并形成水平样条线,在此基础上形成截面曲面,最后可以采用镜像的方式形成分段,整个流程如图 4-2-2 所示。

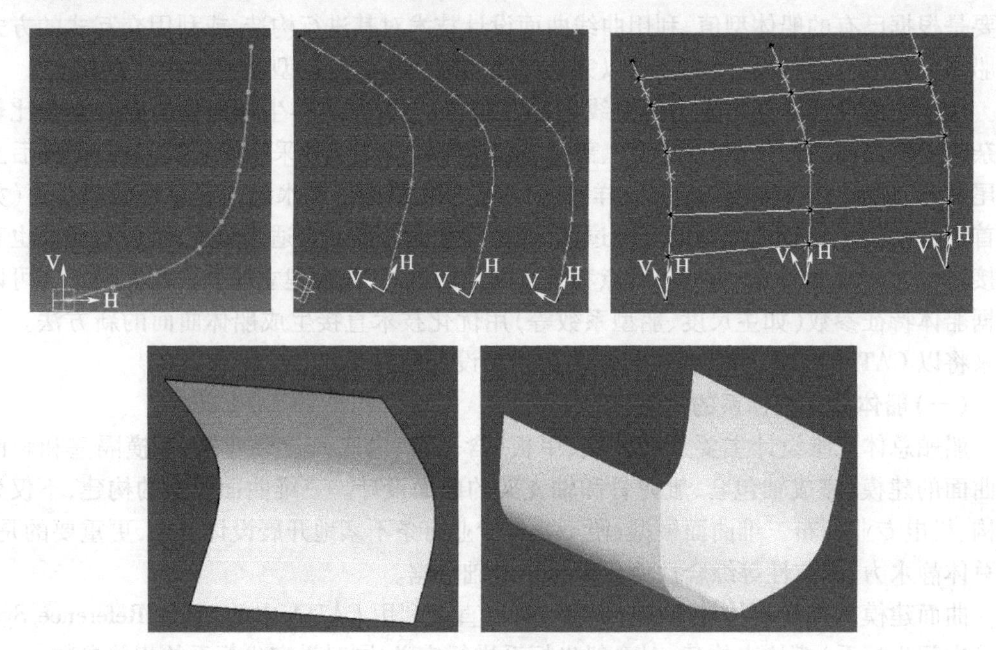

图 4-2-2　船体外表面曲面生成

2)创建甲板面

先同样利用 Gen. Wireframe & Surface 模块创建甲板所在的曲面,然后利用分割功能完成甲板面创建,如图 4-2-3 所示。

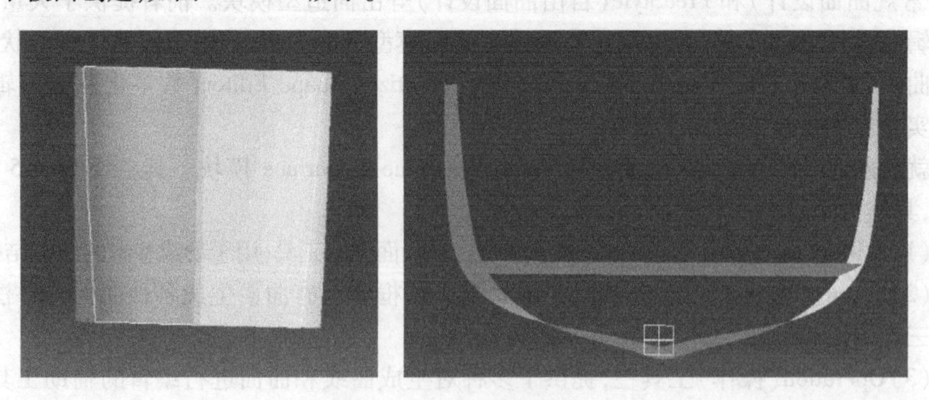

图 4-2-3　甲板面生成

3)创建横舱壁

与甲板面的创建相似,先完成横舱壁所在曲面的创建,然后利用分割完成横舱壁面的创建,如图4-2-4所示。

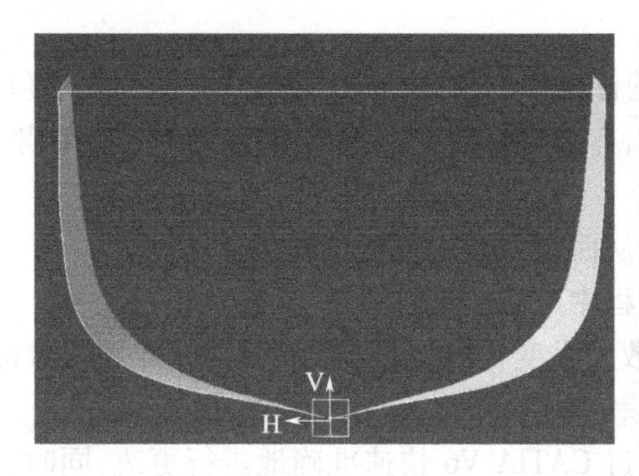

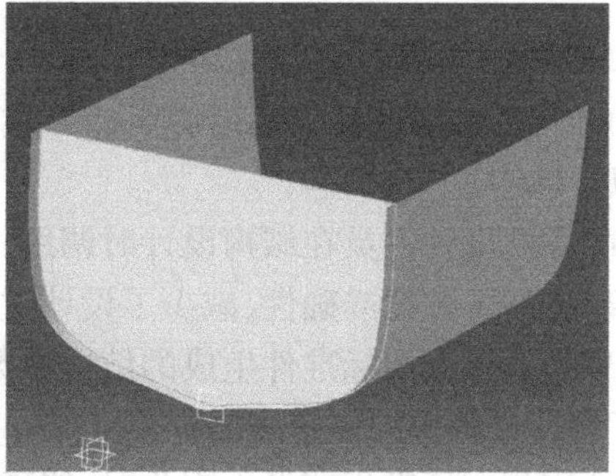

图4-2-4　横舱壁生成

4)舱室分割

先绘制舱室的边界,如图4-2-5(a)所示,然后拉伸生成舱壁面如图4-2-5(b)所示。

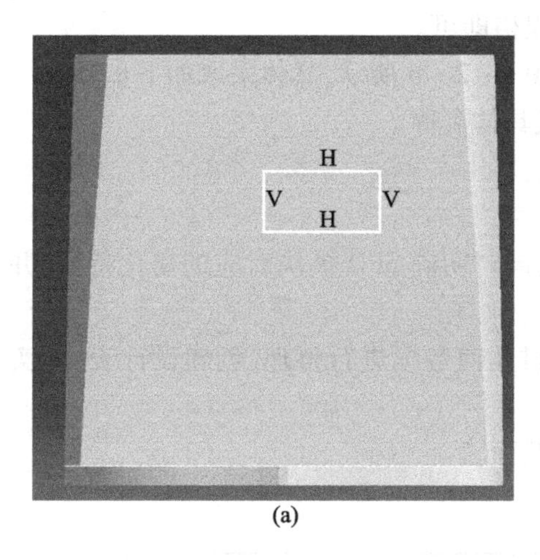

(a)

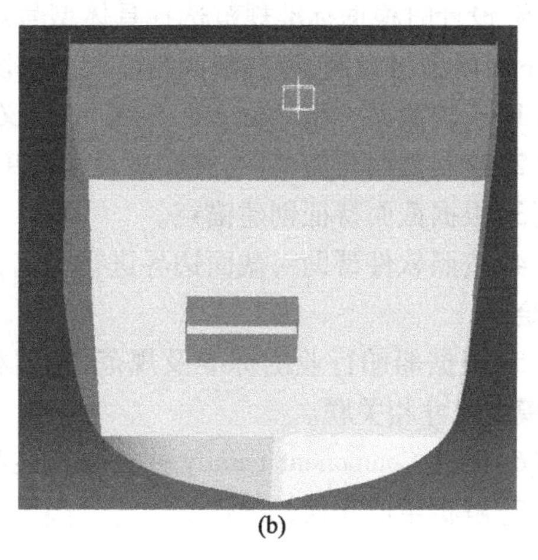

(b)

图4-2-5　舱壁分割

三、CATIA中的船体结构三维模型构建

结构设计是船舶设计的一个重要组成部分,整个工作包含结构建库和结构建模。结构建库涉及资源数据配置和结构标准件创建,资源数据配置将Common Geometry Resource和Structure Resource两大资源集创建完成后绑定到具体项目,同时,对应型材和贯穿开口资源表创建一系列结构标准件存入数据库;结构建模在结构基础设计模块和详细设计模块中展开,将有效利用资源库数据进行三维结构设计。接下来,主要介绍如何在CATIA V6平台上开展结构标准件创建和结构设计。

(一)结构资源库简介

结构资源数据配置在Data Setup中完成,涉及Common Geometry Resource和Structure

Resource 两大资源集的创建与关联。其中，Common Geometry Resource 资源集定义总体专业资源，主要包括船壳曲面和全船坐标系；Structure Resources 资源集定义船体专业资源，主要以数据表结合后台模型关联的形式存在，数据表包括开口表、开孔表和材料表等内容。

CATIA V6 需要用户预先将设计所需的标准件创建并导入数据库中，从而实现包含尺寸驱动和特征驱动的参数化结构设计方式，有效实现设计经验和知识的重用与积累。其具备以下优势。

(1)方便设计人员在结构设计时调用，从而大大减少重复创建工作。

(2)提高了数据准确性，减少了设计过程中人为出错的概率。

(3)当通过调用标准件生成的结构参数发生变化时，只需修改库中标准件参数即可，实现了设计过程中的快速修改；

(4)当相应标准规范发生变化时，能通过 CATIA V6 快速准确地进行更改，同时，新标准件的存储不会影响数据准确性。

(二)船体型材截面创建流程

在船体结构中，加强船体钢板的骨架通常占船体结构钢材的 30% 左右。骨架梁大多由轧制型钢、T 型材或折边钢板等制成，其中轧制型钢包含扁钢、角钢、球扁钢、I 型钢、槽型钢等，设计时根据标准规范选择具体型号规格即可。

下面以型材为例，型材截面创建流程如图 4-2-6 所示，具体采取如下步骤。

(1)新建截面类型 Structure Section，定义具体名称。

(2)绘制截面几何草图，并实现尺寸约束。

(3)根据截面特征创建锚点。

(4)按照软件帮助对截面边界进行命名，同时明确 SFD 模块对应的简化特征，并进行补充绘制。

(5)根据船舶行业的标准及规范，将型材几何数据进行整理，创建设计表，并实现参数与模型尺寸相关联。

(6)创建 Component Family 并关联上述截面。

(7)解析生成几何标准件。

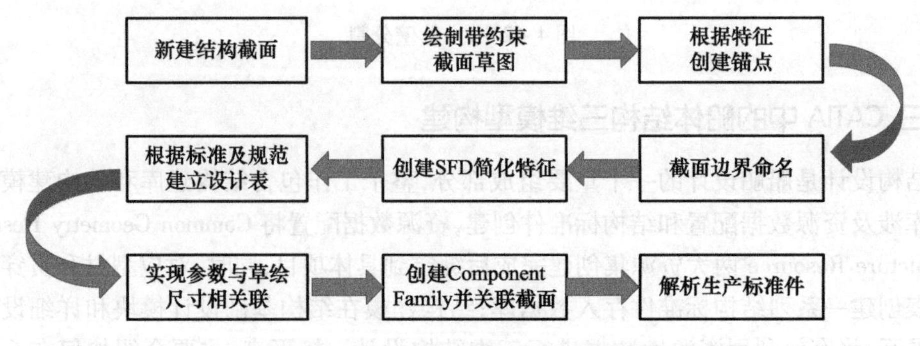

图 4-2-6　型材截面创建流程图

(三)结构基础设计

船体结构主要由主船体、上层建筑以及基座等其他结构组成，其中主船体包括外板、底部骨架、舷部骨架、甲板和平台结构、舱壁结构等，是指由船体最上一层纵通甲板（1 甲板）及其以下的外板和所有结构组成的空心建筑物，而主船体 1 甲板以上的各种围壁建筑物统称上层建筑。结构基础设计是船体结构设计的主要模块，重点设计主船体、上层建筑等总体结构和各层甲板、各舱壁、纵骨、舷侧纵桁等大型构件，同时可实现对大型构件属性赋值，如板厚、材料、截面形式等。

（四）结构详细设计

结构详细设计可以根据基础设计成果，进行船体分段设计，主要创建肘板、型材贯穿孔、补板等小构件。设计人员也可直接进入结构详细设计模块开展设计工作。船体结构详细设计的成果是具有厚度的实体结构。

四、CATIA 中的设备三维模型构建

总布置设计是船舶设计中极为重要的环节。设备建模作为总布置的基础，需要设计人员对船舶所有舱室设备进行建模，包括主机、电机、油泵及各类门窗、家具、舾装配件等。然后，将所需布置设备统一编码后存入设备库，便于舱室布置时有效检索，从设备库中调出并利用旋转、移动等功能进行设备定位。

在进行船舶设备建模前，需要开展以下内容的准备工作。

（1）收集和整理设备的相关图纸资料。

（2）整理设备的接口信息，如与船体、管路、电气的接口要素等。

（3）确定设备的质量及重心位置。

（4）确定设备的所属系统和名称。

（5）明确设备模型的用途，采用装配类型管理多态模型，对于不同用途采用不同的建模方式。

设备模型主要分为以下 3 类。

1. 主模型

用于占位和出图。其中主模型可以适当简化，采用基本几何特征结合变换命令的思路进行构建，同时需保证设备基本外形、重要凸出体和最大外形尺寸等因素，不可影响模型布置和干涉检查。

2. 操作和维修空间模型

用于维修性设计检查。操作和维修空间模型将主模型中的几何元素采用带链接复制，再建立操作、维修空间模型，便于后期开展干涉检查从而判断是否符合维修性设计。

3. 维修模型

用于维修和拆装等虚拟验证。维修模型适用于后期维修及拆装的功能要求，需要将运动、操作或更换的零部件单独建立。

后面两项将在本章第四节中介绍。

（一）CATIA 常用建模方法与工具

CAT1A V6 创建模型的方法灵活多样，主要在 Part Design Essential 模块操作完成，建模方法有以下 4 种。

1. 特征建模方法

创建反映设备主要形状的基础特征，在此基础上添加其他特征，如拉伸、挖槽、倒角、

圆角等。

2. 由面生成实体模型的建模方法

先创建曲面特征，再把曲面转换成实体模型。

3. 从装配中生成实体模型的建模方法

先定义装配体，再在装配体中逐步创建三维模型。

4. 其他格式CAD模型导入的建模方法

将其他CAD软件建立的设备模型转换为CATIA V6模型，与其他软件的接口形式有3DXML、CATIA File，数据格式为STEP、Proe、VRML、IGES等。

将其他CAD模型通过中间格式转换为CATIA V6模型时，建议经过简化处理，保留设备最大外形尺寸，删除内部细节，否则，在装配环境下调用会出现因数据量太大导致软件缓慢甚至卡死。

（二）典型特征建模方法

CATIA中的典型特征建模功能如图4-2-7所示。

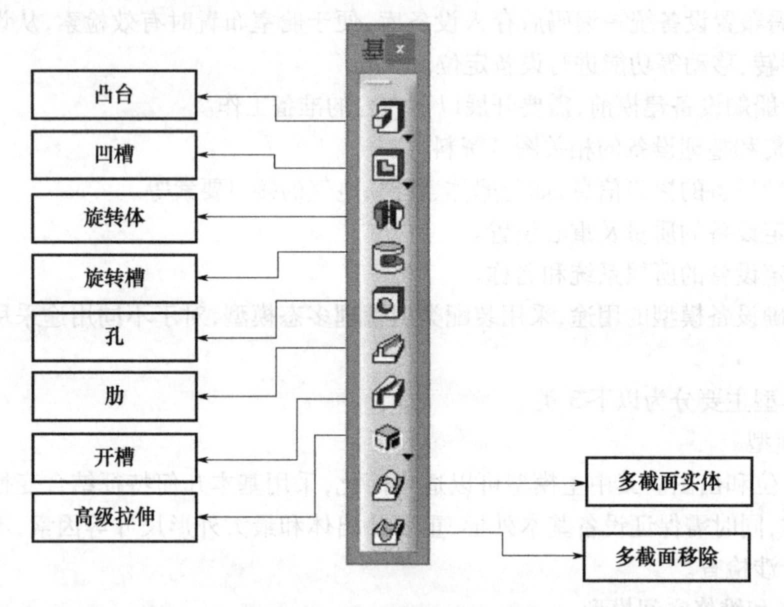

图4-2-7　特征建模工具栏

1. 拉伸特征

拉伸特征作为最基本的常用建模命令，是通过对截面轮廓进行单向或双向拉伸建立三维实体特征。图4-2-8所示是在矩形草图基础上进行的拉伸。

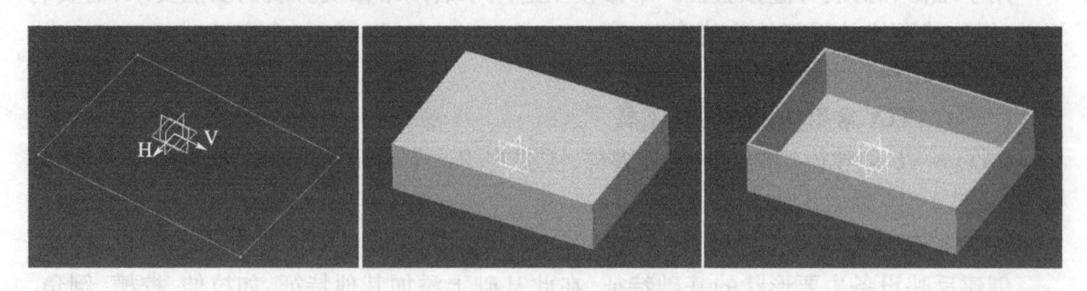

图4-2-8　拉伸特征建模

2. 旋转体特征建模

旋转体特征是将几何图形围绕某一条轴线旋转,从而形成三维实体。旋转图形可由多个不相交的封闭曲线所组成。旋转类特征必须有一条参考轴线,要么为封闭旋转图形上的一条线,要么为自定义轴线,但旋转图形的首尾两点必须在同一轴线上,如图 4 – 2 – 9 所示。

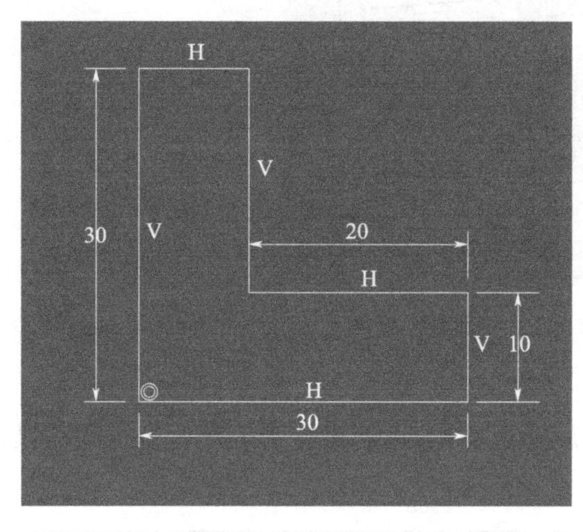

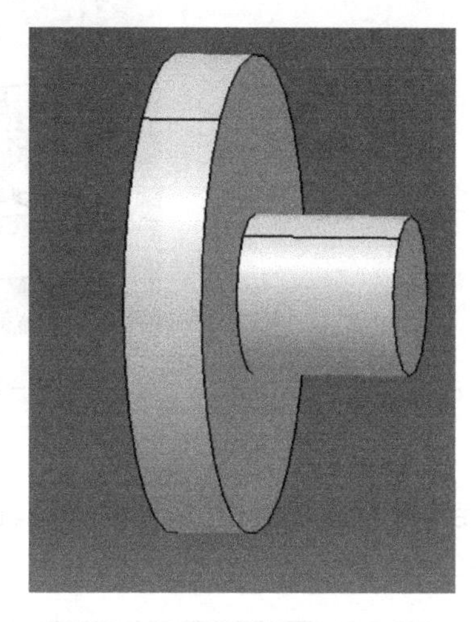

图 4 – 2 – 9 旋转体特征建模

3. 加强肋特征建模

加强肋特征与拉伸特征相似,但几何草图不要求封闭。在由两块板组成的三维实体上,选择两块板的共同垂直面作为工作平面,利用草图模式绘制任意一条线,使之与两块板成某个角度,如图 4 – 2 – 10 所示。

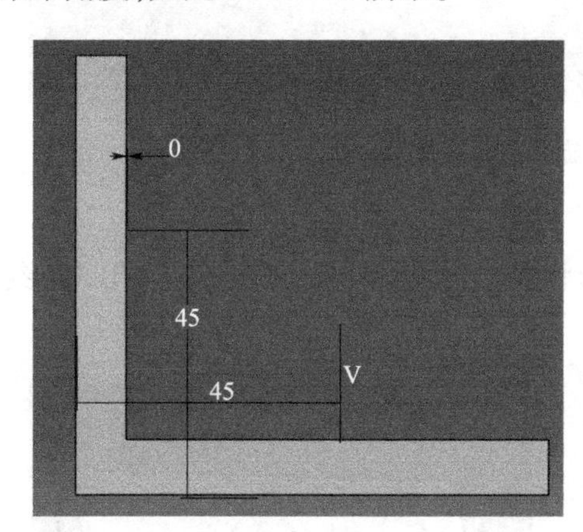

图 4 – 2 – 10 加强肋特征建模

4. 挖槽特征建模

挖槽功能与拉伸相反,如图 4 – 2 – 11 所示,其功能是在实体上挖去二维草图所示形状的材料。

图 4-2-11　挖槽特征建模

5. 旋转槽特征建模

旋转槽与旋转体相似，将轮廓绕轴旋转成实体，不同点在于旋转时进行除料操作，如图 4-2-12 所示。

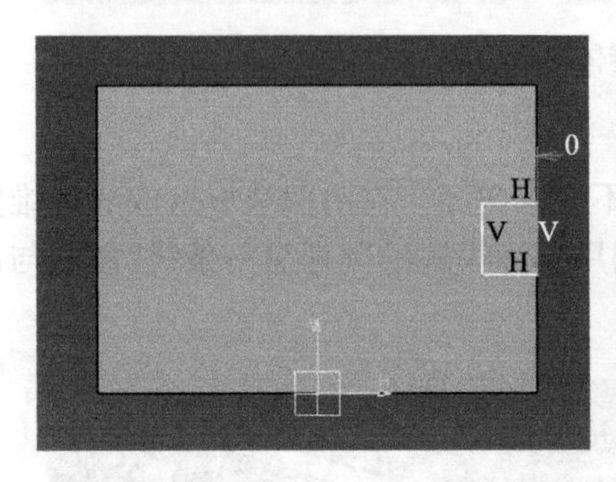

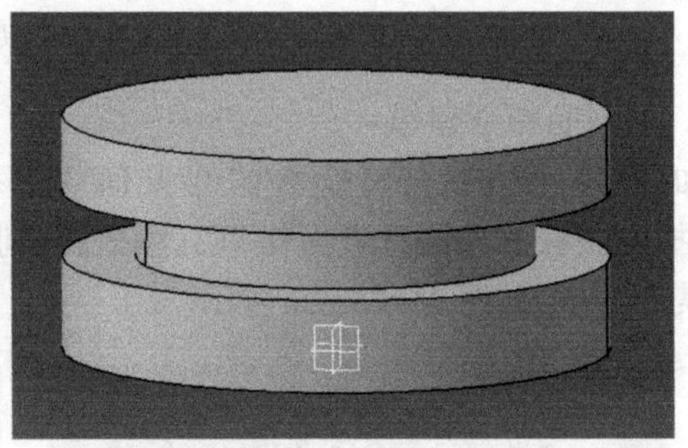

图 4-2-12　旋转槽特征建模

6. 孔特征

孔特征操作可在实体上开出多种不同形状的孔，其类型分直通孔、垂头孔、锥形孔等，如图 4-2-13 所示。

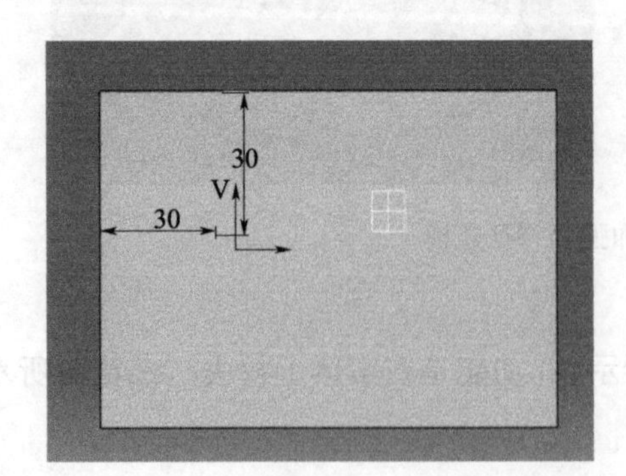

图 4-2-13　开口实体特征建模

（三）由曲面生成实体模型的建模方法

在 CATIA V6 中，通常将在三维空间创建的点、线（包括直线和曲线）、平面称为线框，三维空间中建立的各种面，称为曲面，将一个曲面或几个曲面的组合称为面组。

1. 封闭曲面

可将封闭曲面构成的曲面特征转换为实体特征，若所选对象是不封闭的，且不封闭的边界部分在同一平面内，也可转换成实体，如图 4－2－14 所示。

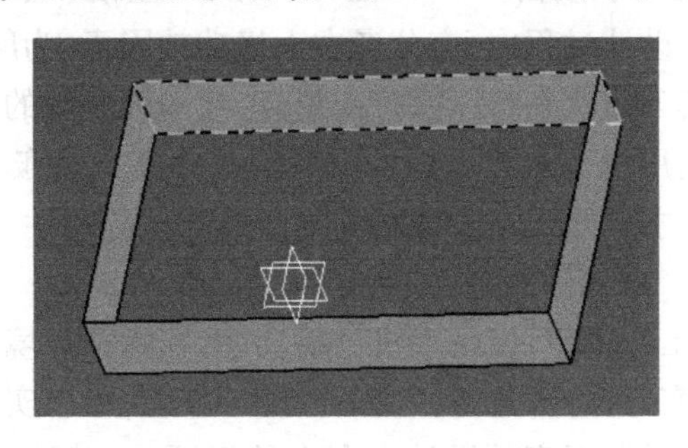

图 4－2－14　封闭曲面建模

2. 曲面增厚

曲面增厚功能是基于曲面并沿法向增加一定厚度从而生成实体模型，如图 4－2－15 所示。

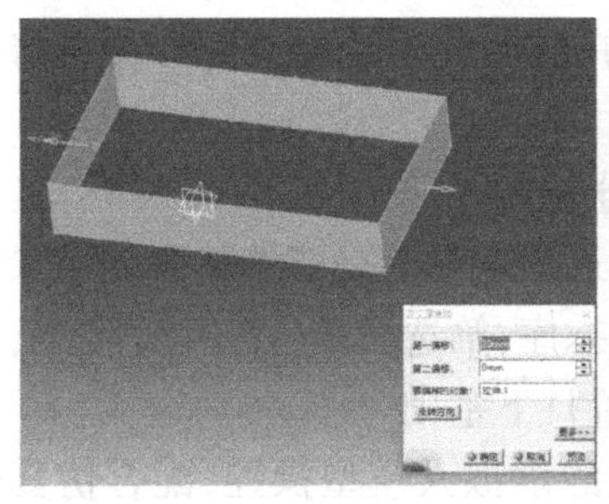
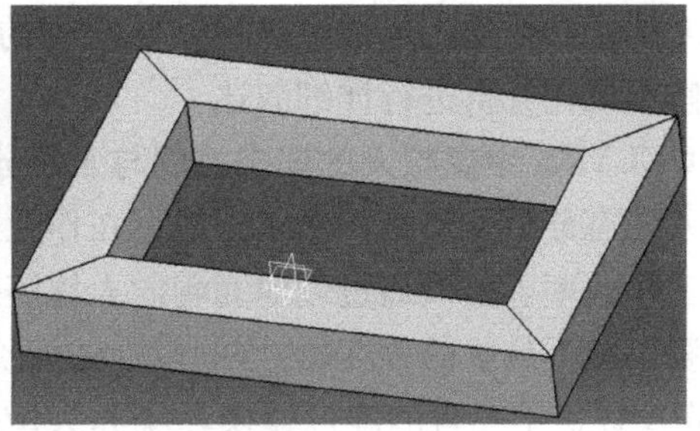

图 4－2－15　曲面增厚建模

（四）从装配中生成实体模型的建模方法

在装配中生成实体模型时，一个装配节点下会有多个零件（3D Part）。根据六性设计及综合保障要求，在开展维修性设计与虚拟仿真过程中，设备建模精度需达到零件级。因此，首先完成设备中所有零件的建模，然后集成到特征树装配节点下，从而生成一个 3D Shape 实体，具体包含带链接和不带链接两种创建方法。带链接关系的装配体受零件更改影响；不带链接关系的装配体，若相关零件发生设计变更，装配体不会改变。在工程应用中，一般采用带链接创建方式。

（五）导入其他格式 CAD 文件进行模型构建

将其他 CAD 软件建立的设备模型转换为 CATIA 模型，CATIA 软件提供的接口形式有 3DXML 等，中间数据格式为 STEP、IGES 等，其中使用较多的是 IGES。

五、基于虚拟人的舱室空间设计有效性的分析与验证

完成了舰艇三维模型的构建之后，就可以对设计的优劣进行评估，对设计的有效性进

行验证。由于舰艇是一个庞大复杂的综合作战平台,其综合作战效能的发挥受多个因素影响。舰员作为舰艇的使用者和操纵者,是舰艇上最积极、最活跃的因素,其身心状态的好坏是直接影响舰艇作战效能发挥的最重要的因素之一。作战舰艇狭小复杂、不合理的舱室空间设计往往对舰员的身心状态造成消极影响,会对舰员的操作、维修、使用行为造成困难,给作战、训练、工作、生活带来许多麻烦,影响舰艇的战斗力。

据统计,由人为引起的事故占80%以上,其中人因差错和空间环境影响占有很大比例。因此,在舰艇的空间设计过程中,充分考虑人机功效因素,为舰员设计一个安全、舒适的工作和生活空间,使其工作状态得以保持或提高,对增强舰艇的战斗力有重要作用。

我国现行的《舰船通用规范总册》,即GJB4000—2000,对舰艇设计中的舰艇舱室空间设计有相应的规范要求,主要体现在舰艇舱室空间的居住舒适性、仪器装置设备的维修保障和操作使用等方面。

在计算机辅助设计工作中,可使用人机分析功能,在虚拟环境中,通过控制虚拟人,模拟人员在作业时的各种实际操作,进行相应的检测与校验,可以实现虚拟作业方案设计的人机工程学评估,以便及时发现产品设计中存在的问题。在舰船的人机分析领域应用较多的是数字企业精益制造交互式应用(Digital Enterprise Lean Manufacturing Inter - active Application,DELMIA)系统,DELMIA和CATIA一样,均是法国达索公司的产品,本节将以DELMIA为对象,首先简述虚拟人控制的基本概念,然后从人员操作使用空间以及操作的舒适性角度阐述如何应用虚拟人进行舱室空间的分析,关于维修空间等分析将在第四节中结合维修可视化分析进行详细叙述。

(一)DELMIA中虚拟人的姿态控制与人因分析

虚拟人姿态分析主要是评估工作人员在作业过程中是不是能够持续处于最舒适的姿态并保证工作效率。可以通过创建完善的人体姿态库,筛选出最佳的作业姿态,评估出所设定作业姿态接近最优的程度,为空间设计的评价打下基础。

DELMIA提供了完善的虚拟建模环境和灵敏的虚拟人模型操控,配合仿真任务进行舰船的工效学设计与分析,完成前期设计中的评估和改善。在虚拟任务模拟模块中,自带了5种预定义姿势,如图4-2-16所示。

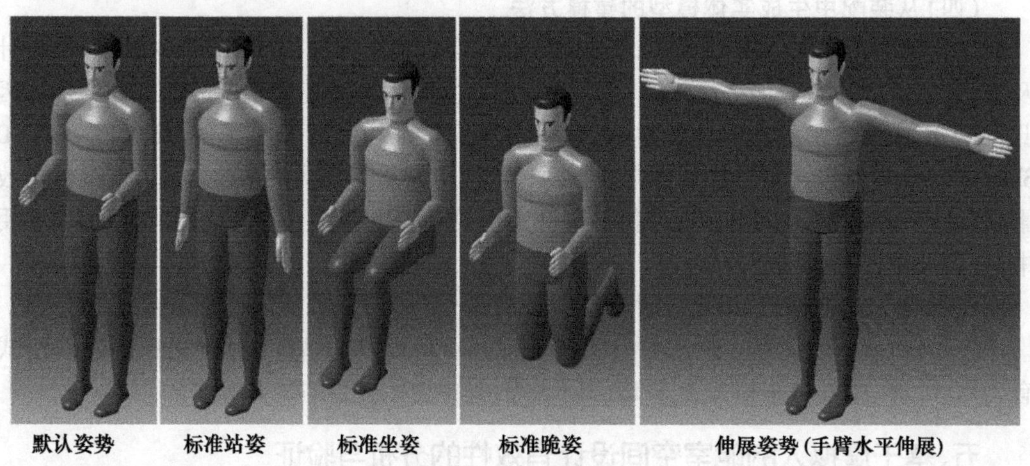

图4-2-16　5种标准姿态

在预定义的姿势之外，如果需要得到其他特定姿态，可以使用 Forward Kinematics 和 IK Worker Frame Mode 功能来达到控制人体姿态的目的，图 4－2－17 所示为自定义姿态。不过通过以上两项功能取得的姿态较为粗糙简略，不够精确，但是较为快速方便，主要依赖仿真人员的经验和熟练程度。在需要模拟人体的精确姿态时，可以利用 Posture Editor 模块对人体各部位关节的自由度参数进行编辑来获取精细准确的姿态，如图 4－2－18 所示。

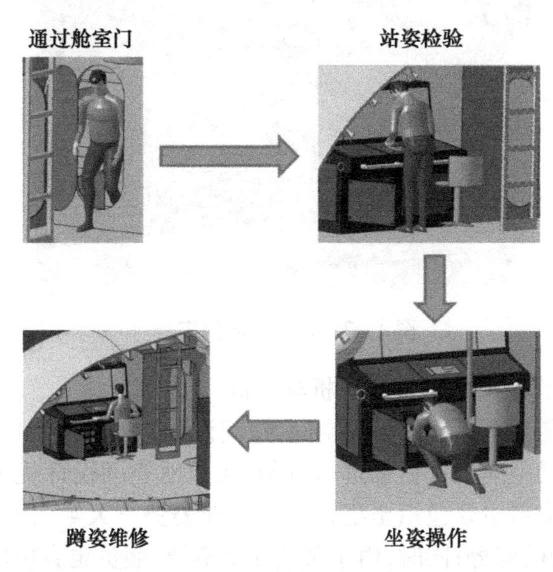

图 4－2－17　仿真任务的 4 种姿态

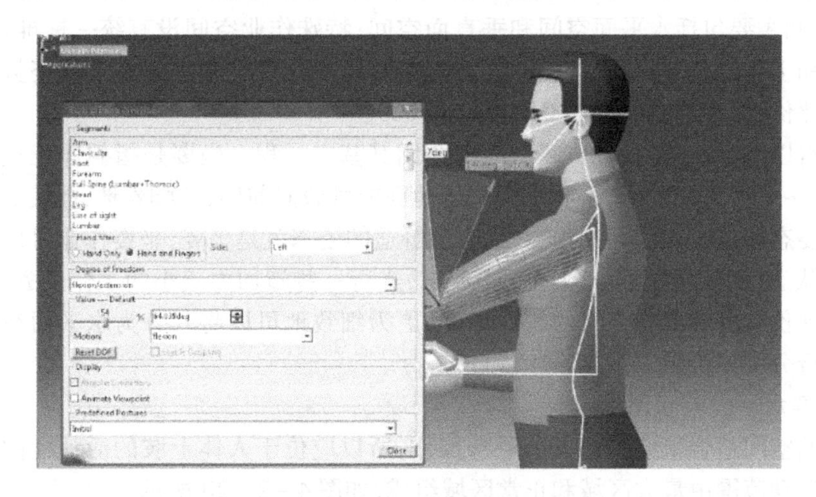

图 4－2－18　姿态调节

DELMIA 中还有许多其他辅助人机工程分析功能，如 RULA 姿态分析、干涉碰撞检验、接触包络膜生成、人体模型扫略体积生成、视野范围生成等功能，极大地便利于舰艇舱室空间的设计与校验。

以拧阀门为例（图 4－2－19），通过 RULA 分析显示，虚拟人在该姿势状态下由于环境狭窄起身不便以及上身弯曲程度过大导致手腕、小腿以及躯干部分需要承受较大压力，在 RULA 分析系统中显示红色。软件也给出红色报警并强调要及时检查和调整姿势。

图4-2-19　拧阀门姿势

(二)舰艇舱内操作空间的可视化分析与评价

人的任何活动都需要有足够的活动空间,空间设计与人体的几何尺寸息息相关,通过对几种典型姿势的活动空间设计数据进行分析,可以对空间设计优劣进行评估。人在舱室生活工作时的活动姿势主要包括坐姿、立姿、作业姿势三大类,其中坐姿和立姿是标准模式,也是舰员最常用的姿势;同时,由于某些作业需要,舰员也会使用一些特殊姿势进行作业。根据其所需要的空间,可将立姿空间分为高度空间、前后空间和宽度空间三个指标,坐姿空间主要包括水平面空间和垂直面空间;特殊作业空间没有统一标准,需要针对具体环境和工作进行分析。空间环境的评价,结合三维模型和虚拟人不同姿势下的仿真做出初步评价,评价标准可参考 GJB4000—2000。

下面将以坐姿空间的评价为例,简要介绍其基本过程。坐姿是指躯体正直或微微向前倾斜 10°~15°,大腿放平,小腿正常垂于地面或微微向前倾,两脚着地,能使身体保持舒适状态的姿态体位。在作业过程中,最合理舒适的姿态就是坐姿,坐姿作业可以维持长时间的工作状态,满足精密而细致的操作要求,进行一些施加力较小的工作任务等。因此,舱室空间评价需要考虑坐姿时的舒适程度,更为细致地可以将其分为水平面空间和垂直面空间进行分别评价。

1. 坐姿水平面空间评价

水平面空间适合坐姿状态下的手部操作,所以应位于人体上肢的活动范围内。水平工作面的活动范围由最大区域和正常区域组成,如图4-2-20所示。

1区:虚线表示水平工作面的最大区域。

2区:细实线表示水平工作面理论上的正常区域。

3区:粗实线表示水平工作面的实际正常区域。

评价工作区域的好坏主要是依据控制台是否布置在人体上肢的操作范围内,是否布置在人体的舒适区内,如左右有共同工作的作业者,两人之间是否会产生干扰,干扰程度如何。根据上述分析及参考图示建立水平面工作区评级分类表(表4-2-2)。

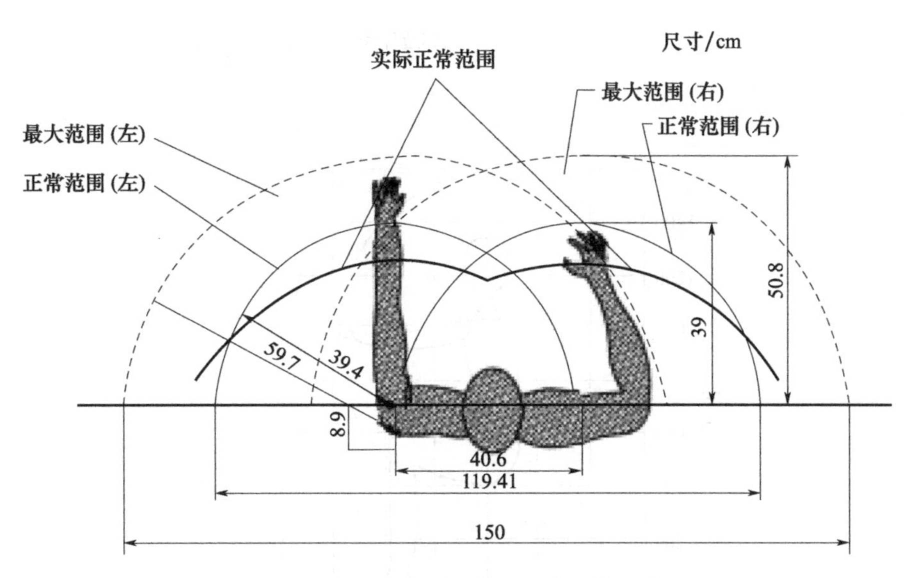

图 4-2-20　水平工作面 3 种工作区域

表 4-2-2　水平面空间评级分类表

项目	评价分级	评价准则
水平面空间	非常好	操控台位于图的 3 区内;两作业者间无干扰
	好	操控台位于图的 2 区内,3 区外;两作业者间略有干扰
	一般	操控台位于图的 2 区边缘;两作业者间有干扰
	差	操控台位于图的 1 区内,2 区外;两作业者间有明显干扰
	非常差	操控台位于图的 1 区边缘;两作业者不能同时作业

以指挥台作业仿真为例,如图 4-2-21 所示,水平面空间可以满足双人正常作业的要求,且作业时无干扰,空间舒适性较高,因此水平面作业评价为非常好。

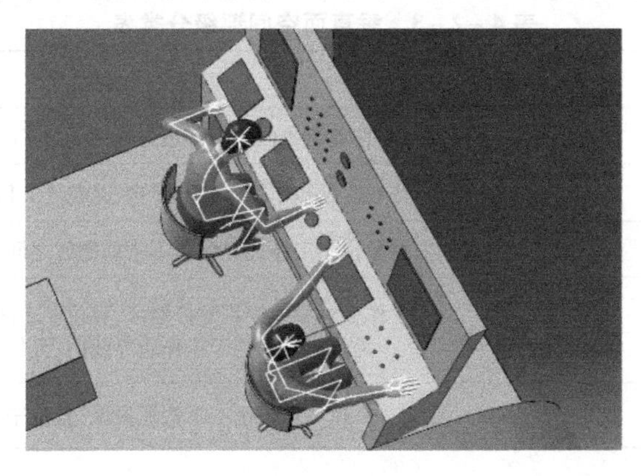

图 4-2-21　水平面空间分析

2. 坐姿垂直面空间评价

在人坐姿状态下的操作空间的区域是受限于人体臂部的活动范围,尤其受到臂长的局限。在垂直面上人体上肢可达到活动范围如图 4-2-22 所示。

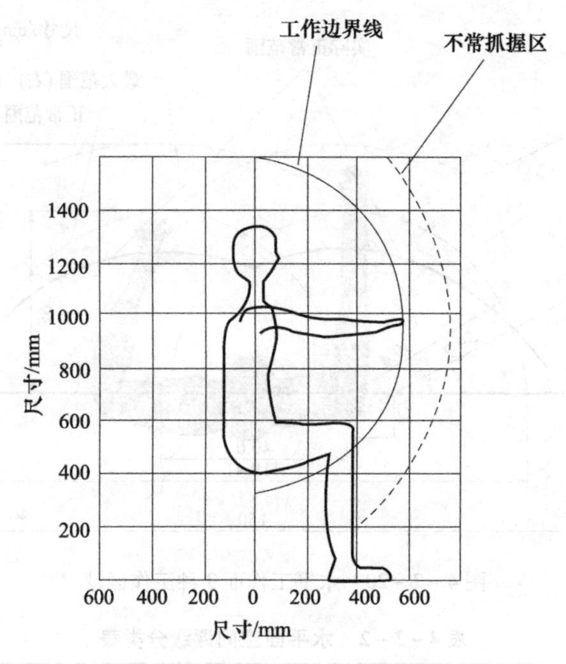

图 4-2-22　坐姿工作区域

1 区:坐姿臂部作业范围中的最佳区域(适合布置摆放最重要的和使用频率最高的显示装置和控制装置)。

2 区:坐姿臂部作业范围中容易达到的区域(适合布置摆放次要的和使用频率较高的显示装置和控制装置)。

3 区:坐姿臂部作业范围的最大区域(适合布置摆放不重要的和使用频率较低的显示装置和控制装置)。

根据上述分析及参考图示建立垂直面空间评级分类表,如表 4-2-3 所列。

表 4-2-3　垂直面空间评级分类表

项目	评价分级	评价准则
垂直面空间	非常好	作业对象位于工作边界线内,且位于 1 区内
	好	作业对象位于工作边界线内,且位于 2 区和 1 区间
	一般	作业对象位于工作边界线和不常抓握区之间,且位于 2 区内
	差	作业对象位于不常抓握区,且位于 2 区以内或 是作业对象位于工作边界线内,且位于 3 区
	非常差	作业对象位于不常抓握区,且位于 3 区

在这里以控制台作业仿真为例,如图 4-2-23 所示。对照评级标准,操作对象大多落在 1 区和 2 区之间,并且控制台显示屏幕较多,且作业时还会用到 3 区的一些显示数据,根据作业情况,测量得到人体到显控台距离为 44cm,人到下方屏幕的视距为 52cm,到上方屏幕的视距为 59cm,在虚拟人仿真过程中还发现了垂向空间的一个问题,如图 4-2-23(e)所示,虚拟人膝部空间不足,因此垂直面空间的综合评价结论为好。

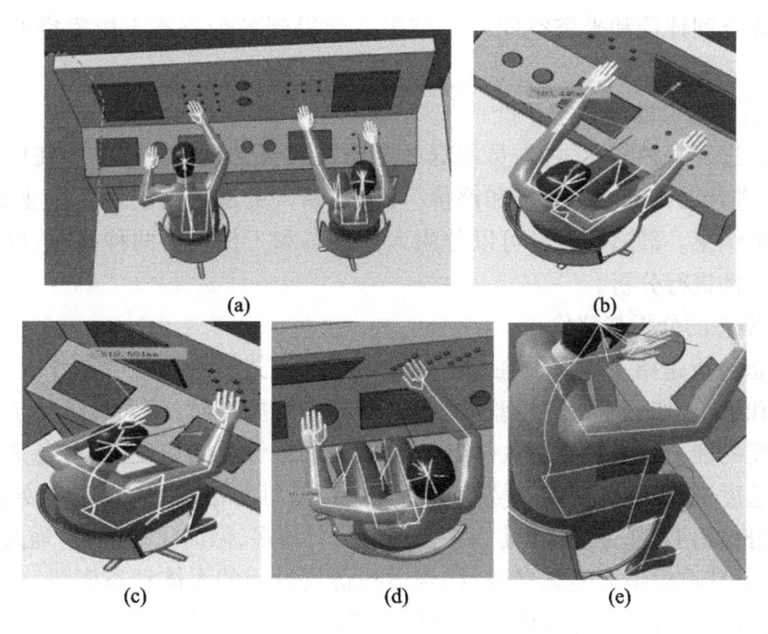

图 4－2－23　垂直面空间分析

除完成坐姿空间的评价以外，还需要对立姿空间进行评价，评价方法与坐姿空间的评价类似。假设以单个舰员（以身高175cm，臂宽65cm的虚拟人为模型）站姿仿真为例，进行指挥舱高度空间的评价，如图4－2－24(a)所示，指挥舱室内的虚拟人在高度空间上可满足自由挥臂的需求，图4－2－24(b)所示是站姿情况下对前后空间的评价，图4－2－24(c)所示是对宽度空间的评价。在此基础上，将高度空间、前后空间和宽度空间的评价结果按权重进行立姿空间的综合评价。

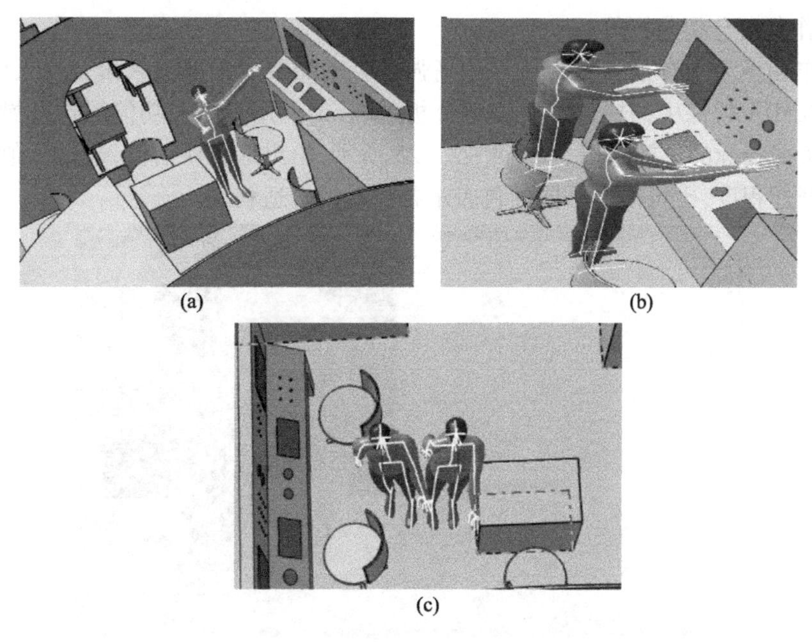

图 4－2－24　指挥舱中虚拟人立姿空间的评价

(a)高度空间分析；(b)前后空间分析；(c)宽度空间的评价。

综合立姿空间评价和坐姿空间评价结果就能得到各个姿态下舱室空间的综合评价结果。

（三）舒适性指标的分析与评价

在舱室内进行某种作业时，人员的舒适感受往往会受到空间限制。在虚拟舱室内进行仿真作业，进行人机工效的分析和评价，可以判断人员是否处于最佳作业姿势，以得到舒适性的评价结果。舒适性评价可以分为人体姿态和工作负荷两种指标，以便于从不同的角度对舒适性进行分析。

1. 人体姿态的分析与评价

人体姿态分析是指工作人员在相对稳定的姿态下进行某项任务的作业时，对其舒适感受的分析和评价，如处于站姿检验、蹲姿维修或坐姿操作时，使人员维持工作效率和保持一定舒适度的能力。通过分析人体各关节偏离正常位置的角度值，对各关节的舒适度及人体的舒适度进行评价，判断该姿态是否满足舒适性标准，以优化作业姿态。DELMIA中的虚拟人身体由12部分组成（其中手指部分关节较多，做简化处理）。通过对虚拟人姿态进行控制，并获取虚拟人姿态参数，结合虚拟仿真过程的人体动态姿势，可以获得相关参数，并进行评估。可参考的人体姿态评价表如表4－2－4所列。

表4－2－4　人体姿态角度评级表

评价分类	评价准则
好	所有关节部位角度都处于舒适范围
一般	部分关节部位角度处于舒适范围之内，另一部分关节部位角度处于极限范围之内
差	所有关节部位角度都处于舒适范围之外，极限范围之内
非常差	有大于等于一个关节部位角度在极限范围外

2. 工作负荷分析与评价

在工作和生活中有很多复杂任务和高强度劳动需要大幅度或频繁变换人体姿态，可以采用DELMIA软件中的快速上肢姿势分析系统，即利用RULA功能对这些操作进行虚拟人工作负荷指标的工效分析，如图4－2－25所示，给出综合评估值，通过分值表示该作业姿态的舒适程度，也可以由不同颜色表示各关节的舒适程度。

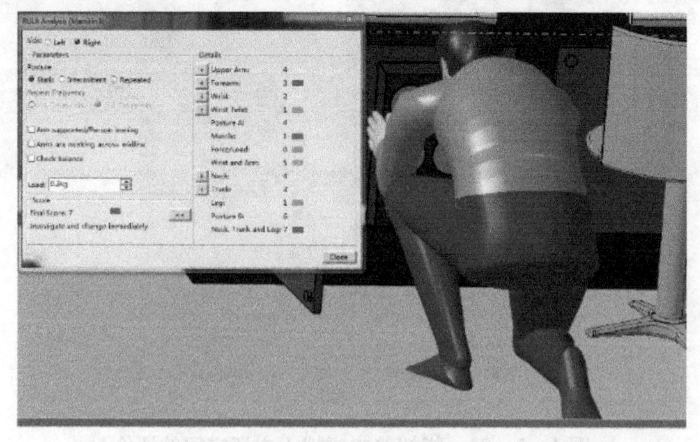

图4－2－25　蹲姿姿态下的RULA系统分析

第三节　舰船制造仿真可视化分析与验证

船舶建造是一项复杂的工程项目，由于生产计划的不确定性，使得计划和实际生产相脱节，管理部门和生产部门很难确切了解全厂的生产进展实际情况以及劳动力负荷状况。近些年来，数字化建模和仿真优化技术取得了飞速的发展，在船舶产品的设计阶段，运用虚拟仿真技术，能够实现对生产工艺和物流的仿真，还可实现对生产中可能出现的问题的预测，合理的配置和优化资源，从而找出船舶建造过程中可能出现的问题，制定切实可行的计划，以更好地指导生产，从而提高船舶建造的生产效率。对于军用舰船而言，由于其特殊的使命任务，使得船体建造、设备布置安装等各环节更为复杂，因此，更有必要广泛地应用仿真技术。由于军用舰船和民用船舶在制造方面存在诸多共性，因此，本节将主要以一般船舶为对象，阐述制造仿真的基本概念和方法。

一、船舶制造仿真的基本概念

船舶制造仿真，也称为生产过程三维仿真或者虚拟制造（Virtual Manufacturing，VM）技术，它以计算机仿真技术为基础，对设计、制造等生产过程进行统一建模，在产品设计阶段或产品制造之前，就能实时并行模拟产品的制造全过程，预测产品制造过程中可能出现的问题，从而有助于更有效、更经济灵活地组织生产制造，使工厂和车间的资源得到合理配置；使生产布局更合理、更有效，以达到产品的开发周期和成本的最优化、提高生产效率等目的。因此，可以说，船舶制造仿真是基于计算机和信息技术的一种新的先进制造技术，可以看作 CAD/CAE/CAM 技术发展的更高阶段，是数字化制造的具体体现，被认为是新产品开发的有效手段。如美国通用动力公司在为海军开发新一代核潜艇中，就采用本章第二节中介绍的 DELMIA 软件系统进行潜艇各分段的制作、舾装、合拢与搭载等建造过程仿真，为船舶设计、建造的专家在设计阶段提供了设计和建造工艺评价与优化的环境。该项目的第一阶段在虚拟环境中评估了新一代核潜艇的可行性，对设计结果进行仿真验证，使得从概念设计至最终的完工下水、用户培训等只用了 7 年的时间，缩短了核潜艇建造周期。

（一）船舶制造仿真的意义

三维仿真技术所具有的直观性、可试验性、可量化性、快速性、科学性及经济性的优点，可以很好地模拟船舶建造这样中间产品复杂多样的离散式生产系统，并达到快速、高效、低投入的目的。因此，可以应用仿真技术来解决之前所述的船舶生产进程中亟待解决和改进的问题，对于船舶制造仿真的意义可从以下几点体现出来。

（1）提高生产计划的预见性，加强管理人员和计划人员对生产的管理能力与对船厂产能的更精确把握，以改善生产计划过程，保证造船周期的准确性，预防船舶生产延迟未能按期交付的风险。

仿真技术提供了快捷、细致、系统、科学的计划能力衡量工具，使得计划制定者能够在生产计划的制定之初通过仿真试验运行，找出计划的不足或瓶颈，并且在仿真环境中修改生产计划不会带来任何的实际物料消耗；通过对计划的分析修改，可以预先制定更完善的生产策略，更加合理地安排工作班次和任务包，从而有效地提高生产计划的合理性和有效性,减少返工,在整体上缩短船舶建造工期。

生产仿真的三维录像还可以作为车间作业指导书的素材,其三维可漫游的显示方式可以让不同层级的人员都能对生产计划的实施有更加全面的把握,而且其涵盖内容丰富、便于修改保存的特性可以作为经验积累的良好载体,能提高新员工培训的效率。

(2)协调各部门的工作,优化船舶生产管理。平衡生产材料、人力资源与设备资源在各个生产工场与站点的分配,为生产调度策略提供决策基础。

在仿真的帮助下,船厂可以以更严密的计划代替依靠经验的调度作为控制生产的主要手段。这样一来,围绕船舶生产的各类活动是在一体化计划体系的指导下运作,能够有效避免各生产环节中出现的脱节现象,减少各缓冲区等待的物料的量,推动船厂生产向准时制生产的模式迈进。

(3)调整物流路线,减少库存,合理优化厂区生产布局。

生产仿真系统从根本上消除了无效的物流需求,因为通过生产管理策略制定的各种需求都是与生产紧密相关的,生产过程的任何一个层次的需求都是由上一层次需求所要求的准确时间和数量决定的,从而避免了因无效需求的运作所造成的物流资源的浪费。

(二)船舶制造仿真的主要内容及应用范围

制造仿真技术强调在实际投入原材料于产品实现过程之前完成产品设计与制造过程的相关分析,以保证制造实施的可行性。其主要目的是提高产品设计、过程设计、工艺规划、生产规划以及车间控制中的决策与控制水平。

制造仿真包括结构、主要管系、风管、主要设备在内(包括信息属性)的完整的电子样船,与包含生产线、起重机、放样区域在内的虚拟船厂连接起来,实现舰船的虚拟建造,并实现分段放样、模块化建造过程优化,建立以“中间产品”为导向、壳舾涂在空间上分道、时间上有序的一种现代建造模式。

制造仿真的表现形式有以下3种。

(1)基于动画真实感的虚拟舰船的装配仿真。

(2)生产过程及生产调度仿真。

(3)物流控制仿真。

制造仿真技术应用范围包括以下几项。

(1)在生产设计方面:制造仿真技术支持产品形状设计、工艺设计、装配设计以及生产规划设计等,为设计人员提供更为直观的形状生成与修改手段。制造仿真技术可以支持基于虚拟产品原型进行动态特性和其他性质的仿真与分析;可以支持装配序列的生成与评价,按照装配序列进行产品虚拟装配;可以发现不合理的装配规划或者产品结构本身的缺陷,及时发现许多潜在的问题,并实现多种方案的优选。

(2)在生产方面:制造仿真技术可以支持车间或生产线的布置与运行控制、产品实现过程仿真、生产准备、人员培训等工作。应用制造仿真技术实现车间级或生产线级的设备布置、生产规划与调度、物流控制仿真等,获得优化的生产规划和以经济的设备配置以完成要求的生产能力。其次,加工过程仿真、装配(拆卸)过程仿真、测试仿真、设备维护仿真等可为设计人员提供充分的制造与生产信息,实现产品与过程的同步优化。

(3)设计过程规划、集成与优化:设计活动的预规划,实时动态规划,设计活动网络规划，设计过程的冲突管理与处理方法，设计审核机制。

(4)虚拟现实技术：构成虚拟环境，支持制造全过程仿真，基于规则或方案的制造性能评价体系。

(5)系统集成支撑技术：含造船集成供应链、造船管理信息系统、造船生产信息系统、造船设计信息系统等。

二、基于 DELMIA 的船舶建造流程仿真简介

仿真可以用手工方式完成，也可以借助计算机技术完成；可以模拟具有实体的系统，也可以模拟纯逻辑系统，无论用何种方式或模拟何种系统，仿真都是通过建立一个系统的模型，模拟系统的运行，分析运行结果用来推断实际系统的运行特性的过程。

(一)生产流程仿真的基本概念及 DELMIA 简介

生产流程的仿真主要有两种方法：一种是采用数值分析方法，对生产计划系统和物流系统进行仿真；另一种是采用可视化技术对生产流程进行仿真。因此，生产仿真的建模过程就包括三维模型的构建和生产流程建模两大类。

1. 三维模型构建

三维模型构建包括两个方面：一方面是生产过程中需要的原材料和产生的中间产品，包括钢板、型材、零件、部件、分段，总段、整船和其他舾装件等；另一方面是全厂区的车间、堆场等与生产紧密相关的生产过程的载体，包括其中的运输、起重、加工设备以及其他工装设备等生产资源，也应包括产品和设备运行的轨迹，包括道路、轨道、传送带等。

对于这些对象，需要建立合理的三维模型，既要能表现出该特定对象的功能，并能在生产过程中运动用以表述生产过程，又需要进行一定的简化，防止模型数量庞大而导致仿真运行缓慢。

2. 生产流程模型构建

生产流程建模是通过一系列设有假定条件的系统实体或对象间的数学、逻辑和符号关系来表示船舶生产过程之间的相互关系，实现船舶建造计划、日程表等过程的描述。根据系统的性质，生产流程仿真系统可以被划分为离散和连续两大类。离散系统指系统的状态变量只在某个离散时间点集合上发生变化的系统。船舶生产系统就是一个典型的离散生产系统：作为变量的各中间产品，在经过各工序如装配、焊接后发生改变，成为另外一种中间产品，而在其他的运输、堆放过程中，其属性不发生变化。相对而言，连续系统则是指系统状态变量随时间连续改变的系统。

另外，为了确立正确的数学建模标准，各船厂还需要对自身的生产基础数据进行调研和评审，用以精确模拟实际生产。这些数据包括各工位的基本工时，辅助材料的消耗，全厂的生产设备和工装的数量、分类、生产(辅助)能力等，以上数据是生产仿真能够正确反映船厂产能的必要条件，也是生产仿真数学模型的重要基础。三维建模完成后，在仿真软件中建立初步设定的生产计划数学模型，如采用准时制生产模式，生产计划的数学模型就可以表示为生产过程中的各工位在什么时间需要何种资源(包括数量)，然后再建立设备数学模型，即设备的运行速度或生产能力等，综合这些三维模型和数学模型就可以对生产过程进行模拟。

目前在船舶行业用于生产流程建模的工具中，DELMIA 的应用最为广泛。它包括面向制造过程设计的 DPE、面向工艺过程分析的 DPM、面向物流过程分析的 QUEST。

（1）面向制造过程设计的 DPE 是集成的产品、工艺和资源规划解决方案。为了避免生产计划的错误，首先要对早期阶段的投资成本、厂房面积和人力需求有一个精确的了解，在产品的设计阶段就对生产计划进行精确的控制。同时，工艺流程的不合理会造成船厂的物流、人流和信息流的紊乱，不但不能使产品增值，还要消耗更多的生产资源，所以合理的工艺流程是船厂获取利润和缩短建造周期的关键。借助 DPE 模块这一数字化工艺规划平台，可以在产品设计初步阶段，利用数字样机或 EBOM（工程材料表）数据，进行产品分析，工艺流程定义，制定总工艺设计计划、工艺细节规划和工艺路线图，建立 PPR（产品、工艺、资源）结构树。同时还提供良好的工艺流程管理工具，实现工艺方案评估、工时分析等，提高生产计划的科学性和准确性、缩短生产设计周期。

（2）面向装配过程分析的 DPM 主要为工艺细节规划和验证提供环境。它是按照 DPE 中设计好的各种工艺并结合各种制造资源，以实际产品的三维模型，构造三维工艺过程，进行数字化制造过程仿真与验证，利用验证的结果可以分析产品工艺性是否满足要求。利用 DPM 可以有效地减少新工艺的投入成本，从而促进工艺水平的提高，更可以固化优良的工艺经验用于生产人员培训。

（3）面向物流过程分析的 QUEST 则主要用于生产物流仿真。在舰船建造过程中，生产物流是影响生产效率的关键因素，当多个舰船同时在厂运作的情况下，及时准确的生产物流显得尤为重要。在 QUEST 中，可以建立各物流节点的二维图标和三维模型，对这些节点之间的物流进行仿真，提前发现可能产生的物流瓶颈，调整资源调配方式，从而达到提高物流效率和生产效率的目的。

DPE、DPM、QUEST 这 3 个相对独立的模块是通过 DELMIA 系统自身的数据库 PPR Hub 进行连接的，对于相互关联的产品、工艺和资源，若对其中一个进行了修改，软件会对其余的部分根据关联的规则同时更新。PPR 模式是达索产品全生命周期管理解决方案的核心部分，确保了三者之间的集成和同步，并且为生产管理提供了结构清晰的数据库。

DELMIA 对船厂制造过程的仿真是通过将船舶生产设计所完成的船舶零部件，通过接口文件转入到 DELMIA 系统中，与 DELMIA 系统中建好的船厂三维模型及建造设备资源模型相结合，构成完整的船厂仿真动态数字化沙盘，通过 DELMIA 内部的脚本设置过程和制造工时、工量的数据库，实现对整个造船的计划进行合理安排，从而对建造时间、场地、工时进行合理规划，如图 4-3-1 所示。

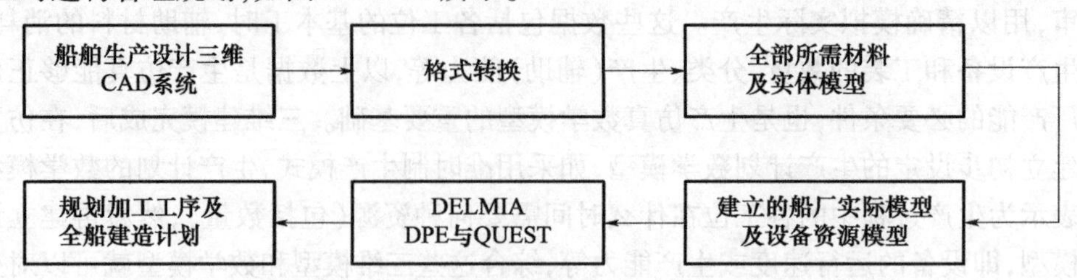

图 4-3-1　利用 DELMIA 的造船计划生成过程

(二)基于 DELMIA 的潜艇电机吊装过程的生产流程仿真示例

本节将以潜艇电机吊装为例,介绍 DELMIA 的生产流程仿真。按照生产流程仿真的一般步骤,首先需要完成生产过程的三维模型构建,如图 4 -3 -2 所示,为潜艇设备吊装中涉及的结构模型,即生产过程中产生的中间产品。图 4 -3 -3 显示的是船坞模型以及电机模型。

图 4 -3 -2　潜艇局部模型

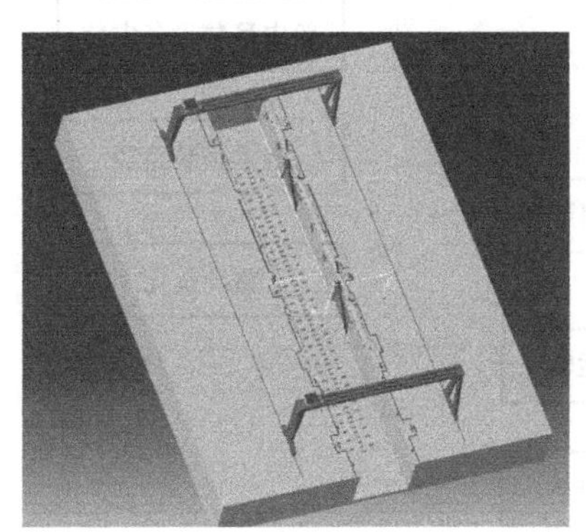

图 4 -3 -3　船坞模型和电机模型

对于工厂的整体布局而言,可以利用 DELMIA 中的 AEC 工厂模块建立全厂区空间分布模型,然后将以上各车间整合到仿真空间中。

三维模型构建完成之后,就需要进行潜艇电机吊装的生产流程建模与仿真,仿真的运行过程就是生产计划的执行过程,表现为仿真环境中各模型在某时间点执行了某个工艺动作。例如潜艇设备吊装的工艺流程仿真,先制定出吊装工艺流程图(图 4 -3 -4)。

然后,按照流程图的要求,在 DELMIA 中创建 Process,即一系列运动代表的工艺过程,可以根据不同船厂编制计划的习惯自定义其名称和类别。再在 Process 树下编制整个计划的全部工艺流程,设定工艺间的层级关系和先后顺序,并对各工艺添加相关的产品和资源。完成工艺流程图后,就在各工艺中插入生产动作,即模型的运动过程(Move Activity),利用罗盘辅助模型定位完成运动轨迹,并设定每个运动的时间,通过记录器记录下来,最终形成一个工艺仿真过程(图 4 -3 -5)。

再通过 DELMIA 中的 GANTT 图(图 4 – 3 – 6)修改各动作的起始、消耗时间,便于计划的修改和工艺周期的控制。

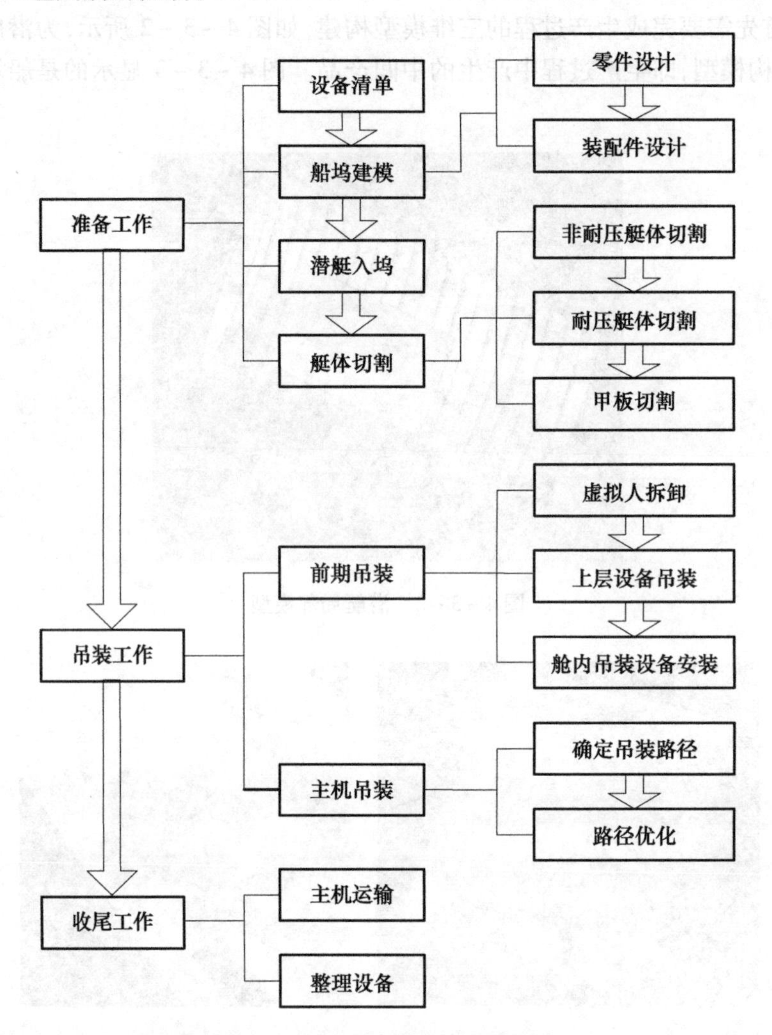

图 4 – 3 – 4　设备吊装工艺流程图

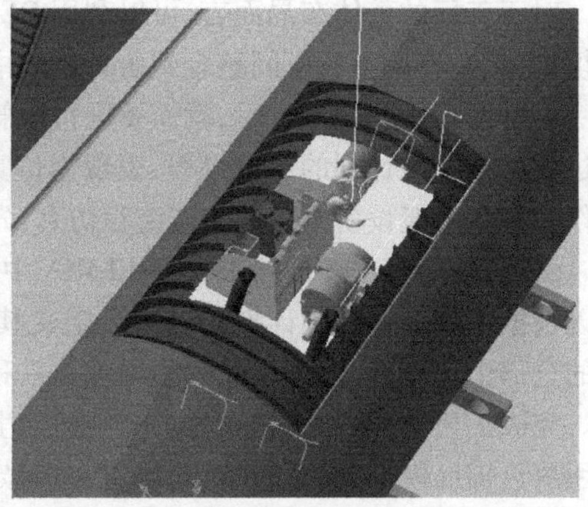

图 4 – 3 – 5　吊装过程仿真图

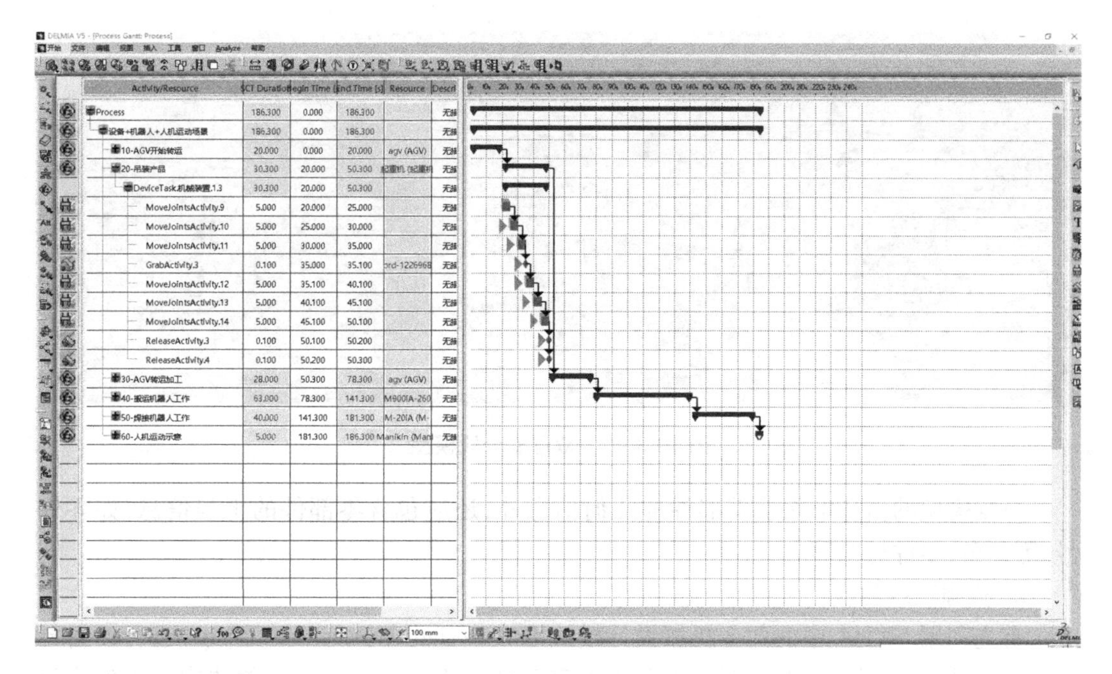

图 4－3－6　Delmia 中的甘特图

(三)船体分段装配仿真

船体分段装配是船舶建造过程中的重要环节,对船舶建造周期和生产成本都有着决定性的影响。据统计,产品装配所需工时占产品制造总工时的 40% ~60%,装配成本占生产总成本的 30% ~50%。传统上,分段装配工艺的设计任务主要依靠经验丰富的设计师、工艺师来完成,受设计者的知识局限和主观意识影响较大,生产过程中经常出现工人施工空间受限、作业通路不畅及设备资源调配不当等问题,致使分段的可装配性不能得到保证,装配进程受阻,严重影响建造成本和装配效率。装配仿真在虚拟环境中对装配过程进行真实的动态模拟,直观展示产品的装配方法,并进行实时干涉检验,从而使工程人员能预先发现装配过程中存在的各种结构性和空间性等问题,分析产品可装配性,实现设计阶段早期反馈,避免设计缺陷影响实际生产。

分段装配仿真的过程和生产流程仿真类似,本节仍以 DELMIA 为例,简要介绍船体分段装配仿真方法的一般流程。

对于船体分段的装配仿真,同样主要涉及产品、资源和工艺 3 个生产仿真要素。其中产品主要指仿真对象的主体,即船体建造对象,资源则指用于生产的场地、工具和设备等,工艺指装配顺序、路径及具体工艺方法。因此,仿真主要从这 3 个方面进行介绍。

1. 产品三维模型构建

船体分段建模可以根据本章第二节中提到的结构建模方式,利用 CATIA 中的 3 个船体结构设计模块 SFD、SDD、SRl 建模。在 SFD 模块中建各层甲板、各个舱壁、纵骨、肋骨、舷侧纵桁、骨材等大构件,在 SDD 模块中再建肘板、型材贯穿孔、补板等小构件。最后自动去掉板的干涉部分,生成正确零件形状。分段结构模型如图 4－3－7 所示。

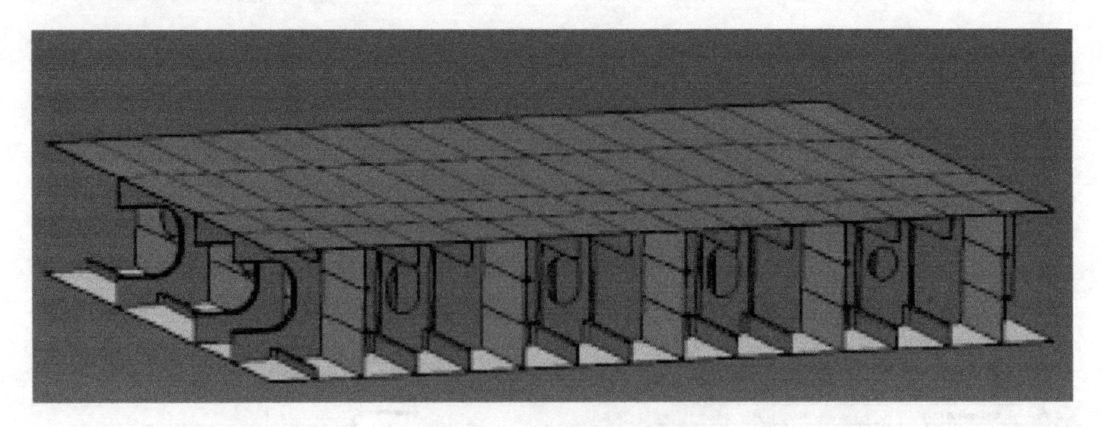

图4-3-7 双层底分段模型

三维模型的信息中除了零部件的几何信息外，还应包含零部件的工程信息，如零件号、零件名、零件材料等。

2. 资源三维建模

首先利用 CATIA 中的两个机械设计模块 Part Design 和 Assembly Design 进行设备与工装的零件建模，然后根据零件间的装配约束关系在 Assembly Design 模块中对零件进行组装得到最终模型。

建造环境的建模是将设备、工装等生产资源融入装配仿真中，引入工人作业空间、零部件运动空间及设备工装与零部件的干涉等因素，从而真实地反映装配过程。构建虚拟环境的具体步骤：先创建车间区域平面；再插入资源模型；最后根据分段装配车间的实际布局对资源模型及人员活动空间进行合理布置，确定各装配生产要素的空间位置关系。

3. 分段装配过程仿真

分段装配过程仿真实际上就是对装备工艺规划设计的仿真。装配工艺规划是把零件组装成产品的技术准备工作的主要内容，装配规划的任务就是要在一定的决策规律指导下，决定采用何种装配方案、装配顺序、装配轨迹以及装配过程中需要哪些设备、工具、夹具等，在经济优化的前提下，将零件装配成产品。产品的装配工艺规划通常需要得到产品的装配序列、装配路径、使用的工装夹具和装配时间等内容。

分段装配过程仿真依据装配工艺规划设计来模拟装配过程，展示装配顺序、路径及具体工艺方法。利用 DELMIA 中的 APS 模块设置零部件及设备的运动轨迹及空间位姿、虚拟人仿真模块设置工人的操作动作。

基于 DELMIA 的分段装配仿真具体步骤如下。

(1)插入设备资源及分段模型。将虚拟装配车间模型和分段结构模型插入到 DELMIA 环境下，并设定车间模型和分段模型的相对空间位置。此外，人体模型作为生产资源也要插入到 DELMIA 环境下。

(2)创建工艺结构树。根据装配工艺设计方案，在 Process Library 文件中创建工艺节点，然后将工艺节点按照工艺执行顺序添加到 PPR 数据模型中的 Process 节点下，用树状层次结构形式直观形象地展现各工序之间的顺序关系和从属关系，实现工艺大纲的创建。

（3）关联产品、资源和工艺。在工艺节点与其相关的零部件、设备工装间添加关联，如图4－3－8所示，创建工艺和产品、资源间的关系信息，从而明确各个工艺使用的资源和生产的子装配体，获取和管理零部件或子装配体的消耗情况和资源的使用情况。

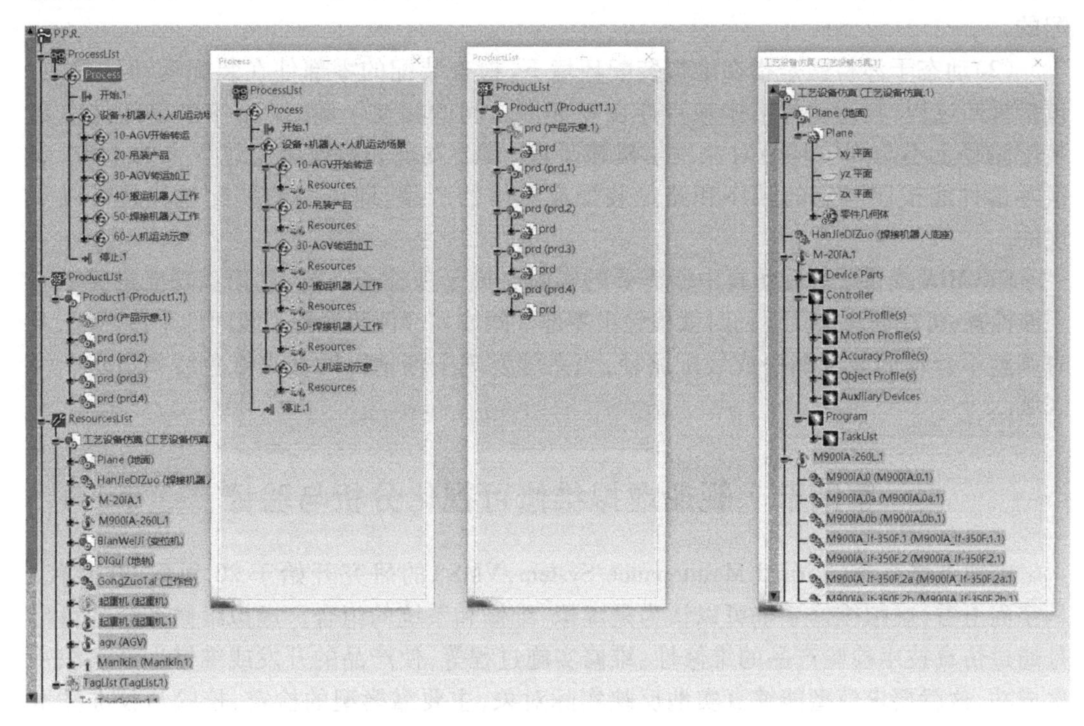

图4－3－8　工艺、产品和资源连接关系

（4）创建装配路径和装配运动。基于“可拆即可装”的原理，按照设计好的装配顺序将分段进行拆卸，设置拆卸路径，建立零部件、子装配体、设备工装和人的运动，然后通过反转整个拆卸过程，得到可行装配过程。

仿真的过程中需要进行干涉检验，以分析零件在装配仿真过程中可能发生相互碰撞、接触等现象。检验出零部件间的这种相互作用，并输出其结果，为及时修改装配工艺方案做准备，是实现装配仿真操作的基础。干涉检验技术让虚拟环境中的几何物体能够实现类似现实环境中物体间的触碰行为及其效果，从而保证虚拟环境中不会出现不同几何物体间相互重叠的现象。对于结构和形状比较复杂的产品，在产品设计的初期，即使是比较有经验的设计者也很难对整个产品的可装配性进行判断，因此，虚拟装配中的干涉检验是产品可装配性检验的重要方法。

装配干涉检验问题实际上属于空间物体碰撞检测问题，其中比较关键的是几何模型间的碰撞检验算法。目前，主流碰撞检验算法有两类：空间分解法和层次包围盒法。空间分解法是把整个虚拟空间划分成相同体积的小单元格，仅对位于相同单元格或相邻单元格中的几何对象进行相交检验。层次包围盒法的核心思想是用体积稍大而几何形状简单的包围盒来表达复杂的几何对象，仅对包围盒互相重合的几何对象进行相交测试。两种方法中，层次包围盒法计算简单，容易实现快速碰撞检验，适用于复杂环境中的碰撞检验，是目前被广泛采用的方法。在虚拟环境中对装配几何模型进行干涉检验，按照对象被检验时的状态可分为静态干涉检验和动态干涉检验两种。

(1)静态干涉检验是指在虚拟装配仿真环境下，检查装配体的各零部件之间的相对位置关系是否存在干涉，装配公差设计是否合理，以保证产品在结构上是可以装配的。

(2)动态干涉检验是指在虚拟装配环境下，检查装配的零部件在装配运动过程中，包括拆卸过程，其运动包络体是否存在零部件之间的相互干涉，保证各个零部件在其装配路径上不与周围环境对象发生碰撞干涉，帮助发现和排除装配过程中的干涉，确保零部件能按照一定的顺序和路径装配成具体的产品，即产品的装配过程是可以实现的。

DELMIA 提供了装配仿真中所需要的实时碰撞干涉检查功能，利用该功能进行动态干涉检查，可在创建仿真运动时就检验出零部件间或零部件与设备工装间的干涉情况，及时调整不合理的装配顺序或装配路径，当系统发现干涉情况时会以红色线条显示干涉区域。

第四节　舰船虚拟维修可视化分析与验证

虚拟维修系统(Virtual Maintenance System，VMS)的研究开始于 20 世纪 90 年代。从字面上看，虚拟维修系统可以认为是虚拟、维修和系统的组合。虚拟维修系统的目标是通过仿真技术检验产品的维修性、维修实施过程等，使产品的开发或维修生产组织一次成功，这就要求模型能够真实地反映实际对象，主要靠模型的检定、校验与校准技术来保证。

一、虚拟维修分析的基本概念

维修性是由装备设计赋予的、使其维修简便、快速和经济的一种固有属性，是与装备维修联系最为密切的质量特性，良好的维修性也是舰船安全使用的重要保证。实现维修及时、经济、有效，不仅是使用阶段应该考虑的问题，而且也是从装备全系统和全寿命周期应该考虑的问题。为从根本上解决维修难的问题，需要从论证开始，通过分析、设计、制造、试验、评价等工程活动，赋予装备良好的维修性。

对于舰船的设计而言，总体设计人员需要谨慎考虑如何在有限的空间内布设复杂的管系和电缆，需结合全舰系统以及设备的使用和维修要求，布置各种装置和设施(如动力、武备、通信、导航、控制等设备及生活设施)，以保证它们有机地集成并有效运行。由于船体结构复杂，系统设备众多，往往涉及“充、填、加、挂”等多种操作，维修环境狭小，破坏形式多样，且还受诸如时间、地点等外部因素的影响，对于维修性的要求更为严格。因此，采用虚拟仿真技术进行维修性分析的军事经济价值均非常显著。除了对设计阶段有利之外，维修性可视化分析的结果也可以在后期得到进一步的利用，体现在以下几点。

(1)关于设备维修性分析的结果可以用于指导设备厂家在维修性方面进行改进与完善。

(2)关于机舱布置方面的维修性分析结果可以为其综合保障设计和总布置设计提供参考。

(3)维修仿真过程中产生的模型以及仿真动画可以用于后期机舱设备维修手册的编制以及舰员的维修培训。

(一)虚拟维修分析的优点

虚拟维修系统与传统的维修系统比具有以下优点。

(1)虚拟维修系统在维修过程实施以前,验证维修方案。在虚拟维修系统环境中,工程技术人员可直接对待维修产品进行检测,并判断故障部位,制定修理方案(包括维修资源的确定),确定合理的进度表,以降低生产成本、缩短维修周期以及对市场进行快速反应。

(2)虚拟维修系统对实际维修过程的建模,能加深对维修生产过程和维修系统的认识和理解。虚拟维修系统的建立不仅可以促进产品维修过程,也是建模与仿真技术自身的一次飞跃。以前,在维修过程应用建模与仿真技术主要是针对特定产品的维修过程建立相应的参数化数学模型,根据数学模型中的参数敏感度调整参数至最佳状态。采用这种方法,从数学模型中很难模拟实际的维修生产过程;同时,实际的维修过程发生变化,也很难直观地反映在数学模型中。虚拟维修系统是针对实际维修过程进行建模并仿真,有利于仿真与建模理论的发展。

(3)虚拟维修系统中建模与仿真技术的应用可极大地提高维修生产组织的柔性,降低成本。建模与仿真在虚拟维修中的应用及数字化原型的使用,可使工程技术人员直接应用产品的数字化原型进行维修性校验,同时安排维修生产计划,并验证结果,根据结果柔性地调整维修过程。对于同类设备,可以在调用类似设备维修结果的条件下进行调整,节约维修性设计及工艺规程设计的时间,降低维修资源和成本。

(4)虚拟维修系统的应用能可靠地预测成本、风险和进度以提高决策水平。维修生产方案的实施往往涉及大量的维修资源,包括资金、人力以及相关设备投入,风险较大,稍有不慎会给使用单位带来较大的经济损失。一个有效的虚拟维修系统可使决策者能直观地评判各种维修生产方案的优缺点,做出最优的决策,从而缩短维修周期。

(5)有利于维修保障人才的培养。虚拟维修系统提供的高度逼真的集成与仿真环境,使设计人员可以分析验证产品的维修性,积累设计经验;维修管理人员可以尝试各种不同的维修生产组织方案来积累管理经验;维修人员则可对产品的维修过程进行演验,从而积累维修经验。所有这些演练不会影响设备的正常运转,不受外界条件的制约。

(二)虚拟维修性评估的内容

虚拟维修性的评估主要以维修性设计准则为标准开展,维修性设计准则最早出现在美国国防部颁布的军用标准 MIL - HDBK - 470A《产品与系统维修性设计开发手册》,而后我国的国防科学技术工业委员会也颁布了 GJB/Z 91—97《维修性设计技术手册》。维修性设计准则是用于指导维修性设计的各种技术原则和技术措施,是一种设计指导性技术文件,是根据产品的维修性要求和使用维修条件而制定的设计准则,如图 4 - 4 - 1 所示。由于舰船的特殊性,特别是机舱部位,机电设备体积较大,在高级别等级修理中往往需要将设备转移到车间维修,会对设备的维修通道空间提出一定要求。为此,在通用的维修过程性指标中增加一项评价维修通道空间的指标，包括设备出舱通道和预留检测空间两项指标。设备出舱通道指标是指在设备需要出舱维修时，设备出舱的整个路径所涉及的空间需求、牵连工作量等。

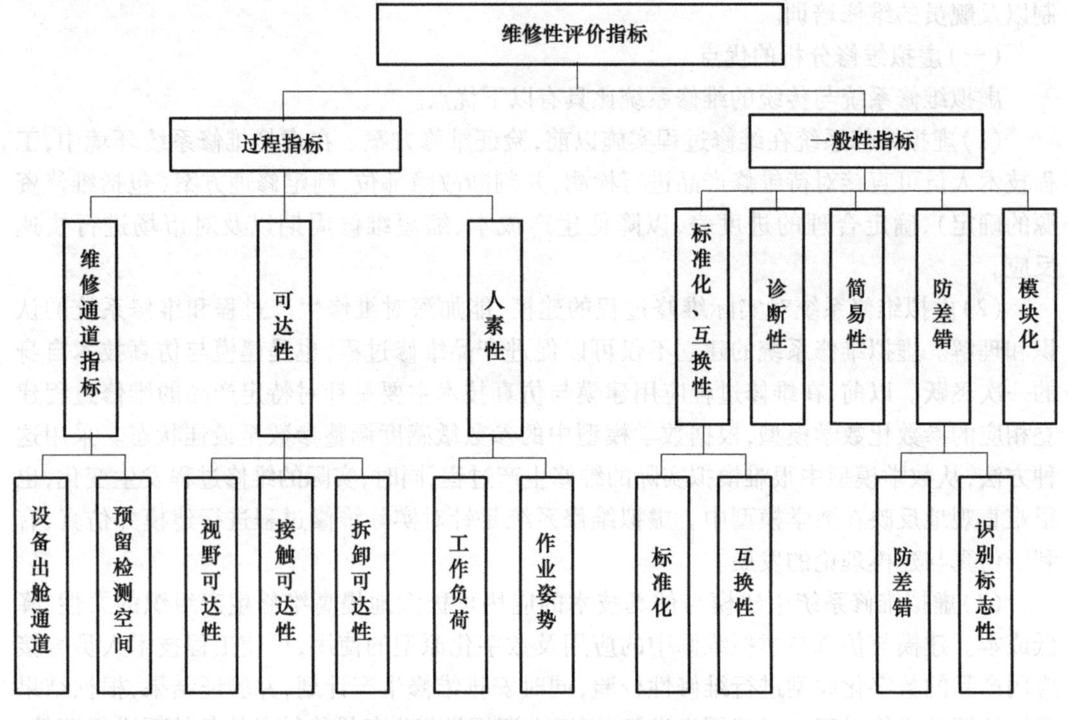

图 4-4-1 维修性评价指标体系

二、基于虚拟维修仿真的维修性分析与评价

基于虚拟维修仿真的维修性分析与评价工具将虚拟样机放入虚拟环境，结合人体模型，在虚拟样机上进行各种维修活动的演示，模拟各种维修操作过程，实现产品维修性的分析与验证，其中包括维修通道评估、预留检测空间的分析、视野可达性分析、接触可达性分析、拆卸可达性分析、人体姿势分析、工作负荷分析等。在虚拟维修仿真评价结果基础上，再考虑一般性指标的评估结果，就构成了完整的维修性评估过程。整个维修性评估过程如图 4-4-2 所示。

下面对其中几个比较典型的分析过程，包括可视性分析、接触可达性分析、拆卸可达性分析、操作空间分析、维修作业姿态分析和大型部件的吊运通道分析进行简要介绍。

1. 可视性分析

虚拟人在仿真中能得到人眼的视觉窗口，能直观地看到人在不同位置、不同姿态的视觉范围。例如，维修时，一般应能看见内部的操作，其通道除了能容纳维修人员的手和臂外，还应留有适当的间隙以供观察，如图 4-4-3 所示，是利用 DELMIA 生成维修中为保证目视到内部的操作而开的一个观察窗孔，可以看出，通过检查窗口看到的螺丝钉部位处于最佳角度视野区域内，说明该部位可视性良好。

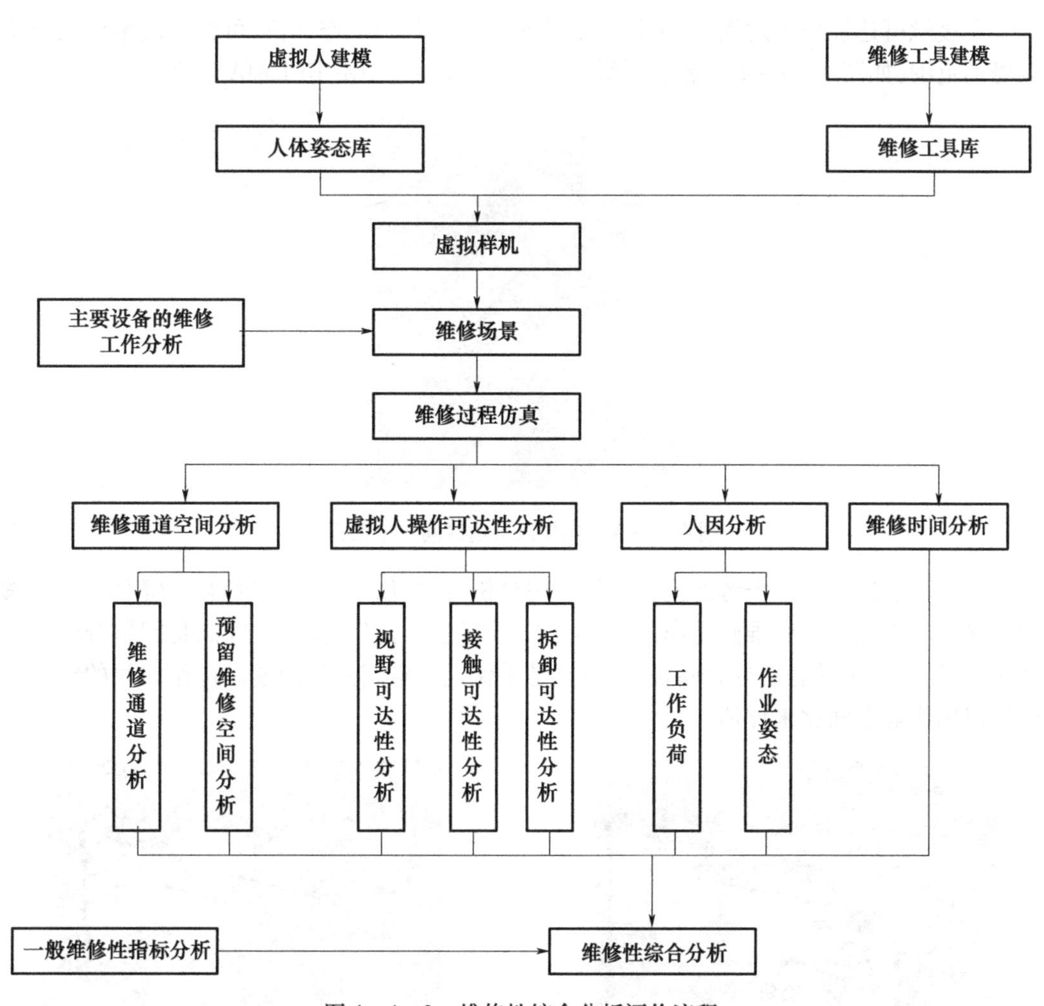

图 4-4-2　维修性综合分析评价流程

图 4-4-3　拆卸柴油机进气管螺丝的视野可达示意图

2. 接触可达性分析

接触可达性是维修产品时,接近维修部位的难易程度,包括实体可达(如身体某一部位或借助工具能够接触到维修部位)以及操作空间。

在接触可达性分析过程中，为检测上肢是否可以到达维修部位，可先生成维修人员上肢可达范围，如图4－4－4中黑色阴影部分所示，该包络图由DELMIA所生成。

图4－4－4　虚拟人可达区间包络曲面

接触可达性的另一个考虑就是操作空间分析，在维修过程中，工具和手臂必须有足够的操作空间完成相应的维修动作，如图4－4－5所示，可以将操作空间满足问题分解为两个子问题：一是工具运动空间满足问题；二是手臂运动空间满足问题。操作空间的定量分析可以用作业空间比来评估。

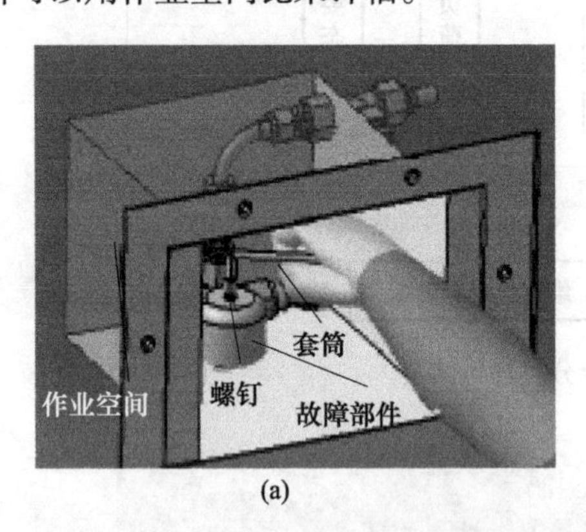

(a)

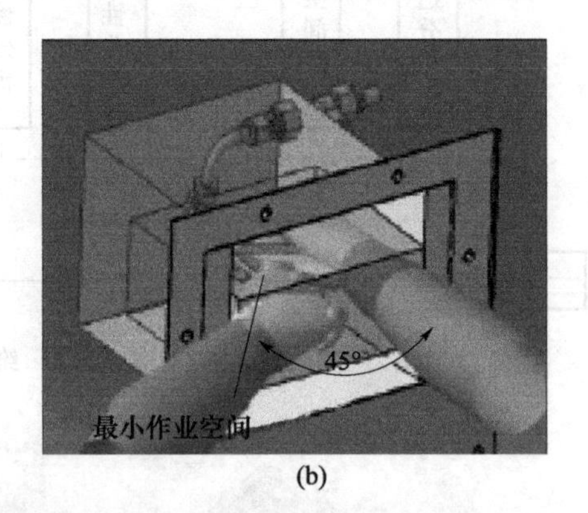

(b)

图4－4－5　关于维修操作空间
(a)作业空间；(b)最小作业空间。

作业空间比的计算，需要确定最小可作业空间体积以及装备的结构特点决定的所能提供的最大作业空间的体积。通过构造一个长方体（或立方体），包围被拆卸零部件和所需工具，该长方体（或立方体）所确定的空间即为最小作业空间；同理，通过构造一个长方体（或立方体），该长方体（或立方体）应该包围被拆卸零部件、经碰撞检测确定的工具可活动最大范围、与装备其余结构或零部件发生静态碰撞的其余方向，该空间记为最大可作业空间。确定该长方体的空间大小后，在仿真过程中获取该空间的对角线的两个顶点，即可得到该空间的体积大小。

3. 拆卸可达性分析

为了定量地评估拆卸可达特性，可以采用基本动作估算法，其估算值也可用于评估易更换性。拆卸可达性定量分析由可达系数衡量：

$$K_{\pi}=1-\frac{n_{\pi}}{n_0+n_{\pi}}$$

式中：n_0 为在实际可接近的条件下，完成基本拆卸维修工作的维修动作数，基本维修工作指的是工作过程中最简单的动作，如拆卸螺栓；n_{π} 为附加工作的基本作业数，为拆卸基本维修对象（本次维修时要拆下来的主要零部件），预先要做些辅助性工作（如打开舱口盖，拆掉一些妨碍维修对象拆卸任务的某些部件）所用的基本动作数量。K_{π} 的取值为[0,1]，K_{π} 值在0.75以上可以认为具有较好的可达性。

4. 维修作业姿态分析

在舱室内进行某种作业，往往会受到空间限制。在典型空间中进行虚拟仿真作业，以作业姿势分析为手段，进行人机工效的分析和评价，判断艇员是否能处于并保持最佳姿势进行作业，进而得到空间环境的评价结论。作业姿势评价分为静态姿势和动态姿势两类，并采用不同的方法进行分析，分析方法与本章第二节中的方法相似。

5. 大型部件的吊运通道分析

在大型部件的吊装工作中，吊装设备必须经过设计好的通道到达指定维修地点。基于虚拟仿真的大型部件吊装，能够借助虚拟样机对设计中涉及的大型部件的整个吊装过程进行演示验证（图4－4－6），可结合演示过程对整个吊装通道进行分析，给出相应的通道分析结果，并将分析结果反馈给设计部门，以便在设计时就能够发现设计通道的不足，及时调整吊装方案。

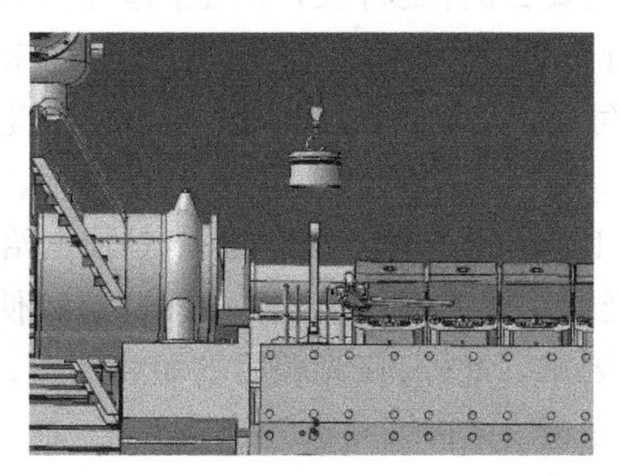

图4－4－6　组件吊运通道检验

思考题

1. 图形学中常用的坐标系有哪几种？相互之间的关系是什么？
2. 请推导出三维图形旋转变换矩阵。
3. 三维模型有哪几种典型的表达方式？各自的优缺点是什么？
4. 简述利用DELMIA对舰艇舱室空间设计有效性进行分析的方法。
5. 简述利用DELMIA进行生产流程仿真的基本过程。
6. 简述虚拟维修可视化分析与验证的基本概念以及优缺点。

第五章　计算机辅助船体建造

船体建造是一个极其复杂的生产过程,其中包含了大量的手工作业,而计算机技术应用于船体建造,能够使船体建造的一些生产工序从繁重的手工劳动转变为设计、制造等生产过程的自动化,对降低成本、缩短造船周期、提高产品质量和船体建造技术水平起到非常重要的作用。

军用舰船由于其自身的特点,对建造周期和建造质量有着更为苛刻的要求,因此,计算机辅助设计与制造技术的应用就显得更为迫切。本节结合军用舰船船体建造工艺的实际,节选了部分关键技术,重点介绍了船体型线光顺的数学描述、船体建造中外板展开的计算机辅助技术,以及计算机辅助造船精度控制技术这三部分。

第一节　船体型线光顺

船体放样的主要目的,是将设计图上的型值误差和曲线(面)的不光顺因素予以消除,即对型线进行光顺;此外,还要补充设计图中尚未完全表示的内容,求取船体构件的真实形状和几何尺寸,为后续工序提供施工资料。因此,型线光顺是船体放样中首要完成的工作。

按照传统的工艺习惯,船体型线光顺就是根据给定的型值表数据,用样条绘制船体型线,对型线进行光顺性判别,调整不光顺处的型值,使 3 个投影面上的型线都满足光顺性和型值一致性的要求。此外,在光顺后的型线图上,按肋骨间距插出全部肋骨型线,并根据结构图纸绘出光顺的结构线和板缝线等。

计算机辅助型线光顺,称为“数学光顺”,是以计算机进行信息处理代替手工光顺作业的工作。因此,在数学光顺中,主要有定义船体型线或型面的数学模型、用于型线光顺性判别和型值一致性判别的数学方法、不光顺时调整型值的数学方法等内容。

船体数学光顺的内容很多,由于篇幅限制,本节以研究型线光顺性判别和型值调整的数学方法为主,论述数学光顺方法,使读者掌握有关概念和主要方法。

一、船体型线光顺的基本概念

(一)光顺的基本概念

在船体等几何外形数学放样中,经常谈论到曲线光顺性的概念。光顺,顾名思义,就是光滑和顺眼的意思。“光滑”通常指曲线曲面的参数连续性或几何连续性,在数学上的意义比较明确,有严格的数学定义。对于曲线,“光滑”是指切线方向的连续性,或者更精确地指曲线曲率的连续性。“顺眼”则涉及美学的范畴,但其判别标准并非不可捉摸。归纳起来,顺眼的曲线应满足两个条件。

(1)没有多余拐点。

(2)曲线的瞰瘪变化比较均匀。

所谓瞰瘪,就是曲线上曲率局部极值处,是肉眼看到的曲线上的曲率变化。因此,光顺的含义,不仅有数学上连续性的要求,更侧重于功能(如美学、力学、数控加工)方面的要求。

工程上的光顺概念,目前还没有一个确切的定义,而是依靠实际工作者根据生产实践积累的经验,用眼睛观察所绘制的曲线,作出曲线是否光顺的判断。例如,船体放样中,最后要求船体型线达到“眼观光顺”,即肉眼看起来“舒服”。对同一组型值点列,不同人的放样结果自然不尽相同。因此,光顺的概念具有较浓厚的主观色彩。

但是,光顺性还是有着客观性的一面。对于平面曲线,光顺准则一般可以如下考虑。

(1)曲线二阶参数连续(C^2 连续,2 阶连续可微)。

(2)没有多余拐点。

(3)曲率变化较均匀。

准则(1)是数学上的光滑概念,只涉及每一点及其一个充分小邻域,是一个局部的概念。准则(2)和(3)则是对整条曲线而言,是一个整体概念。处理起来比局部概念要困难和复杂。实用上,整体上的光顺性甚至比局部的光滑性更重要。

光顺准则(2)是用来控制曲线的凹凸变化,以期达到拐点尽可能少些的目的。以正弦曲线为例,尽管它是很光滑的。但由于有很多拐点,整条曲线不能被认为是光顺的。

准则(3)的作用在于对曲线瞰瘪变化的控制。瞰和瘪的地方就是曲线上曲率局部极值处。

这3条准则是人们在从几何外形计算的长期工作实践中归纳出来,普遍适用于几何外形的绝大多数线型。有时也会出现少数例外,如图5-1-1所示的一条船体首部肋骨线,在叉号处曲率有一个从正到负的拐点,然而,人们不但觉得这条曲线是光顺的,还认为这个曲率大跳跃是必需的。假定放到别的场合,很可能将它归入不光顺的一类。对于计算程序中的这种少数例外情形,不难做出个别处理。

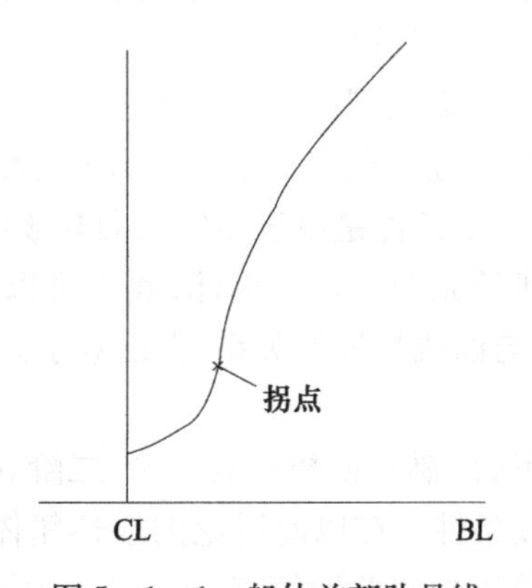

图5-1-1　船体首部肋骨线

(二)船体型线三向光顺

对曲面进行光顺有两种方式:一种方式是将曲面的光顺性转换成网格线的光顺性问题进行处理,即只要对曲面上的两组或三组曲线进行了光顺处理,就认为曲面已经光顺,这个过程称为网格线光顺(Fairing of Mesh);另一种方式则根据曲面特有的变量对曲面进行光顺处理,并不仅仅考虑曲面的网格线。

船体放样中,按照传统的工艺习惯,只要横剖线、水线和纵剖线三组剖面线构成的网格光顺了,就认为已达到船体曲面的光顺性要求。因此,船体曲面的光顺性问题就转化成网格的光顺性问题。

所谓网格光顺,其含义包含两个方面。

(1)网格的每一条曲线都是光顺的。三组剖面线需要各自独立地进行光顺,即单根曲线光顺。曲线光顺的数学方法很多,包括最小二乘法、能量法、回弹法、基样条法、圆率法、磨光法等。

(2)要满足网格的协调条件。即分属于两组的每两条曲线在空间是相交的,不允许出现型值不一致,这个过程称为三向光顺。为了满足协调条件,就需要对三组剖面线进行多次迭代光顺。

采用网格光顺法光顺三维曲面在实践中应用十分广泛,造船、汽车和飞机制造业都有丰富的实践经验。

船体放样中所用的剖面线是用相互正交的三组平面去截船体曲面而得到的,因此,需要对三组剖面线迭代光顺。

(三)船体型线光顺性准则及数学意义

在船体型线放样中,用于判断船体型线光顺性的方法,完整地体现了工程上的光顺概念,而且在生产中形成了相当完整的人工作业模式。参数三次样条曲线、B 样条曲线等用于表达船体型线时,只解决了根据给定的一组型值点和端点条件,用数学方法定义型线的问题,至于所定义的型线是否满足型线光顺性条件,怎样对型线不光顺的地方进行型值调整,则有赖于判别型线光顺性和对型线进行光顺调整的数学方法才能实现。

在手工放样中,根据长期积累的实践经验,已经总结出以下的型线光顺准则。

(1)型线上应没有不符合设计要求的间断和折角点。

(2)型线弯曲方向的变化应符合设计要求,更不允许产生局部凹凸现象。

(3)型线弯曲程度的变化必须是均匀的。

(4)型线调整光顺后,各型值点的型值应尽量接近原设计型值。

(5)型线调整光顺后,型线上任一点在 3 个投影图上的型值必须相互吻合。

在上述准则中,除了最后一个条件是属于船体三向光顺中的型值一致性要求以外,其余各项都是针对单根船体型线的光顺要求。因此,我们可以根据手工放样的型线光顺准则,结合描述型线的几何属性与曲线特征的关系,得出数学光顺的型线光顺性判别和型值调整准则。

(1)型线的插值或拟合函数应满足函数及其一阶、二阶导数的连续条件。

这可以概括为曲线的连续条件。在以前讨论的描述船体型线的插值或拟合函数(以三次样条函数为代表),主要是以相邻两型值点$[x_i, x_{i+1}]$为子区间构造的分段样条函数。所建立的样条函数本身就满足了“光滑”的条件,即样条函数满足了曲线段在节点处具有函数、一阶导数、二阶导数连续(注:样条函数的建立就是以上述条件为条件的,故在讨论样条曲线的光顺性时就不必再讨论曲线的连续条件)。

(2)型线的曲率符号变化应符合设计要求,没有多余拐点。

从曲线的性状可知,当曲线上出现拐点时,连接拐点的相邻两段曲线的弯曲方向必然发生改变。在高等数学中给出,所谓拐点就是指二阶导数等于0的点。

如图5-1-2所示,在建立三次样条函数时,二阶导数表示的是样条的弯矩,同时$\frac{1}{\rho(x)} \approx \frac{d^2y}{dx^2}$,即二阶导数还可以表示曲率,曲率可以反映出曲线弯曲的方向和程度。

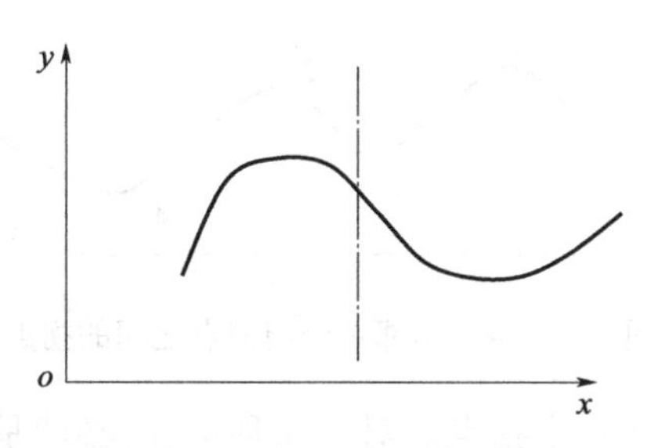

图5-1-2　三次样条函数

在图5-1-2中我们可以看出,在虚线的左侧曲线是向上弯曲的(凸曲线),由高等数学知识可知$f''(x)<0$,即曲率$\frac{1}{\rho(x)}<0$。同样,在虚线的右侧曲线是向下弯曲的(凹曲线),必然有$f''(x)>0$,即曲率$\frac{1}{\rho(x)}>0$。于是,我们可以得到结论:当曲率小于0,则曲线为凸曲线;当曲率大于0,则曲线为凹曲线。

同时,我们还知道曲线的二阶导数是连续变化的,故曲率的变化也应该是连续的,由$\frac{1}{\rho(x)}<0 \Longrightarrow \frac{1}{\rho(x)}>0$是一个渐进的过程,在这个过程中必然要经过$\frac{1}{\rho(x)}=0$这一位置。

我们称$\frac{1}{\rho(x)}=0$这一点为曲线的拐点。这在数学上的解释是二阶导数等于0的点,从图形上解释就是曲线弯曲方向发生改变的点。

船体型线中常见的多余拐点主要有以下几种类型。

① 相邻3个型值点之间出现2个拐点。当出现这种情况(图5-1-3)时,是因为中间型值点不满足光顺要求而产生了两个多余拐点,必须调整中间点2以消除多余拐点。

注意:这里相邻的3个型值点1、2、3本身都不是所谓的拐点,拐点存在于1和2、2和3之间的某个位置上。

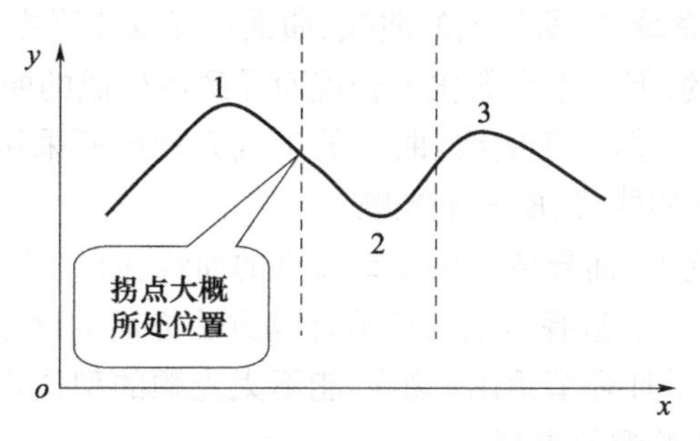

图5-1-3　相邻3个型值点之间的拐点

同时，为了消除多余拐点也并不是去除拐点本身，而是调整型值点使拐点自动消除，我们在调整时也没有必要找到拐点到底在哪里。

② 相邻4个型值点出现3个拐点。对于这种情况（图5-1-4），其中必然有一个拐点是设计要求的拐点，若设计要求拐点处在1点和2点之间，则多余的二拐点处在2、3和4点之间，剩余拐点的处理方法同第一种情况，调整第3点，直至消除所有多余拐点。

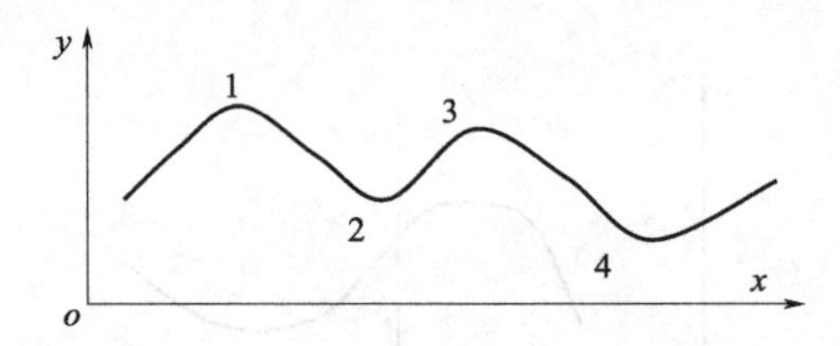

图5-1-4　相邻4个型值点之间的拐点

③ 相邻5个型值点出现4个拐点。对于这种情况，必然是其中间型值点不满足光顺要求。

④ 相邻4个或5个型值点之间出现2个拐点。对于这种情况，有两种可能：一是它们都是设计要求的拐点；二是其中有多余拐点。因曲线端点切线斜率给定不当，导致靠近曲线端点处出现多余拐点。

(3)型线的曲率数值变化应该是均匀的。一根型线在满足数学"光滑"且没有多余拐点的情况下是不是就是光顺的呢?

事实上，一根型线在没有多余拐点的情况下，只是表明了型线达到了光顺的初步要求。在没有多余拐点的情况下，只是表明了曲线的弯曲方向满足了光顺的要求，但是弯曲程度的不同变化也可能引起不光顺情况的发生。例如，在相邻几个型值点之间，虽然其曲率符号满足光顺性要求，但曲线弯曲程度的变化，可能由逐步递增突然变为递减，然后又突然变为递增，这样同样可以引起曲线的不光顺，这种不光顺有时用肉眼都是可以观察到的。

在前面的讨论中，我们已经清楚地知道，曲线的曲率很好地反映了曲线的弯曲情况：曲率的符号（正负）反映了曲线的弯曲方向；曲率的大小（绝对值）反映了曲线的弯曲程度。因此，曲线弯曲程度的变化趋势，实质上是曲线曲率数值的变化规律。

(4)调整光顺型线时，应使各型值点的型值偏离达到最小。

二、曲线光顺处理的基本方法

在船舶CAD/CAM系统中，所生成的曲线、曲面不光顺原因主要有以下几个方面。

(1)型值点是光顺的，但由于参数化不合理而导致所生成的曲线、曲面不光顺。

(2)型值点是光顺的，但由于曲线、曲面的生成方式或所采用的曲线、曲面表达形式不理想，因而导致所生成的曲线、曲面不光顺。

(3)型值点本身不光顺，而导致插值于型值点的曲线、曲面不光顺。

上述中，(1)、(2)是关于选择合适的插值计算方法方面的问题，这个问题在第二章中已经讨论过；(3)指的是设计环节给出一组可能不太光顺的型值点列，为了构造一条光顺的插值曲线，需要修改原始型值点列。

因此,为使生成的插值曲线、曲面具有良好的光顺性,通常可采用如下方法。

1. 采用良好的参数化方法

对于分布极不均匀的数据点,采用均匀参数化插值生成曲线时,弦长较长的那段曲线显得扁平,而弦长较短的那段曲线则严重鼓起,甚至出现尖点或打圈自交(二重点)。因而,曲线是不光顺的,如图 5-1-5(a)所示,但采用累加弦长参数化,则生成的曲线是光顺的,如图 5-1-5(b)所示。

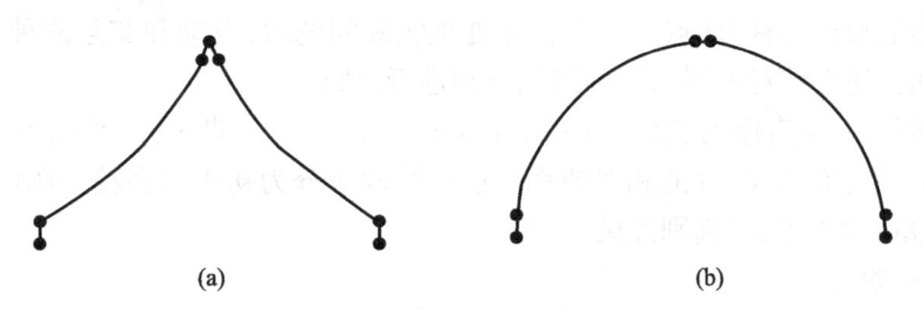

图 5-1-5　参数化对曲线光顺性的影响

(a)采用均匀参数化;(b)采用累加弦长参数化。

因此,当型值点分布不均匀时,可以考虑采用累加弦长参数化、向心弦长参数化或修正弦长参数化来改善曲线的光顺性。

此外,在用参数曲线、曲面对型值点进行最小二乘法拟合时,可采用参数优化的方法,通过迭代来确定与各型值点对应的参数。

2. 采用优良的曲线、曲面生成和表达方式

采用几何连续的样条代替参数连续的样条,以增加曲线生成的自由度,通过选择合适的形状控制参数,使生成的插值曲线、曲面更光顺。此外,与整体插值方法相比较,在某些情况下,采用局部插值方法生成的曲线、曲面更为光顺。

3. 适当调整型值点(或控制顶点)的几何位置

如果给定的型值点呈锯齿形,则不论采用何种参数化或曲线生成方式,得到的插值曲线都不光顺。对于这种情况,常用的方法是适当调整型值点或控制顶点的位置,使曲线或曲面达到光顺。本节论述的光顺方法都属于这种类型。

根据每次修改型值点的多寡以及所采用的光顺准则,现有的光顺方法可分为两种类型:局部光顺方法和整体光顺方法。如每次仅修改少数型值点,则称为局部光顺方法,各种选点修改法都属于这一类型。如每次修改全部型值点,则称为整体光顺方法。

目前,很多文献中采用优化的方法对曲线、曲面进行光顺,如最小二乘法、能量法等都属于这一类型。优化法既可用于曲线、曲面的整体光顺,又可用于曲线、曲面的局部光顺。当用于整体光顺时,称为整体优化法(Global Optimization Method),否则称为局部优化法(Local Optimization Method)。

如前所述,曲线光顺的方法主要有选点修改法和优化法等。优化法又可分为整体优化法和局部优化法。接下来将依次阐述这几类光顺方法。

(一)选点修改法

如果给定的几何外形在大多数型值点处是好的或比较好的(亦即是光顺或比较光顺的),只在少数型值点处不光顺(称为“坏点”),则可以采用选点修改法。选点修改法的过程是:先逐次找出“坏点”,然后对“坏点”进行修改。选点修改法的关键是“坏点”的判别

以及修改。

1."坏点"的判别

确定"坏点"的方式有两种:一种是由用户根据观察来决定哪些点是"坏点",这种方式称为交互方式;另一种是根据一定的光顺准则,建立"坏点"判别准则。由程序自动地确定哪些点是"坏点",这种方式称为自动方式。寻求自动光顺算法是光顺研究的一个目标,但由于实际问题的多样性和复杂性,很难建立一个对所有情况都适用的"坏点"判别准则,以准确地找出所有"坏点"。因此,在处理实际问题时,自动和交互两种方式相结合是切实可行的,还应针对不同的实际问题分别进行研究。

给定平面上一组有序的点列 $P_i(x_i,y_i)(i=0,1,\cdots,n)$。设 $P(t)$ 是插值于 $\{P_i\}$ 的曲线,k_i 是 $P(t)$ 在型值点 P_i 处的相对曲率。选点修改法分为初光顺和精光顺两个阶段,通常我们采用如下的"坏点"判别准则。

1)初光顺阶段

(1) k_i 不连续的型值点称为1类坏点,跃度最大的点称为最坏点。

(2)在曲率的符号序列 $\{\mathrm{sign}(k_i)\}$ 中连续变号的点,即:使条件

$$\begin{cases} k_{i-1}\cdot k_i<0 \\ k_i\cdot k_{i+1}<0 \end{cases}$$

成立的点 P_i,称为2类坏点。令

$$\Delta_i=\left|\frac{|\overline{P_iQ_i}|}{\overline{P_{i-1}P_{i+1}}}\right| \tag{5-1-1}$$

式中:$Q_i=\dfrac{(P_{i-1}+P_{i+1})}{2}$,表示在2类坏点中,使式(5-1-1)的值最大的坏点 P_i,称为最坏点。

2)精光顺阶段

在 k_i 的一阶差分符号序列 $\{\mathrm{sign}(\Delta k_i)\}$ 中连续变号的点,即使条件

$$\begin{cases} \Delta k_{i-1}\cdot\Delta k_i<0 \\ \Delta k_i\cdot\Delta k_{i+1}<0 \end{cases}$$

成立的点 P_i,称为坏点。令

$$d_i=\left|\frac{k_{i+1}-k_i}{l_{i+1}}-\frac{k_i-k_{i-1}}{l_i}\right| \tag{5-1-2}$$

式中:$l_i=|\overline{P_iP_{i-1}}|$ 为弦长。d_i 称作曲线 $P(t)$ 在点 P_i 处的剪力跃度。在精光顺阶段,我们以剪力跃度最大的点为最坏点。

2."坏点"的修改

数学放样中,修改坏点的方法很多,这里介绍两种。

1)节点删除与插入法

给定平面上一组有序的点列 $P_i(x_i,y_i)(i=0,1,\cdots,m)$,其插值三次B样条曲线 $P(u)$ 为

$$P(u)=\sum_{j=i-3}^{i}d_jN_{j,3}(u) \tag{5-1-3}$$

式中:$d_j(j=0,1,\cdots,m+2)$ 是控制顶点;$N_{j,3}(u)$ 是定义在节点矢量

$$\boldsymbol{U}=[u_0=u_1=u_2=u_3=0,\cdots,u_j,\cdots,u_{m+3}=u_{m+4}=u_{m+5}=u_{m+6}=1]$$

上的三次 B 样条基函数。设 P_j 是坏点，与其对应的参数是 u_{j+3}。

Farin 等提出对坏点 P_j 的处理方法如下：

(1)把节点 u_{j+3} 从节点矢量 $\boldsymbol{U}$ 中删除，得到定义在节点矢量

$$\boldsymbol{U}_1=[u_0=u_1=u_2=u_3=0,\cdots,u_{j+2},u_{j+4},\cdots,u_{m+3}=u_{m+4}=u_{m+5}=u_{m+6}]$$

上的 B 样条曲线 $P_1(u)$。

(2)对于 $P_i(t)$，再将节点 u_{j+3} 插入 $\boldsymbol{U}_i$ 中，则得光顺后的曲线。

通常把这种光顺方法称为节点删除与插入法。其中，步骤(2)只是为了保持光顺后曲线的节点矢量和原曲线相同，并不改变步骤(1)中得到的曲线。因此，如果希望减少光顺后曲线的控制顶点，可以取消步骤(2)。

图 5－1－6 所示为采用 Farin 的节点删除与插入法对坏点 P_j 的修改。其中细线是原来的曲线，小圆代表原曲线的型值点，粗线是对 P_j 进行修改后的 B 样条曲线。

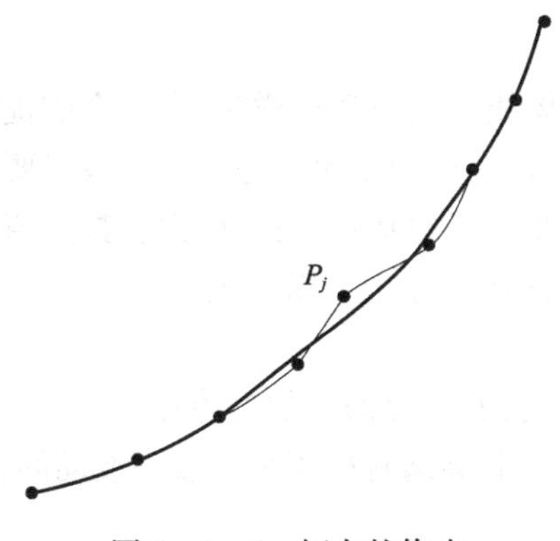

图 5－1－6　坏点的修改

2)初光顺修改法

这种光顺方法的主要目标是消除型值点中的坏点。虽然坏点只是极少数，但出现坏点(多余拐点)的情况有多种，所以决定消除坏点的型值修改范围也有两种类型，分别叙述如下。

(1)产生的拐点属多余拐点。如图 5－1－7(a)所示，使坏点 P_i 两侧的 $\overline{P_{i-2}P_{i-1}}$、$\overline{P_{i+1}P_{i+2}}$ 的延长线，相交于 $\overline{P_{i-1}P_{i+1}}$ 一侧得交点 D，由此构成用阴影线标明的三角形，再过 P_i 点作垂直于横轴的直线，它与阴影线三角形的两边相交于 C 和 C_1，则 $\overline{CC_i}$ 线段上任一点的二阶差商均与相邻两点的二阶差商同号，故可得 C 点为型值修改的下限，C_1 点为型值修改的上限。

(2)与坏点相邻的拐点中有一个是设计拐点。如图 5－1－7(b)所示，坏点 P_i 两侧的 $\overline{P_{i-2}P_{i-1}}$、$\overline{P_{i+1}P_{i+2}}$ 延长线，分别处于 $\overline{P_{i-1}P_{i+1}}$ 的两侧，此时，可分别过 P_{i-1} 和 P_{i+1} 点作垂直于横轴的直线，它们分别与延长线相交于 D_1 和 D_2 点，由此构成阴影线表示的梯形。再过 P_i 点作垂直于横轴的直线，并与梯形的两边相交得 C 和 C_1 点。则在 $\overline{CC_i}$ 线段上任一点的二阶差商均能与两相邻点之一的二阶差商同号，达到消除坏点而保留设计拐点的目的。

应该注意，这种修改方法应根据设计拐点所在的位置来决定具体修改量。

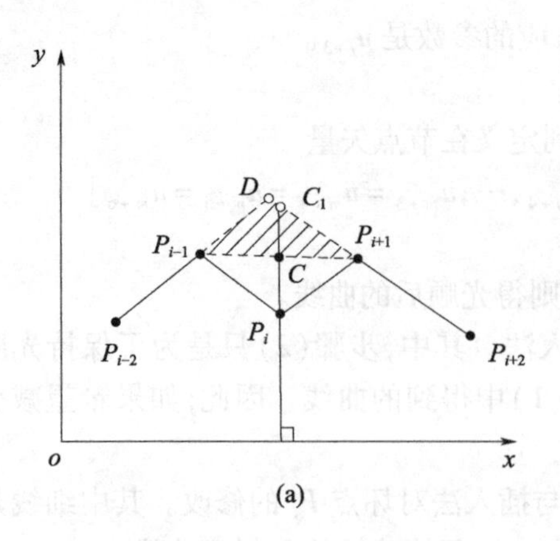

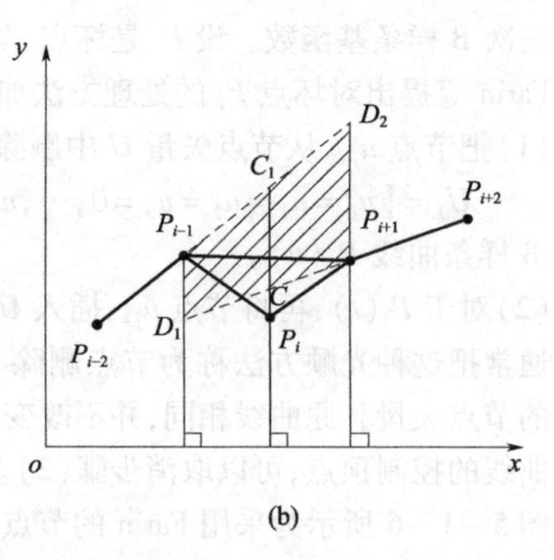

图 5 - 1 - 7　坏点型值的修改范围

3. 选点修改法的特点

当运用光顺准则进行船体线型的数学放样时,有一个前提需要明确,那就是由设计部门提供的原始型值点,绝大多数是好的或比较好的。一般只要修改少数型值点,便能获得一个光顺的几何外形。选点修改法的基础是:承认大多数型值点是好的或比较好的,它的光顺过程就是把少数“坏点”挑出来逐个予以修正。

选点修改法的优点如下。

(1)坏点挑得准、好点不受损,需要修改的型值点少。

(2)严格满足三条光顺准则,圆满解决了平直段小波动问题。

(3)修改能力强。

选点修改法的缺点是:当接连出现多个坏点时,往往不容易处理好,虽然也能达到光顺,但收敛速度就慢了。

(二)整体优化法

最优化方法在曲线、曲面光顺中具有重要的应用,例如,能量法和最小二乘法光顺都是将曲线、曲面的光顺问题转化为最优化问题进行求解。如果在光顺时将所有控制顶点(或型值点)均作为未知量,通过求优化问题的解来确定,则称为整体优化法。

通常的能量法和最小二乘法光顺都属于整体优化方法,即将曲线的所有控制顶点均作为未知数,通过求解优化问题的解来确定。这种方法具有很好的整体光顺效果,但计算量大,计算速度慢。

(三)局部优化法

为减少优化计算量,我们自然希望每次光顺处理中只将少数控制顶点(或型值点)作为未知量,采用最优化的方法对其进行调整,而其他控制顶点则保持不变。这类方法称为局部优化法。

1. 选点法和优化法的结合

在实际问题中,给定型值点一般大部分是好的(光顺的),只有少数型值点不光顺。如果采用整体优化方法,必然会带来大量不必要的计算耗费,而且会使得一些不应该被修改的型值点也被修改了。如果采用选点修改法,其光顺效果有时又难以满足要求。在这种情况下,若将选点修改法和优化法相结合,扬长避短,无疑是一种可行的方法。该法的原理如下。

(1)采用选点修改法中的“坏点”判别方法找出“坏点”。

(2)把对这些“坏点”有影响的型值点(或B样条的控制多边形顶点)作为未知量,保持其他型值点(或控制顶点)不变,求出未知的控制顶点。

若采用选点法和优化法相结合的方法,可称为局部能量法。

2. 分段优化方法

为提高整体优化的计算速度,还可以分段地采用优化方法,其思路如下。

(1)将型值点列或控制多边形顶点按点序分为若干组。

(2)对各组依次进行优化。对一组进行优化时,将该组控制顶点作为未知量,其他控制顶点保持不变,调整该组控制顶点,如此完成各组控制顶点的调整。

这种方法需要分组多次调整控制顶点,但每次调整只需解很小的线性方程组,因而总的工作量比整体优化法小。

(四)带约束条件的光顺处理

在对曲线光顺时,经常要附加一些约束条件,常见的约束条件如下。

(1)光顺时,某些关键型值点不能被修改。

(2)为保持和相邻曲线光滑连接,曲线的边界位置和切矢应保持不变。

采用选点修改法较易实现上述要求。显然,带约束条件的光顺方法在船体线型光顺中有着广泛的用途。

三、曲线的光顺性检查

在船舶几何外形设计中,人们对曲面光顺性的要求越来越高,但在屏幕上设计出曲面以后,由于显示屏尺寸及分辨率的限制,很难直接判断其是否光顺。因此,如何借助计算机分析曲线曲面的光顺性,是光顺性研究的一个重要问题,也是曲面造型系统中应该具备的基本功能。这项工作称为光顺性检查,或光顺性分析。

对于船舶线型的光顺性检查,常用的方法是画出曲线的曲率(对于平面曲线,通常采用相对曲率)随弧长变化的图形,即曲率图;也可以直接在原曲线的外法方向上画出表示曲率半径大小的直线段,然后根据光顺准则进行分析。图5-1-8所示是在某船横剖线型上绘制的曲率半径线段,图中的曲率半径很直观地反映了曲线的光顺性。

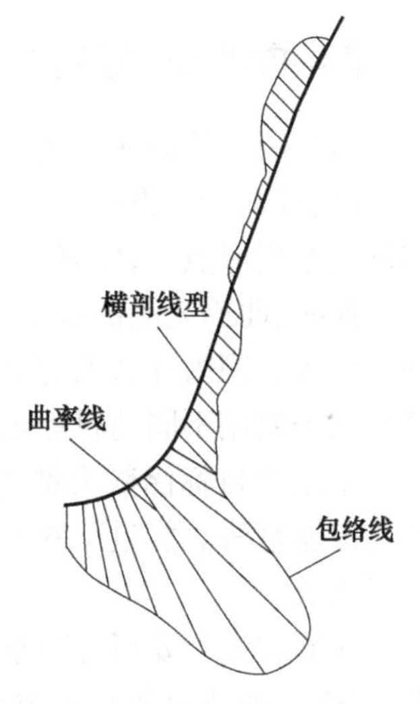

图5-1-8 曲率半径线段图

(1)曲率半径方向反映出曲率符号的变化,可以用来判别曲线弯曲方向是否变化,即是否出现拐点。

(2)曲率半径线段长度的变化反映出的曲率数值的变化,可以用来判别曲线曲率数值变化是否均匀。将曲率半径线段的一端用折线顺序连接,即可得包络线,根据包络线可以很直观地判断曲率数值的变化情况。

由于屏幕尺寸限制,在屏幕上显示整根曲线及其曲率半径线段时,所用的比例一般较小,不利于准确判断。为了便于观察,通常采用“开窗口”的方法。即用矩形框选所要观察的曲线部分，如图 5 - 1 - 9(a)所示，然后用较大的比例绘制曲率半径线段，如图 5 - 1 - 9(b)所示。或者通过坐标变换，用更大的比例在屏幕上显示矩形框内的部分曲线及其曲率半径线段，从而更清楚地判断曲线的光顺性。关于坐标变换的内容详见第四章。

由此可见，型线曲率图直观地反映了曲线的光顺性，对于采用人机交互方式进行型线光顺是非常方便的。

对于空间曲线，还可以进一步画出挠率随弧长变化的图形，即对挠率图进行分析。对曲面的光顺性分析则复杂得多。

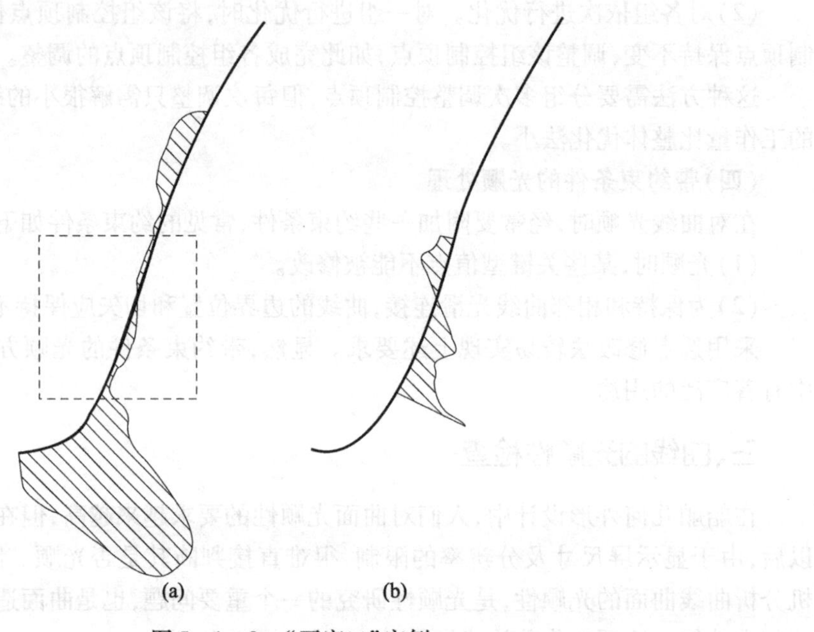

图 5 - 1 - 9 “开窗口”实例

四、曲线的光顺方法

本节所介绍的曲线光顺方法，主要是为船体等几何外形的数学放样服务的。也就是说，在设计部门给出一组可能不太光顺的型值点列之后，为了构造一条光顺的插值曲线，需修改原型值点列，使其光顺。

曲线、曲面光顺的数学方法很多，如最小二乘法、能量法、回弹法、基样条法、圆率法、磨光法等。国内外造船、汽车和飞机制造业都有丰富的实践经验。各种光顺方法的主要区别在于使用不同的目标函数以及每次调整型值点的数量。

早期的目标函数大都建立在模拟弹性梁的样条函数各支点剪力跃度的基础上，后逐渐转向能量法。能量法的主导思想是用曲线曲面的应变势能来代替剪力跃度，由此推出目标函数。

光顺方法主要可分为整体光顺和局部光顺两大类。整体光顺是每次调整所有的型值点；局部光顺则是每次调整个别坏点。最小二乘法、能量法都用到全部型值点来修改，是整体修改的办法。基样条法和圆率法则是选点修改，即保留好点，只改动坏点，而且尽可能少改动。

本节仅仅介绍两种较有影响的曲线光顺方法：回弹法和圆率法。

（一）回弹法

“回弹法”是浙江大学等在船体数学放样的实践中提出的一种光顺方法。该方法是对手工放样中的“两借借，自然放”的一种数学模拟，即通过新老两组型值点交替地固定和回弹，使样条的能量渐次减少，以达到光顺的目的。下面首先介绍手工放样中“两借借，自然放”的基本方法。

1. 手工放样的基本方法

手工放样是按提供给放样车间的比例线型图，以及设计人员从线型图上获取的型值数据，在样台上描出剖面线上的各型值点，然后用样条沿着它们弯曲，并在各型值点用压铁压上，当用眼睛看样条构成一条光顺的曲线时，就沿着样条画上曲线。

由于所提供的线型图可能不光顺，使得放样时，通过这些型值点的样条，不能保证构成一条光顺的曲线，因而，实际放样时还需要人工进行调整，称为手工光顺或手工修顺。

手工光顺的大致过程如下：如果由上述方法构成的曲线用眼睛看来不够光顺，则调整各个压铁位置直到曲线光顺为止。调整的原则一般说来是少数服从多数，即总的看来最不光顺的点先进行调整。手工调整的基本方法，即“两借借，自然放”。自然放就是当某型值点看来不光顺时，就把该点压铁拿起。让样条自然均匀，然后再在新的型值点上把压铁压上。当自然放时，样条弹动太多，则把该型值酌量改动，用压铁压住，然后把左右两点自然放，这就是两借借。有时调整到一定程度，就在适当的位置增加一些压铁后，将压铁轮流自然放，让样条弹匀，这样可使曲线更光顺。

2. 回弹法的基本方法

给定平面上一组有序的点列 $P_i(x_i,y_i)(i=0,1,\cdots,n)$ 以及适当的边界条件，回弹法的计算步骤如下。

（1）对于给定分割：

$$\Delta: a=x_0<x_1<\cdots<x_{n-1}<x_n=b$$

以及型值点 $\{P_i(x_i,y_i)\}$，建立插值三次样条函数 $S(x)$。

（2）取相邻两个节点的中点：

$$\xi_i=\frac{1}{2}(x_i+x_{i+1}),i=0,1,\cdots,n-1$$

记 $\xi_{-1}=a,\xi_n=b$，然后建立插值三次样条函数 $S(\xi_i)$。

（3）对于另一种分割：

$$\Delta^*: a=\xi_{-1}<\xi_0<\cdots<\xi_{n-1}<\xi_n=b$$

以及型值点 $\{Q_i(\xi_i,S(\xi_i))\}(i=-1,0,\cdots,n)$，同样建立插值三次样条函数 $S^*(x)$。

（4）称 $P_i^*(x_i,S^*(x_i))(i=0,1,\cdots,n)$ 为经过一次回弹的新型值点。

（5）如此反复，直到某一次回弹前后的节点 x_i 处的函数值之差小于定值 ε 为止，即

$$|S^*(x_i)-S(x_i)|<\varepsilon,i=-1,0,\cdots,n$$

最后一次获得的型值点及其插值三次样条即作为光顺型值点和光顺曲线。在船体数学放样中，一般取 $\varepsilon=3\text{mm}$。

当构造插值三次样条函数 $S(x_i)$ 和 $S^*(x_i)$ 时，它们的边界条件在回弹过程中不变，都

是原来给定的。

上面介绍的回弹法称为插中点回弹法,是回弹法的基础。经过改进后。第(2)步的插节点可改成加权平均形式:

$$\xi_i = a_i x_i + (1-a_i)x_{i+1}, i=0,1,\cdots,n-1$$

式中:权因子 $a_i \in (0,1)$,选择原则是使得$\frac{a_i}{1-a_i}$与样条 $S(x)$ 在 x_i、x_{i+1} 两节点处的剪力跃度成比例。

直观地看,经过回弹,样条的能量逐次减少,曲线也就趋向光顺。回弹法可看作是一种迭代逼近的能量法。

回弹法力学意义明确、方法简单可行,光顺质量好。但是,如果迭代次数过多,可能出现光顺型值点与原型值点偏离过大的问题。对平直段小波动往往难以消除,这是整体光顺法的通病。

在吸取了选点修改法的长处后,回弹法增加了"直尺卡样",就是把平直段的坏点挑出来加以局部处理,保证曲线的弯曲方向。

(二)圆率法

圆率法是一种选点修改法。它不需要插值曲线,而从离散型值点分布的几何位置出发直接判断型值点列的光顺性,进而挑出坏点,并求出修改的距离给以光顺修改,有着简单、快速的优点。圆率法在数学处理过程中不必引进坐标系,是完全几何化的,因此不存在大挠度问题。

在平面上给定一组的点列 $P_i(x_i, y_i)(i=0,1,\cdots,n)$ 和两边界切向 m_0 和 m_n,过相邻三点 P_{i-1}、P_i、P_{i+1} 所作圆的相对曲率 k_i 称为在点 P_i 处的圆率。当圆弧 $P_{i-1}P_iP_{i+1}$ 走向为逆时针时,k_i 取正号,顺时针时则取负号。边界点 P_0 处的圆率 k_0 则以过 P_0、P_1 和 P_0 处的切矢 m_0 所作的圆来确定,k_n 亦然。这样,便可得到对应于型值点列 $\{P_i\}$ 的圆率序列 $\{k_i\}$。

圆率法分为初光顺和精光顺两部分。

1. 初光顺

在符号序列 $\{\mathrm{sign}(k_i)\}$ 中,凡造成连续变号的点为坏点。初光顺的目标就是要达到圆率符号序列无连续变号。

2. 精光顺

在圆率差分 $\Delta = k_i - k_{i-1}$ 的符号序列 $\{\mathrm{sign}(\Delta k_i)\}$ 中,凡造成连续变号的点为坏点。精光顺的目标是要达到圆率差分符号序列无连续变号。

圆率法的光顺目标是圆率的二次差变成最小。

定义 P_i 点处圆率的二次差:

$$D_i = \lambda_i k_{i-1} + \mu_i k_{i+1} - k_i, i=1,2,\cdots,n-1 \tag{5-1-4}$$

其中

$$\lambda_i = \frac{l_{i+1}}{l_i + l_{i+1}}, \mu_i = \frac{l_i}{l_i + l_{i+1}}, l_i = \overline{P_{i-1}P_i}$$

假定 P_i 是初光顺中的坏点,那么,圆率 k_{i-1} 与 k_{i+1} 同号,而与 k_i 异号。因此,$|D_i|$ 较大。这样,圆率的二次差的绝对值 $|D_i|$ 能相对地反映出 P_i 点临近曲线的光顺程度。

将坏点 P_i 修改成光顺点 P_i^* 的办法如下：假定在原型值点列中仅用 P_i^* 替代 P_i，而保持其余各点不变。记新型值点列的圆率序列为 $\{k_i^*\}$，修改的原则是使得 $\{k_i^*\}$ 在 P_i^* 处的圆率的二次差为

$$D_i^* = 0 \tag{5-1-5}$$

其目的是使修改后的圆率序列尽量变得均匀些。事实上，式(5-1-4)可改写成

$$D_i = \frac{l_i l_{i+1}}{l_i + l_{i+1}}\left(\frac{k_{i+1} - k_i}{l_{i+1}} - \frac{k_i - k_{i-1}}{l_i}\right)$$

$D_i = 0$，意味着，在 3 点 P_{i-1}、P_i、P_{i+1} 处的圆率差分与所对弦长成比例。

应用圆率法到船体数学放样时，型值点以及修改量都取直角坐标系表示。假定坏点 $P_i = (x_i, y_i)$ 修改成 $P_i^* = (x_i, y_i + \rho_i)$，在做了线性化近似处理后，从式(5-1-5)得到

$$\rho_i = -\frac{l_i l_{i+1}}{g_i} D_i$$

式中：D_i 是原型值点列在 P_i 处圆率的二次差，系数

$$g_i = 2\left(\sin\psi_i + \frac{l_{i+1}}{l_{i-1} + l_i}\lambda_i \sin\psi_{i-1} + \frac{l_i}{l_{i+1} + l_{i+2}}\mu_i \sin\psi_{i+1}\right)$$

是一个与 P_i 点纵坐标 y_i 无关的量，而且 $g_i > 0$，如图 5-1-10 所示。在小挠度和型值点等距分布的场合：

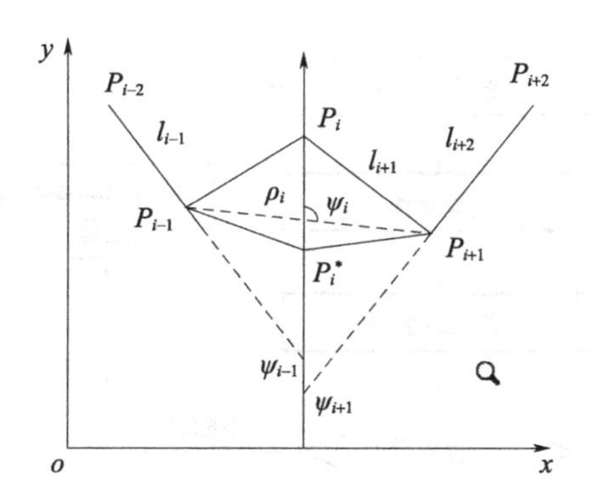

图 5-1-10　圆率法修改坏点原理示意图

$$g_i \approx 3$$

这里推导从略。

圆率法的实质是：通过对圆率二次差 D 的减小而起到减小剪力跃度的作用，从而使它具有光顺曲线的功能。

在圆率法中，我们并不希望在每一个点都按照式(5-1-5)进行光顺修改。因为每个点都修改的效果不好，会造成改动点过多、偏离过大的结果，我们只要对坏点进行修改，先进行初光顺，之后再精光顺一遍。

五、船体型线三向光顺方法

(一) 三向光顺的任务和方法

前几节讨论的型线数学光顺方法都是针对某一根型线，根据给定的原始数据进行光顺性判别和光顺调整等光顺计算的，它只解决某一根型线本身的光顺问题，并不考虑型线

在3个投影面上的型值一致性问题,所以称为单根曲线的数学光顺。

剖面线法船体型线数学光顺,它实质是对手工放样的模拟,也是根据型值表和型线图准备的原始数据,依次分别对横剖面、水线面和纵剖面上的各组型线,利用计算机进行单根曲线光顺,然后进行三向光顺。所谓三向光顺,就是检验每根型线在3个投影面上的型值是否一致,或者其误差是否在允许范围内,称为型值收敛,若误差超过允许范围,就需要在3个投影面上反复进行修改光顺,直到3个投影图上的全部型线都符合要求为止。最后根据肋骨间距,在半宽水线和纵剖线上插值计算出全部肋骨型值。

在数学光顺中,用于三向光顺的方法主要有以下几种。

1. 三向循环光顺法

此法是模拟手工放样的数学光顺方法,它的光顺流程如图5-1-11所示。首先对横剖面进行单根曲线光顺计算,接着光顺水线,然后光顺纵剖线,最后检查三组型值的收敛性,反复迭代,直至3个投影面上计算所得的型值偏差收敛至允许偏差范围之内。这种方法的主要缺点是收敛性差。

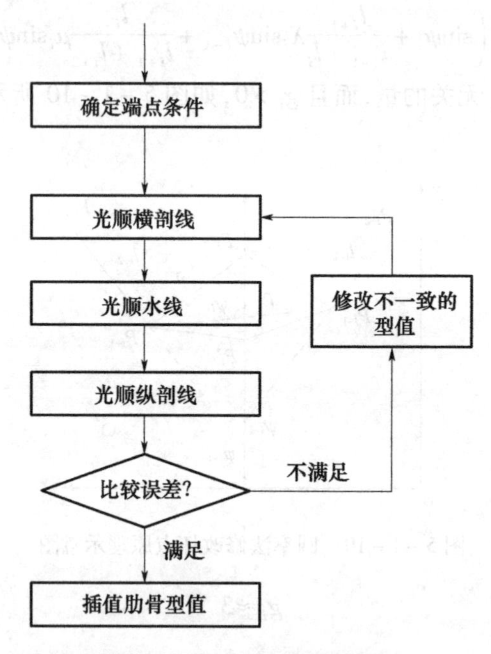

图5-1-11　三向循环光顺法

2. 双表格法

在光顺过程中都不保留原型值,总是以新型值代替老型值。双表格法的基本思想则是尽可能使光顺后的型值接近原型值,其光顺流程如图5-1-12所示。

这种方法在计算过程中用两套表格,表Ⅰ用于存放确定端点条件后的型值,表Ⅱ用于存放光顺过程中的型值。光顺开始时,3个投影面都是用原始型值进行光顺的,此后的循环取表Ⅰ和表Ⅱ的平均值作为进行光顺的原型值。这样不断迭代,直至收敛为止。

双表格法的优点是收敛性好、型值偏离小;缺点是占用单元多,其光顺性在很大程度上取决于原始型值的优劣程度。

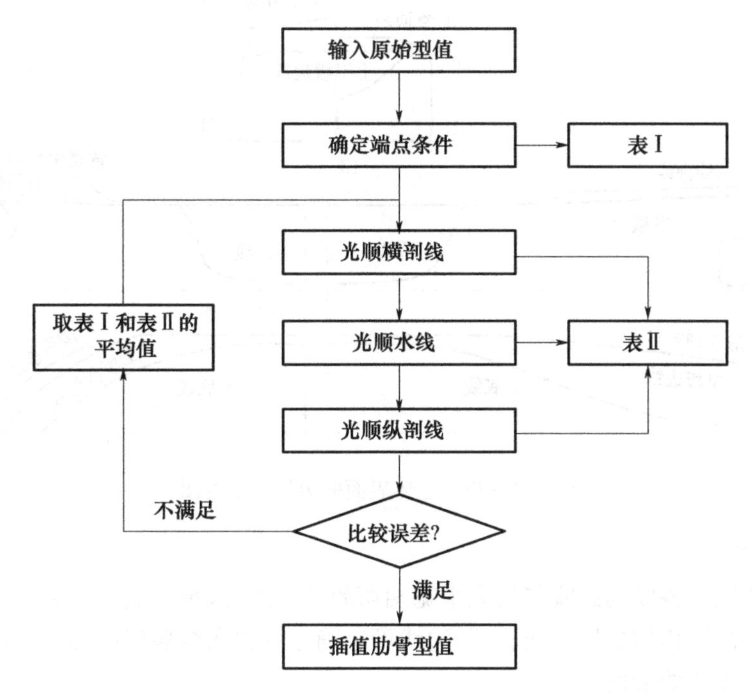

图 5－1－12　双表格法三向光顺

3. 局部光顺法

在上述几种三向光顺方法中,若只在第一次光顺时,对 3 个投影面上的每一根型线都进行单根曲线光顺,以后就不再逐根进行光顺,而只是对那些型值不一致的型线,重复进行光顺计算,并修改至全部型线的型值都满足要求为止。这种光顺过程,称为局部光顺。局部光顺的信息,是由三向光顺的程序块给出的。

(二)决定端点条件的边界线

从上述三向光顺的流程框图可以看出,在进入单根曲线数学光顺之前,都需要先决定各型线的端点条件。这是因船体型线大部分都是由曲线与直线或曲线与圆弧拼接而成的。直线和圆弧分别为一次和二次方程,而船体曲线一般采用三次多项式表示,因此,数学光顺中通常将它们分开来处理。

因此,在单根曲线光顺之前,必须将型线的曲线部分与直线(或圆弧)区分开。这部分工作由人工根据设计型线图来确定,即确定其边界条件。所谓边界条件,就是曲线两端与其他型线(直线、圆弧等)拼接的情况,以及端点的坐标值和切线斜率等。在船体表面,这些边界点组成边界线。

船体型线上各端点(边界点)的连线称为边界线(Boundary Line),有平边线、平底线、端部切点线和折角线等。由于船体表面是光顺的空间曲面,因此各边界线也应该是光顺曲线。数学光顺中确定端点条件,实际上就是确定并光顺这些边界线,依此最终确定各船体曲线的端点型值和端点条件等。

船体的边界线主要有以下几种,如图 5－1－13 所示。

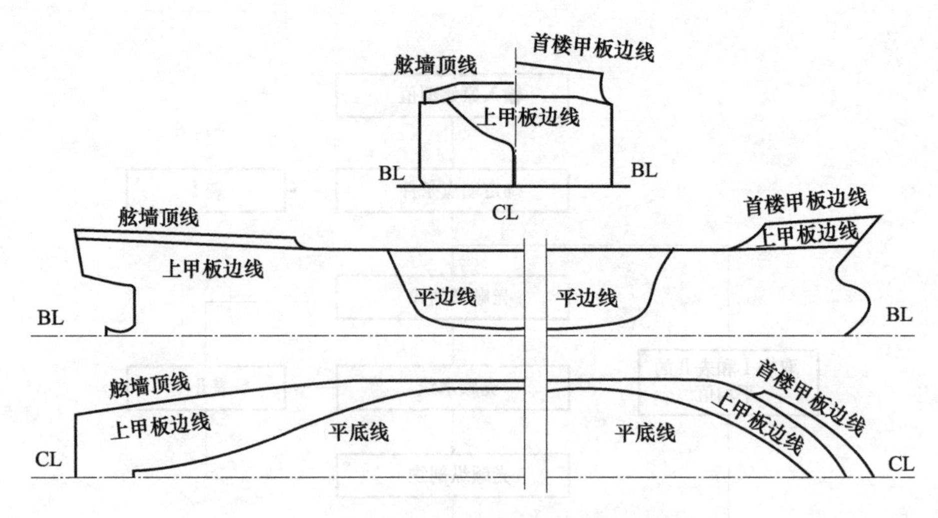

图 5-1-13 船体表面的边界线示意图

1. 平边线

它是型线图上各横剖曲线与最大半宽相切的各切点,假想连成的一条光顺曲线,是船中舷侧平面与曲面相切的切点线;从平边线可以确定有关水线靠船中部的端值,以及横剖曲线靠最大半宽线的端值。

2. 平底线

它是型线图上各横剖线和纵剖线与船底线相切的各切点,假想连成的一条光顺曲线。它是船底的平面与曲面相切的切点线。从平底线上可决定有关纵剖线靠船中部的端值,以及某些横剖曲线靠船底的端值。

3. 首、尾端切点线

将首、尾端各水线与相应的首、尾圆弧相切的切点连成的光顺曲线,称为首、尾端切点线。它决定了水线曲线靠首、尾的端值,以及某些横剖曲线的端值。

4. 折角线

由相应型线的折角点连成的光顺曲线,称为折角线。型线在该点处的切线斜率不连续,通常有底部折角线、舷墙折角线等。

除上述以外,甲板边线、舷墙顶线、首尾轮廓线也属于边界线。

(三)端部边界线光顺

对于平边线、平底线、折角线及首尾轮廓线,只要知道其端点和若干中间点的坐标值,以及它们在端点处的切线斜率,就可进行光顺计算。但是首、尾端切点线的光顺却比较麻烦,因为它要与首、尾端处部分船体曲面的光顺同时进行。

由于端部边界线数学光顺较为复杂,实用中亦多采用人工借助计算机屏幕进行光顺的方式完成。因此,下面仅简要介绍首端部分的光顺工作内容,尾端部分与其类似。

从手工放样可知,首柱与水线面的交线皆为圆弧,故可把首柱近似看成是圆锥面的一部分,由此可得首端数学光顺的内容有以下几方面。

(1)光顺首柱外形轮廓线。

(2)光顺首柱圆弧圆心线(半径曲线)。

(3)光顺切点线。

因此,首端光顺为水线和横剖线提供了数学光顺所需的端点条件,并为首柱建立了函数表达式。图 5 - 1 - 14 即为首端光顺的流程框图。

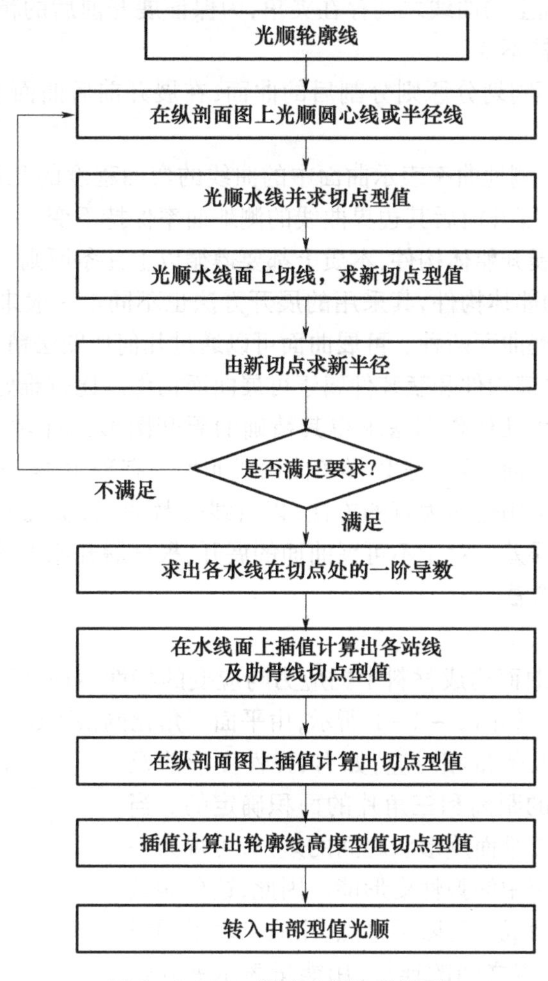

图 5 - 1 - 14　首端光顺流程框图

第二节　船体构件展开的数学方法

将那些在投影图上不能表示出真实形状的空间曲面实形求出,并摊开在平面上的过程称为展开。船体构件展开的目的,是为构件加工等后续工序提供施工资料。传统上,这个过程都是通过手工来完成的,工序烦琐,且误差不易控制,因此,寻找一种能通过计算机将船舶构件快速自动展开的方法,并提高构件展开的效率以及减小展开误差,是实现船舶构件自动化生产的重要环节。

一、船体构件展开的数学方法概述

船体构件曲面展开基本都是通过保持构件曲面的某个几何特征进行展开的。归纳起来有以下几条原则。

(1)等长。所谓等长原则,表示在曲面上任意曲线所对应的弧长,在展开前后长度保持不变。

(2)保角。在曲面上的曲线之间存在夹角,为保证展开前后的精度,在展开后这两条已知曲线之间夹角保持不变。

(3)等面积。由不同划分原则分割后的曲面,在展开前后曲面上的小曲面块的面积基本不变。

(4)等测地曲率。测地曲率表示曲面中的曲线的弯曲程度的几何特征。曲面由已知曲线构成,任意曲面在展开前后其边界曲线的测地曲率保持不变。

采用数学方法来展开船体构件,本质上都要遵循以上几条原则。

此外,对于不同的船体构件,其采用的展开方法也不同。一般来说,船体构件的曲面分为可展曲面和不可展曲面两种。可展曲面可以通过几何作图法精确地求出其展开的真实形状,大部分船体内部构件和舾装件属于可展曲面构件。比较难处理的是不可展曲面,不可展曲面不可能运用几何作图法求得其精确的展开图形,船体外板曲面多属于这种。不可展曲面属于复杂曲面,通常是 B 样条曲面或非均匀有理 B 样条(NURBS)曲面等,复杂曲面的展开主要是采用化曲为直的方法,以直线代替曲线,实现近似展开,其展开曲面和原始曲面有一定的误差。对于不可展曲面的展开,根据展开原理的不同,可以分为几何展开方法和力学展开方法。

1. 力学展开方法

力学法通过模拟曲面构成材料中的应力与应变的特性,对曲面展开后的形状和尺寸等几何特征进行分析。如图 5－2－1 所示,由平面三角化网格可建立一个弹簧质点系统,系统的物理量与某些几何量相对应,如力、弹性变形能及质量是由网格节点间的距离和三角片的面积确定的。当前网格位置和展开后二维面片形状之间的差别,可视为一种储存在弹簧质点系统中的弹性变形能。因此,这种能量模型实际上将曲面离散成了有限网格点,用质点表示网格顶点,用弹簧表示网格点之间的连线,用能量表示展开过程中面积的改变大小,通过迭代可以计算出弹簧－质点系统能量变化最小时的展开状态。

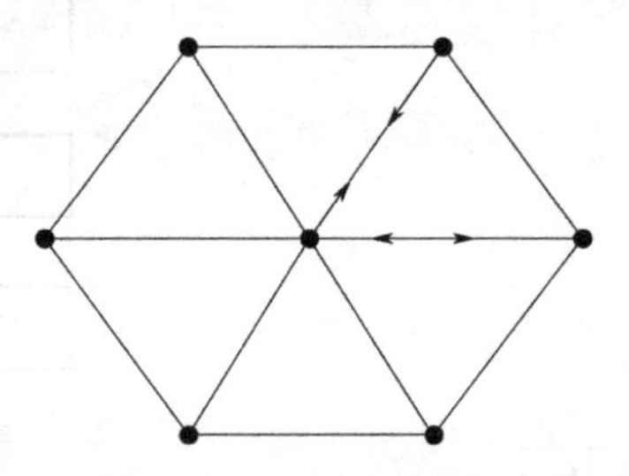

图 5－2－1　弹簧－质点能量模型

2. 几何展开方法

几何展开方法有两种思路。一种是将不可展曲面离散成曲面片,采用“以平代曲”的方法来近似,再根据曲线的测地曲率沿着某一参数方向,对曲线依次进行展开以得到展开图形。这种方式通过提高离散程度,可以达到控制展开精度的目的。另一种称为展开的几何化法,所谓几何化就是以几何图形为研究对象,将公式计算转换成几何图形的变换。几何计算是在几何化的基础上,用几何方法求解问题模型。在几何计算研究过程中,先建立计算坐标系,继而将图形转化成函数的形式,然后结合插值拟合的数学方法,特别是利用样条函数来分析图形。例如,在手工放样中常用的测地线法,也可以采用这种方法,利用几何作图法近似地将外板展开。

二、测地线展开船体外板的数值表示

本节将主要介绍基于测地线展开船体外板的数值表示方法。归纳扇形板、菱形板采用测地线法进行手工展开操作的过程,一般包括以下4项操作内容。

(1)作测地线,包括作肋骨弦线的垂线、求垂线与相邻肋骨线的交点。量取肋骨线与垂线交点间的肋骨线弧长。

(2)求上下纵接缝和测地线各段实长,求测地线上下侧的各肋骨线弧长。

(3)求中间肋骨的肋骨弯度和转角(扇形板展开时转角为零)。

(4)作展开图。

下面将叙述完成上述操作的基本算法。考虑到船体线型的特点,本节约定凡曲线插值均采用参数样条曲线方法。

(一)作测地线的算法

令上、下纵接缝与各肋骨线的交点坐标为(x_{E_i},y_{E_i})、(x_{F_i},y_{F_i}) $(i=0,1,\cdots,n)$,这里n为含首尾横接缝在内的板内肋骨数,如图5-2-2所示。

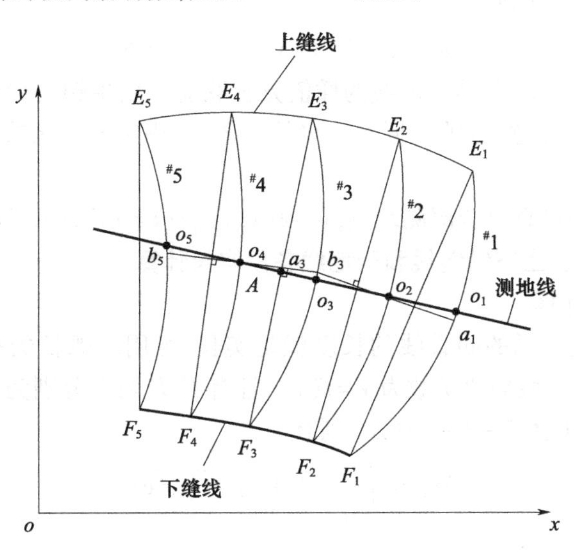

图5-2-2 扇形板测地线做法

1. 作中间肋骨弦线中点A的垂线

首先取板内中间肋骨,其序号为

$$m=\mathrm{INT}\left(\frac{N}{2}+1\right) \tag{5-2-1}$$

式中:N为肋骨数量,再取弦线中点A,坐标为$A(x_{A_m},y_{A_m})$,即

$$\begin{cases} x_{A_m}=\dfrac{x_{E_m}+x_{F_m}}{2} \\ y_{A_m}=\dfrac{y_{E_m}+y_{F_m}}{2} \end{cases} \tag{5-2-2}$$

过A点作垂线,则其直线方程为

$$y = k(x - x_{A_m}) + y_{A_m} \tag{5-2-3}$$

式中：斜率 k 等于弦线斜率的负导数，即

$$k = -\frac{x_{E_m} - x_{F_m}}{y_{E_m} - y_{F_m}} \tag{5-2-4}$$

2. 求垂线与相邻肋骨线交点（与 $m-1$、m、$m+1$ 肋骨的交点）

上述垂线与 $m-1$、m、$m+1$ 号肋骨线的交点分别为 o_{m-1}、o_m、o_{m+1}，其坐标 $(x_{o_{m-1}}, y_{o_{m-1}})$、$(x_{o_m}, y_{o_m})$、$(x_{o_{m+1}}, y_{o_{m+1}})$ 可用式（5-2-3）和肋骨线样条方程联合求得。

3. 量弧长的算法

测地线作法中，当中间三点 o_{m-1}、o_m、o_{m+1} 决定后，将以 o_{m-1} 为依据，作自身弦长的垂线（建立垂线方程和求与相邻肋骨交点，均同上）得点 a_{m-2} 和点 b_m，再以此两点为起点量弧长 $\overline{a_{m-2}o_{m-2}} = \overline{b_m o_m}$ 得测地点 o_{m-2}。由于 $b_m o_m$ 很小，可近似地用 $\overline{b_m o_m}$ 代替建立算法，则其半径为

$$R = \overline{b_m o_m} = \sqrt{(x_{b_m} - x_{o_m})^2 + (y_{b_m} - y_{o_m})^2}$$

由此可求得 o_{m-2} 点的圆方程为

$$(x - x_{a_{m-2}})^2 + (y - y_{a_{m-2}})^2 = R^2 \tag{5-2-5}$$

同样，将式（5-2-5）与肋骨曲线的插值方程联立。用牛顿迭代法求根，即求圆与曲线交点的算法。但应注意，必须根据测地线的性质，先决定迭代函数的定义域和初值，才能求出所需的 o_{m-2}。

重复上述算法即可算出全部测地点，记为 (x_{o_i}, y_{o_i}) $(i = 1, 2, \cdots, N)$。

（二）肋骨线弧长、上下纵缝线和测地线各段实长计算

1. 肋骨线弧长计算

在肋骨型线图上表示的肋骨线的长度就是实长，可用求弧长的积分公式进行计算。若在 xoy 坐标系中肋骨线插值函数为 $y = f(x)$，且有 E、F 两点分别为上、下纵缝与肋骨线交点，肋骨序号为 i，如图 5-2-3 所示，则有

$$Fo_i = \int_{x_{F_i}}^{x_{o_i}} \sqrt{1 + [f'(x)]^2}\,dx$$

$$o_iE = \int_{x_{o_i}}^{x_{E_i}} \sqrt{1 + [f'(x)]^2}\,dx$$

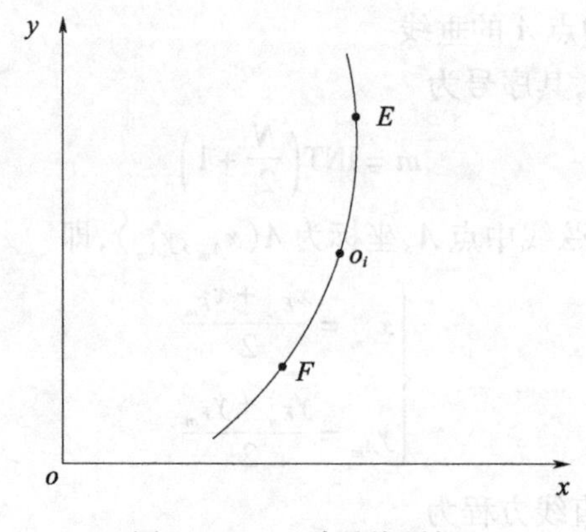

图 5-2-3　肋骨线弧长

2. 上下纵缝线和测地线各段实长计算

上、下纵缝线和测地线都是平坦(曲线曲率很小)的空间曲线,用空间折线(按肋距分)近似代替曲线求实长,一般是够精确的。

如图 5-2-4 所示,A 和 B_1 分别是纵缝与相邻两肋骨线 F_i 和 F_{i+1} 的交点,纵缝在相邻两肋骨间的实长(A 到 B_1)以空间直线$\overline{AB_1}$近似代替,故有

$$\overline{L_i} = \sqrt{(x_{i+1} - x_i)^2 + (y_{i+1} - y_i)^2 + L^2}$$

式中:L 为理论肋骨间距;x_i、y_i 为肋骨型线图上 A 点坐标值;x_{i+1}、y_{i+1} 为肋骨型线图上 B 点坐标值。

使用上式即可计算出上、下纵缝线和测地线在各档肋骨间距内的实长。

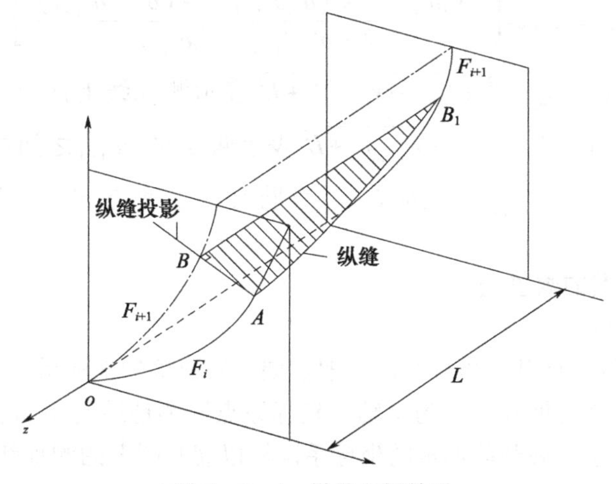

图 5-2-4　纵缝空间关系

(三)中间肋骨的肋骨弯度及转角计算

1. 求中间肋骨的肋骨弯度

图 5-2-5(a)所示为一块菱形板在肋骨线型图上的投影,已知中间肋骨序号为 i,根据手工展开时求肋骨弯度的原理,有

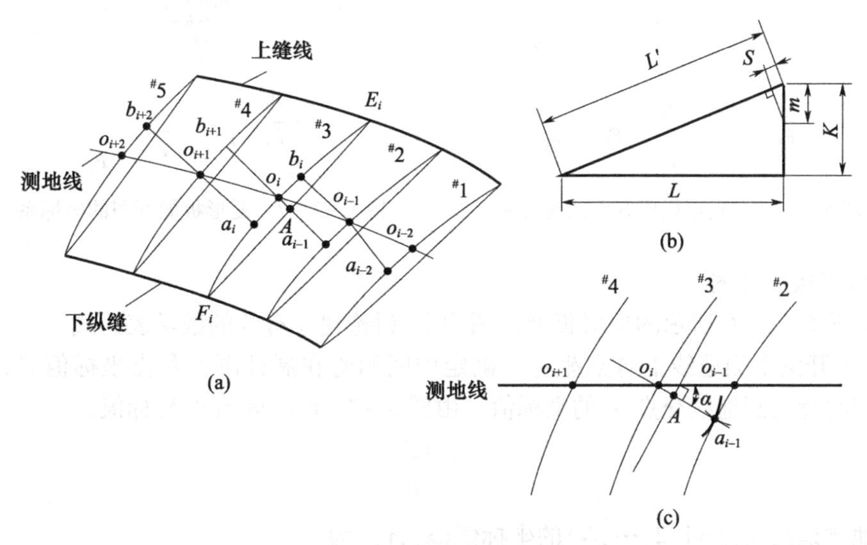

图 5-2-5　肋骨弯度和转角

$$m = \overline{o_i A} = \sqrt{(x_{o_i} - x_{A_i})^2 + (y_{o_i} - y_{A_i})^2}$$

$$K = a_{i-1} o_i = \sqrt{(x_{a_{i-1}} - x_{o_i})^2 + (y_{a_{i-1}} - y_{o_i})^2}$$

根据求肋骨弯度的几何关系图 5-2-5(b),得肋骨弯度为

$$S = \frac{m \cdot K}{L'} = \frac{m \cdot K}{\sqrt{L^2 + K^2}}$$

2. 求转角 α

菱形板展开时,中间肋骨弦线与测地线不垂直,故有转角 α,如图 5-2-5(c)所示。根据余弦定理得

$$\alpha = \arccos\left[\frac{(o'_i o'_{i-1})^2 + (o'_i a'_{i-1})^2 - (o'_{i-1} a'_{i-1})^2}{2 \cdot o'_i o'_{i-1} \cdot o'_i a'_{i-1}}\right]$$

式中:$\overline{o'_i o'_{i-1}} = \sqrt{(x_{o_i} - x_{o_{i-1}})^2 + (y_{o_i} - y_{o_{i-1}})^2 + L^2}$ 表示测地线上两点 o'_{i-1}、o'_i 之间的实长;$\overline{o'_i a'_{i-1}} = \sqrt{(x_{o_i} - x_{a_{i-1}})^2 + (y_{o_i} - y_{a_{i-1}})^2 + L^2}$ 表示两点 o'_i、a'_{i-1} 之间的实长;$\overline{o'_{i-1} a'_{i-1}} = \sqrt{(x_{o_{i-1}} - x_{a_{i-1}})^2 + (y_{o_{i-1}} - y_{a_{i-1}})^2}$ 表示 $i-1$ 号肋骨线上两点 o'_{i-1}、a'_{i-1} 之间弧长的近似值。

(四)外板展开图的数值表示

1. 坐标系的选取

首先说明外板计算展开时坐标系的选取。展开扇形板的坐标系是以展开图上的测地线为 x 轴,以中间肋骨的展开弦线为 y 轴。坐标原点取测地线与中间肋骨展开弦线的交点,如图 5-2-6 所示。展开菱形板的坐标系同样以展开图上的测地线为 x 轴,但坐标原点取测地线与中间肋骨线的交点,如图 5-2-7 所示。

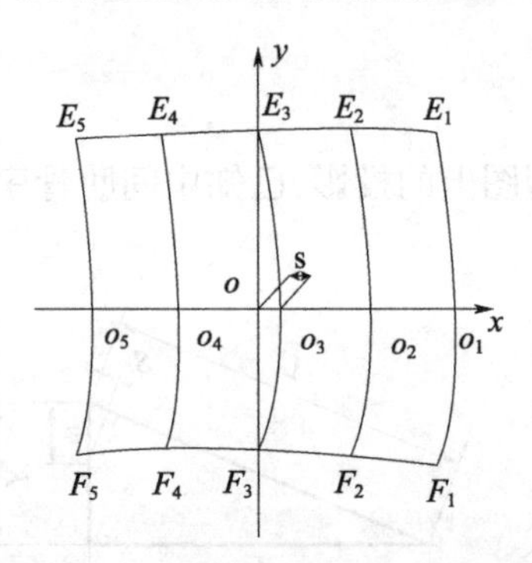

图 5-2-6　扇形板展开图的坐标系

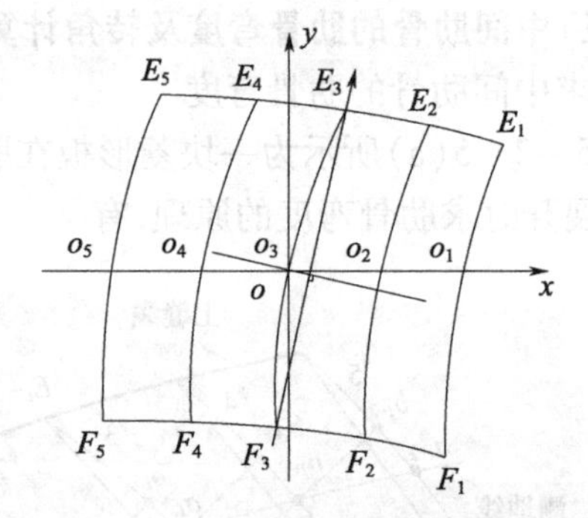

图 5-2-7　菱形板展开图的坐标系

2. 扇形板展开图

现以图 5-2-6 所示的扇形板展开图为主,讨论建立有关的数学表达式。

(1)展开图中测地线上各点坐标。确定中间肋骨在展开图上各点坐标值时,首先应确定中间肋骨与测地线交点 o_i 的坐标值。由图 5-2-6 可得 o_i 的坐标值为

$$x_{o_i} = S$$

$$y_{o_i} = 0$$

其他测地点 $o_j(j = 1, 2, \cdots, N)$ 的坐标值 (x_{o_j}, y_{o_j}) 为

$$x_{o_i}=\begin{cases}x_{o_j}+\sum\limits_{k=i}^{j}\overline{o'_k o'_{k-1}},j<i\\x_{o_i}-\sum\limits_{k=i}^{j}\overline{o'_k o'_{k+1}},j>i\end{cases}$$

式中：S 为中间肋骨的肋骨弯度；$\overline{o'_k o'_{k-1}}$表示测地线上两点 o'_k、o'_{k-1}之间的实长；$\overline{o'_k o'_{k+1}}$表示测地线上两点 o'_k、o'_{k+1}之间的实长；i 为中间肋骨序号。

(2)中间肋骨与上下纵缝的交点。如图 5-2-6 所示，因为中间肋骨线与上下纵缝线的交点 E_i 和 F_i 都在展开坐标系的 y 轴上，故中间肋骨线与上纵缝线的交点 $E(x_{E_i},y_{E_i})$ 为

$$\begin{cases}x_{E_i}=0\\y_{E_i}=\sqrt{E_io_i^2-S^2}\end{cases}$$

中间肋骨线与下纵缝线的交点 $F(x_{F_i},y_{F_i})$ 为

$$\begin{cases}x_{F_i}=0\\y_{F_i}=\sqrt{F_io_i^2-S^2}\end{cases}$$

式中：$\overline{E_io_i}=\sqrt{(x_{E_i}-x_{o_i})^2+(y_{E_i}-y_{o_i})^2}$表示中间肋骨线与上纵缝线的交点 E_i 与测地线上 o_i 点之间的连线长度；$\overline{F_io_i}=\sqrt{(x_{F_i}-x_{o_i})^2+(y_{F_i}-y_{o_i})^2}$表示中间肋骨线与下纵缝线的交点 F_i 与测地线上 o_i 点之间的连线长度。

(3)其余肋骨与上下纵缝交点。其他肋骨线与上下纵缝的交点 E_i 和 F_i，在手工展开时，是以已知的上下纵缝线在相应肋距的实长为半径，以相应的纵缝线交点为圆心作圆，再以相应肋骨线在测地线两侧的长度为半径，以相应的测地点为圆心作圆，两圆相交得交点，如图 5-2-8 所示。

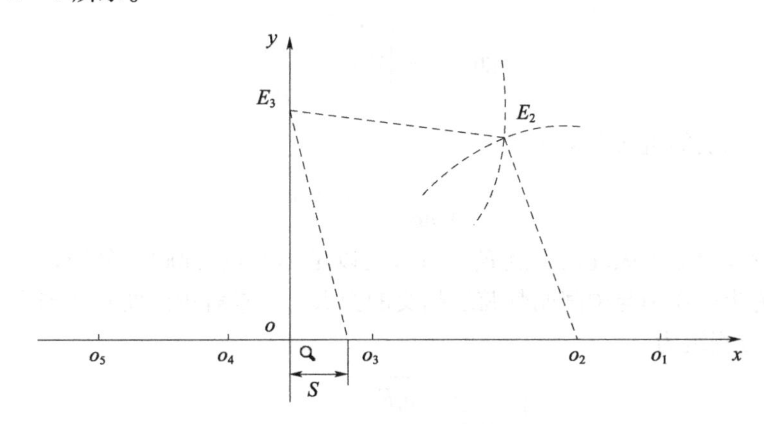

图 5-2-8　展开图求交点

求肋骨线与上纵缝的交点 $E(x_{E_i},y_{E_j})$ 的方程组为

$$\begin{cases}(x-x_{E_{j-1}})^2+(y-y_{E_{j-1}})^2=\overline{E_{j-1}E_j}^2\\(x-x_{o_j})^2+y^2=\overline{E_jo_j}^2\end{cases},j=i+1,i+2,\cdots,n$$

和

$$\begin{cases}(x-x_{E_{j+1}})^2+(y-y_{E_{j+1}})^2=\overline{E_{j+1}E_j}^2\\(x-x_{o_j})^2+y^2=\overline{E_jo_j}^2\end{cases},j=1,2,\cdots,i-1$$

求肋骨线与下纵缝的交点 $F(x_{F_j},y_{F_j})$ 的方程组为

$$\begin{cases}(x-x_{F_{j-1}})^2+(y-y_{F_{j-1}})^2=\overline{F_{j-1}F_j}^2\\(x-x_{o_j})^2+y^2=\overline{F_jo_j}^2\end{cases},j=i+1,i+2,\cdots n$$

和

$$\begin{cases}(x-x_{F_{j+1}})^2+(y-y_{F_{j+1}})^2=\overline{F_{j+1}F_j}^2\\(x-x_{o_j})^2+y^2=\overline{F_jo_j}^2\end{cases},j=i-1,i-2,\cdots,1$$

这些都是求两圆交点的问题，因此，可首先解出两个交点的 x 值，并根据展开的几何意义，选取合适的交点为所要求的解，然后依此求得相应的 y 值。由此求出肋骨线和上纵缝、下纵缝交点坐标。

(4)菱形板展开图的相关计算。由于菱形板的测地线与中间肋骨线不垂直，所以它是以测地线与中间肋骨线交点为原点，以测地线为 x 轴的坐标系 xoy 作为展开图坐标系，如图 5-2-7 所示。现讨论其中间肋骨线在展开图上各点坐标值的计算方法。

如图 5-2-5 所示，已知中间肋骨的肋骨弯度为 S，测地线转角为 α，按手工展开的方法是过原点 o_i 作直线，在直线上量取 S 得 A 点，此点就是中间肋骨弦线与该直线的垂足，则 A 点坐标值为

$$\begin{cases}x_A=S\cdot\cos\alpha\\y_A=|S\cdot\sin\alpha|\cdot\operatorname{sgn}(y_{a_{i-1}})\end{cases}$$

式中：$y_{a_{i-1}}$ 为图 5-2-5(a)中 a_{i-1} 点 y 坐标值。$\operatorname{sgn}(x)$ 为阶跃函数：

$$\operatorname{sgn}(x)=\begin{cases}1,x>0\\0,x=0\\-1,x<0\end{cases}$$

中间肋骨弦线的直线方程为

$$y=-\frac{1}{\tan\alpha}(x-x_A)+y_A$$

中间肋骨线与上下纵缝的交点 E_i 和 F_i，是以坐标原点为圆心，分别以测地线两侧的肋骨线弧长为半径作圆与中间肋骨弦线相交的交点。故求解中间肋骨线与上纵缝的交点 $E(x_{E_i},y_{E_i})$ 的方程组为

$$\begin{cases}x^2+y^2=\widehat{o_iE_i}^2\\y=-\dfrac{1}{\tan\alpha}(x-x_A)+y_A\end{cases}$$

求解中间肋骨线与下纵缝的交点 $F(x_{F_i},y_{F_i})$ 的方程组为

$$\begin{cases}x^2+y^2=\widehat{o_iF_i}^2\\y=-\dfrac{1}{\tan\alpha}(x-x_A)+y_A\end{cases}$$

由于上述方程组存在两个根，因此，需要根据展开要求选取合适的解。其他点的计算

方法与扇形板类似。

第三节 计算机辅助造船精度控制技术

精度控制技术是提高船舶质量,降低生产成本的主要手段。所谓船体建造精度管理,是以船体建造精度标准为基本准则,通过科学的管理方法与先进的工艺技术手段,对船体建造进行全过程的尺寸精度分析与控制,以达到最大限度地减少现场修整工作量,提高工作效率,降低建造成本,保证产品质量的目的。狭义上的概念,仅指船体建造阶段中的精度管理,而不包括设计阶段实施的精度措施。船体建造精度控制技术的理论基础是数理统计和尺寸链原理。

一、尺寸链理论及在造船精度控制中的应用

(一)尺寸链基本理论

按产品性能要求、工艺要求或检验要求需要确定某基本尺寸或某尺寸变化范围,与对该基本尺寸或尺寸变化范围有影响的全部尺寸一起连接成封闭的多边形,称该多边形的尺寸组为尺寸链,称封闭多边形的边为环。环分为组成环、封闭环。组成环可以细分为增环、减环及补偿环等。

按产品性能要求、工艺要求或检验要求需要确定某基本尺寸或某尺寸变化范围,称为封闭环。对该基本尺寸或尺寸变化范围有影响的尺寸,称为组成环。若用多元函数表示。封闭环为因变量 Y,组成环为变量 $X_1, X_2, \cdots, X_n$,n 为组成环数,则

$$Y = f(X_1, X_2, \cdots, X_n) \tag{5-3-1}$$

如图 5-3-1 所示,长度尺寸链中,所有尺寸 X_1、X_2、X_3、X_4 和 Y 组成了一个尺寸链,每一个尺寸均为一个环。其中 Y 是需要考核的目标尺寸,为封闭环。X_1、X_2、X_3、X_4 是对 Y 有影响的全部尺寸,为组成环。

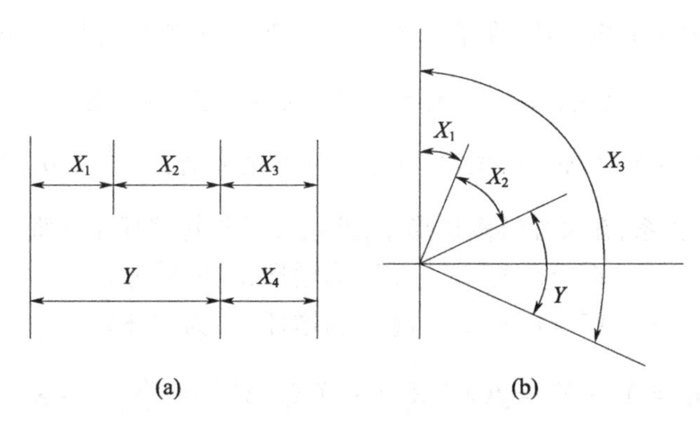

图 5-3-1 线性尺寸链

(a)长度尺寸链;(b)角度尺寸链。

按尺寸链的几何特征,分为长度尺寸链及角度尺寸链。按尺寸链环的互相位置,分为线性尺寸链、平面尺寸链及空间尺寸链。其中线性尺寸链指的是不包括角环的所有链环平行于封闭环的长度尺寸链与不包括线环的角度尺寸链。按尺寸链环间的连接关系,分为串联尺寸链、并联尺寸链及复联尺寸链。按尺寸链环的性质,分为基本尺寸尺寸链及公

差(或偏差)尺寸链。按尺寸链的用途,分为装配尺寸链、检验尺寸链、工艺尺寸链。各组成环为不同构件的设计尺寸,封闭环一般为装配部件性能所要求的空隙(尺寸),称为装配尺寸链;各组成环为同一构件上的各个设计尺寸,封闭环为检验或测量所需的尺寸,称为检验尺寸链;各组成环为同一构件上各工序或工序间的工艺尺寸,封闭环为加工零件所要求得到的设计尺寸或工艺过程所需要的余量尺寸,称为工艺尺寸链。

尺寸链的特性包括封闭性和紧缩性,即要采用最简捷的路径组成封闭多边形。船体建造中的尺寸链多为线性尺寸链及平面(二维)尺寸链,空间尺寸链极少。下面主要介绍线性尺寸链及平面尺寸链。

1. 极值法求封闭环

根据封闭环与组成环之间的函数关系式 $Y=f(X_1,X_2,\cdots,X_n)$,对所有变量全微分,记 $Y+\mathrm{d}Y, X_1+\mathrm{d}X_1, X_2+\mathrm{d}X_2,\cdots,X_n+\mathrm{d}X_n$。按泰勒级数展开,略去高阶项,可得 $\mathrm{d}Y=f(X_1+\mathrm{d}X_1,X_2+\mathrm{d}X_2,\cdots,X_n+\mathrm{d}X_n)-f(X_1,X_2,\cdots,X_n)$,即

$$\mathrm{d}Y = \sum_{i=1}^{n} \frac{\partial f}{\partial X_i} \cdot \mathrm{d}X_i \tag{5-3-2}$$

式中:X_i 为组成环的长度尺寸或角度尺寸;$\mathrm{d}X_i$ 为 X_i 的误差(或公差),且是独立的随机变量;封闭环误差(或公差)$\mathrm{d}Y$ 代表各组成环误差(或公差)$\mathrm{d}X_i$ 的综合与累积。

函数的正变与反变描述的是函数的因变量与自变量之间的增长关系。换句话说,函数的正变关系说明此函数的因变量是自变量的增函数,函数的反变关系说明此函数的因变量是自变量的减函数。

在尺寸链极值法计算中,确定极限值或上下偏差方程式时,首先要明确尺寸链方程式中封闭环与组成环之间的关系是正变还是反变关系,正变关系意味着此组成环是增环,反变关系意味着此组成环是减环。

若 $\frac{\partial f}{\partial X_i}>0$,封闭环与此组成环之间是正变关系(增函数),此组成环是增环。在求封闭环极大值时,此组成环取极大值;在求封闭环极小值时,此组成环取极小值;若 $\frac{\partial f}{\partial X_i}<0$,封闭环与此组成环之间是反变关系(减函数),此组成环是减环。在求封闭环极大值时,此组成环取极小值;在求封闭环极小值时,此组成环取极大值;若 $\frac{\partial f}{\partial X_i}=0$,封闭环与此组成环之间不存在正反变关系,在尺寸链多边形中,此组成环与封闭环相互垂直,即

$$Y^+=f(X_i^+,X_j^-)\ (X_i\text{ 为增环},X_j\text{ 为减环})$$

$$Y^-=f(X_i^-,X_j^+)\ (X_i\text{ 为增环},X_j\text{ 为减环})$$

$$\delta_Y = Y^+ - Y^- = f(X_i^+,X_j^-) - f(X_i^-,X_j^+) = \sum_{i=1}^{n} |r_i \cdot \delta_i|$$

式中:Y^+ 为封闭环极大值;Y^- 为封闭环极小值;X_i^+ 为增环极大值;X_i^- 为增环极小值;X_j^+ 为减环极大值;X_j^- 为减环极小值;r_i 为传递系数,$r_i=\frac{\partial f}{\partial X_i}$,有正负号;$\delta_Y$ 为封闭环误差(或公差);δ_i 为组成环误差(或公差)。

X_i 为广义尺寸,可表示长度尺寸、角度尺寸、重量尺寸、重心位置等。这就是极值法计算尺寸链的通用函数式。极值法是从最不利的情况来考虑的,从概率统计的观点看,这

种方法很保守,结果会使各组成环分配较严的公差,因而有一定的局限性。

2. 概率法求封闭环

根据数理统计中的中心极限定理,当组成环数较多时,无论各组成环的误差分布是否为正态分布,其封闭环的分布都非常接近正态分布,而且两端出现尺寸的概率非常小。用概率法计算尺寸链的实质,就是把按极值法求出的封闭环接近正态分布的两端的尺寸范围对称地截去,只取中部概率较大的那部分。

在船舶建造中所出现的各种误差,属于随机数据,其绝大多数的数学分布模型可用正态分布描述。对于某些组成环呈现非正态分布时,可以应用相对分布系数及分布不对称系数来折合修正后,转化成正态分布的比例关系来处理,然后进行尺寸链误差的综合,具体计算过程本书不做详细介绍。

(二)尺寸链理论在船舶精度控制中的应用

尺寸链主要是机械制造业用以制定零部件尺寸互换性原则的基本依据。船体结构的制造特点与一般的机械制造有很大的差别。因此,船体精度控制的目标,并不是实现船体结构的互换,而是进行全面的精度管理。运用尺寸链原理,可以清晰地阐明船体结构制造精度之间的关系,有效地进行结构尺寸和形状公差的计算。可以说,尺寸链原理是实施精度分配和精度控制的基础。

1. 对工艺流程中各工序进行分析并建立尺寸链

为了提出尺寸链组成环,应首先确定封闭环。对结构所经过的工艺流程进行分析,然后确定组成环。

在船体建造中,由于存在各种定位结合关系,各尺寸不一定都平行排列,这时的封闭回路可能排在一个或数个平面内,为平面尺寸链。若尺寸回路成空间排列,则称为空间尺寸链。

对于平面尺寸链,除了按前述公式直接求解尺寸链外,还可以通过投影关系将平面尺寸链分解成线性尺寸链求解。此方法称为线性尺寸链的矢量叠加法。

对于空间尺寸链,可以通过投影关系将其分解为平面尺寸链或线性尺寸链。

线性尺寸链只需一个自由度就可以定位。

对于平面尺寸链来说,必须从两个相互垂直的方向,或一个长度方向、一个角度方向才能定位。这时,要考虑定位误差在两个方向上的影响,同时,还要考虑各组成环尺寸的标注基准。对于空间尺寸链,则要限制 6 个自由度。因此,对于非线性尺寸链,必须考虑零部件结构中的定位关系与定位误差,把定位误差也作为一个组成环来考虑。

封闭环的误差是各组成环误差共同影响的结果。因此,建立尺寸链时,一是要注意封闭回路原则,即明确在装配中所要保证的尺寸即封闭环,然后从封闭环的一侧出发,按顺序寻找与之有关的每一零件上的定位面,最后又回到封闭环的另一面,这样就可以确定由原始组成环所构成的封闭尺寸回路,即原始尺寸链;二是要注意最短路原则,即组成环越多,对封闭环的误差越不利。

下面以一个船体底部分段的尺寸链封闭环与组成环的形成过程为例来说明尺寸链的构造方法(图 5-3-2)。

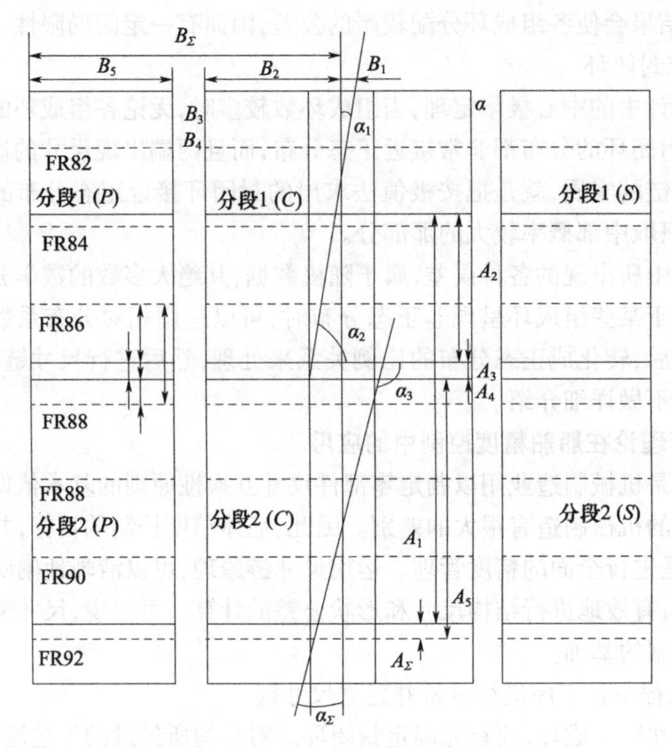

图 5-3-2　船体底部分段合拢尺寸链

对于线性尺寸链 A，首先确定封闭环 A_Σ——分段 2 上的肋骨线 FR92 与船台肋骨检查线 FR92 之间的不重合距离。从封闭环 A_Σ 的一侧"船台肋骨检查线 FR92"出发，确定第一个与之有关的组成环 A_1（船台肋骨检查线 FR82 与分段 1 上的船台肋骨检查线 FR82 之间的距离），然后从 A_1 的另一侧"分段 1 上的船台肋骨检查线 FR82"出发，确定下一个组成 A_2（船台肋骨检查线 FR82 到分段 1 首端装配边缘之间的距离，包含铺底分段 1 沿长度方向的安装误差）；再从组成环 A_2 的另一侧出发，顺次确定 A_3（分段 1 与分段 2 相邻装配边缘中心线之间的距离，指平均间隙）、A_4（分段 1 与分段 2 之间装配焊缝的横向收缩量）、A_5（分段 2 后端装配边缘到分段 2 肋骨线 FR92 之间的距离）。最后，A_5 到达封闭环的另一测"分段 2 上的肋骨 FR92"，得到整个尺寸链：

$$A_\Sigma = -A_1 + A_2 + A_3 - A_4 + A_5$$

线性尺寸链 B（确定方式同 A）：

$$B_\Sigma = B_1 + B_2 + B_3 - B_4 + B_5$$

式中：B_Σ 为船台中纵剖面与分段 1（P）装配舷边的距离；B_1 为船台中纵剖面与分段 1（C）中纵剖面之间的距离；B_2 为分段 1（C）中纵剖面与该分段外壳板边线之间的跟离；B_3 为分段 1（C）与分段 1（P）相邻装配边缘中心线之间的距离；B_4 为分段 1（C）与分段 1（P）装配焊缝的横向收缩；B_5 为分段 1（P）宽度。

2. 对尺寸链中的各环进行分析

当设备精度和工人技术水平确定后，误差（公差）范围基本上可以确定。按使用目的来分，尺寸链的应用分为以下两种情况：

求封闭环问题，即已知组成环的公称尺寸 X_i、误差 δ_i、极限上偏差 X_i^+、极限下偏差 X_i^-，

求封闭环公称尺寸 Y、误差 δ_Y、极限上偏差 Y^+、极限下偏差 Y^-。

求组成环的公差分配问题，即已知封闭环公称尺寸 Y、封闭环误差 δ_Y，求组成环误差 δ_i。

尺寸链在船体精度控制中的应用过程如图 5－3－3 所示。

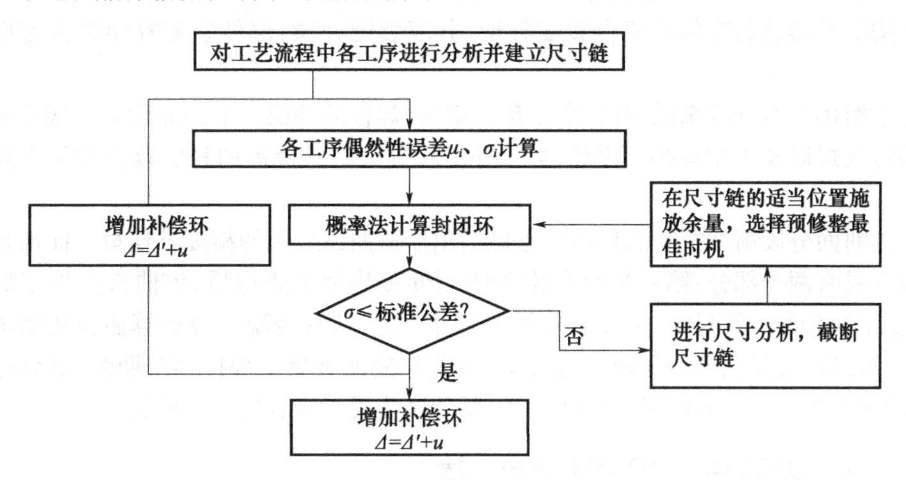

图 5－3－3　船体建造尺寸链分析过程

在尺寸链的建立过程中，有一个必须增加的环即补偿环。在工件的基本尺寸上增加一个量值，供船体建造各道工序配合中使用，并最终在满足工件配合尺寸精度要求下被各道工序所弥合。在工件的基本尺寸上增加的量值，称为补偿量。

影响补偿值各因素中，焊接引起的变形是主要因素之一，设计中必须予以充分考虑。为了保证构件完工尺寸（封闭环）的精度，需要增加这样一种补偿环。设对规则性偏差均值的补偿为 V，对偶然性偏差均值的补偿为 U，则补偿总值为

$$\Delta_i = \sum_{t=0}^{i}\sum_{j=0}^{p} U_{ij} + \sum_{t=0}^{i}\sum_{k=0}^{q} V_{tk} = \sum_{t=0}^{i}\left(\sum_{j=0}^{p} U_{tj} + \sum_{k=0}^{q} V_{tk}\right) \qquad (5-3-3)$$

式中：Δ_i 为补偿总值。p、q 为各工序内所考虑引起补偿的因素数目。

式（5－3－3）中：Δ_0 表示船台装配补偿；Δ_1 表示分段装配补偿；Δ_2 表示部件装配补偿；Δ_3 表示零件加工补偿。

（三）补偿量的确定

确定补偿量是船体精度控制技术的核心内容之一。在船体建造过程中，尺寸补偿主要用于补偿由于焊接产生的收缩。关于确定焊接补偿量的方法有几种，下面分别介绍。

确定焊接变形的方法有解析法、神经网络方法、基于弹性有限元分析的固有应变法、热弹塑性有限元分析方法。

解析法以焊接变形理论为基础，在实验与数理统计的基础上，确定焊接接头收缩的纵向（横向）塑性变形与焊接工艺参数和焊接条件的关系，进而计算焊件变形。

热弹塑性有限元分析方法从原理上可以解决复杂焊接结构的变形和应力问题，但影响焊接变形的因素较多，难以建立精确的数学模型，因而有时计算效果并不理想，计算机技术的高速发展使运用热弹塑性有限元法模拟焊接过程成为可能。固有应变法则具有较大的实用意义和发展前途。

所谓固有应变，可以认为是残余应力和残余变形的产生源。关于固有应变一维和二

维分布及其与焊接热输入和板厚的关系,已经通过实验及数理统计得到一些计算公式。在计算出一个结构固有应变分布规律的前提下,就可以仅用一次弹性有限元计算预测焊接变形的大小。事实上,基于弹性有限元的固有应变法是前述解析法的发展,其基本原理是一致的,只是采用有限元法大大扩大了问题的求解范围。

结构的补偿总值应包括船台装配补偿、分段装配补偿、部件装配补偿以及零件加工补偿。

对于船体平面分段来说,补偿主要包括切割、焊接的补偿。平面分段的焊接主要包括平板的对接焊以及 T 型焊接。因此,焊接补偿就分为对对接焊的补偿以及对 T 型焊接的补偿。

船体曲面分段精度控制的核心是正确给出船体曲面外板的精度补偿量。曲面外板的补偿量主要有两个部分:第一部分是由于曲面外板热加工成型后,该曲板产生了局部收缩,改变了初始的下料尺寸,造成了外板的尺寸不足,这种情况需要计算曲板成型加工的补偿量;第二部分是曲面分段建造过程中,需要在曲面外板上焊接多个肋骨、纵骨等加强材,使曲板产生了焊接收缩量,这种情况需要计算曲板焊接装配的补偿量。

二、用于精度控制的船台测量场构建

随着目前船舶建造行业的发展和客户对于船舶建造质量的更高要求,精度管理在船舶建造过程中也愈发重要,船台测量场作为一种可以实现船台区域内船舶建造全过程精度管理的关键技术,其发展和应用就显得十分重要。船台测量场主要由高精度测量设备、大尺寸测量技术和三维可视化分析系统 3 个核心构成。在构建和使用过程中,为了准确地对船体分段的建造精度进行分析,首先应在船台区域内构建能覆盖全域并具有统一基准的大尺寸测量控制网,通过全站仪等高精度测量设备,利用转站测量技术获取船体分段的尺寸、形状、位置等信息,之后将点云信息导入三维可视化分析系统内进行精度分析,具体工作流程如图 5-3-4 所示。先从 3D 模型中提出精度设计点集,现场数据测量后,在 3D 模型上加载测量点集,通过匹配技术对测量点集进行姿态调整,进而计算出建造偏差。

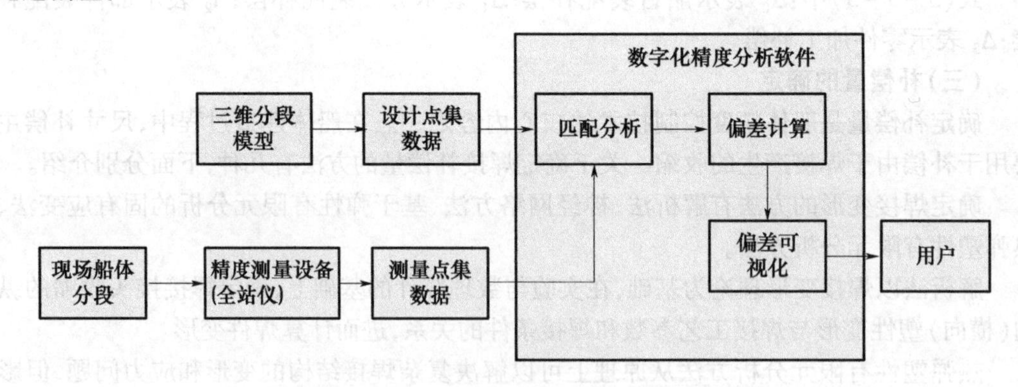

图 5-3-4　船体分段测量分析基本流程

(一)船台测量场的构成

船台测量场本质上是船台区域内的造船精度管理系统,主要包含高精度测量设备、大尺寸测量技术、三维可视化分析系统 3 个部分。

1. 高精度测量设备

利用高精度测量方法获取准确、可靠的船体分段精度数据是执行后续精度分析的基础，随着目前船舶制造业的不断进步与发展，对船舶结构测量精度提出了更高要求，而传统的以捶球、皮尺为主的测量手段也逐渐难以达到测量要求，具有较高精度的测量设备在船舶制造现场的应用也越来越广泛。

如图 5－3－5 所示，目前常见的高精度测量设备主要包括激光跟踪仪、全站仪、经纬仪、激光扫描仪、激光位移传感器，其中，激光跟踪仪和全站仪集成了激光干涉测距技术、光电探测技术、精密机械技术、计算机及控制技术、现代数值计算理论等高精度测量技术，主要有测角、测距、测高等功能；经纬仪通过光电技术实现测角及粗略测距功能；激光扫描仪利用激光测距原理，通过记录物体表面的三维坐标、纹理等信息，实现了物体三维模型的复现；激光位移传感器利用线激光技术实现了短距离内的直线距离测量，以上 5 种测量设备的特点对比如表 5－3－1 所列。

表 5－3－1　测量设备对比表

设备名称	精度	量程	速度	成本	环境影响	是否可跟踪
激光跟踪仪	高	大	快	高	大	是
全站仪	较高	大	快	较高	小	部分可以
经纬仪	较高	大	快	低	小	否
激光扫描仪	低	大	较快	高	较小	—
激光位移传感器	低	小	快	低	小	否

常见的船舶制造现场存在测量空间大、测量条件复杂的特点，在保证精度要求的基础上，考虑经济成本，所以在船舶制造行业常用的高精度测量设备为全站仪。目前常见的全站仪主要包括免棱镜模式、棱镜模式和反射片模式 3 种测量模式，相对应的辅助测量设备为棱镜、磁性旋转标靶和反射片，如图 5－3－6 所示。其中，免棱镜模式是利用全站仪发出的激光对物体表面进行直接照射，通过接收物体表面直接反射的回波，计算与物体之间的距离，此模式操作简便，且不依赖其他配套设备，故适用性较好，但此方法对物体表面的反射率要求较高，且精度较差；棱镜模式是利用光的反射原理，将全站仪发出的激光，通过棱镜尾部三面相互正交的镜片反射，最终反射光按照与原光路平行的方向返回全站仪，目前最常用的棱镜为单棱镜；反射片模式是通过在物体表面张贴具有高反射率的专用反射片，或者在指定位置布置带磁吸底座的旋转标靶，此方法有效提高了待测点的光线反射率，具有高精度、适应性高的特点，在测量作业中得到了广泛使用。

(a)

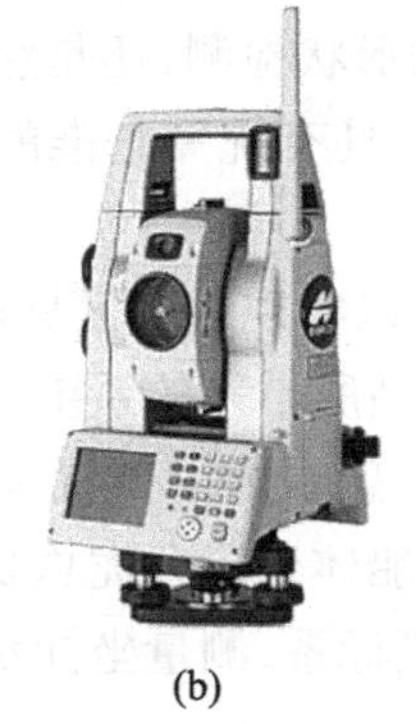

(b)

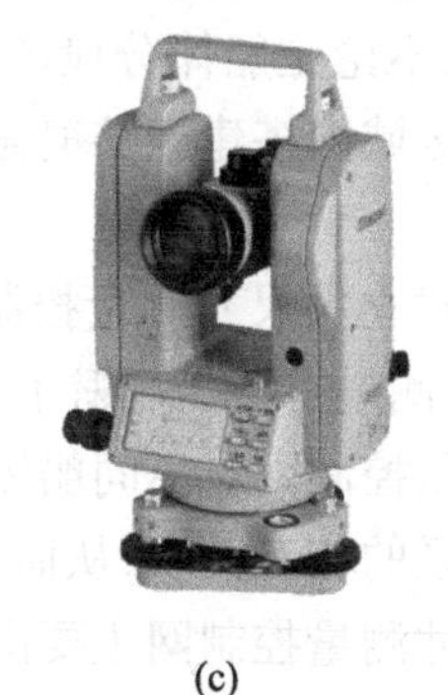

(c)

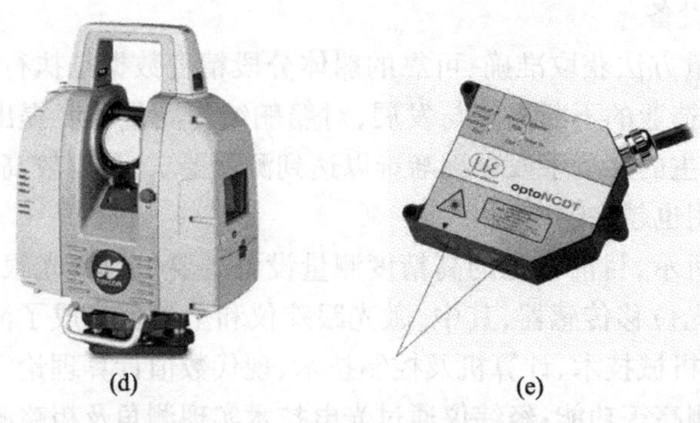

(d) (e)

图 5-3-5 常见测量设备

(a)激光跟踪仪;(b)全站仪;(c)经纬仪;(d)激光扫描仪;(e)激光位移传感器。

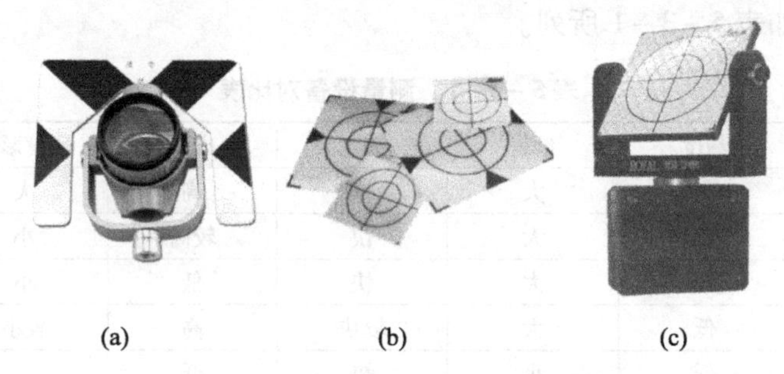

(a) (b) (c)

图 5-3-6 常见的测量辅助设备

(a)棱镜;(b)反射片;(c)旋转标靶。

2. 大尺寸测量技术

在船舶建造现场的测量作业中,由于船体分段尺寸较大,测量条件复杂,在某一固定站位下无法获取整个船体分段的尺寸和形状数据,以往常见的方法是利用全站仪进行多级转站,通过不断地转移测量站位从多个角度来获取整个船体分段的测量数据,但这种方法效率较低,并且转站过程带有无法消除的系统误差,会造成测量精度降低等问题。

为实现船体分段合拢的全过程精度管理,不仅需要获取单个船体分段的具体位置信息,还需要对不同船体分段的相对位置进行定位,使不同时刻、不同位置所测得的数据统一到同一基准下,此时,传统的多级转站的测量方法由于没有在船台区域内形成统一基准,故无法将多组测量数据接入到同一坐标系下,也就无法实现船舶制造的全过程精度管理。因此,不论是船体分段的尺寸和形状检测,还是船体分段合拢总装的过程管理,都需要在船台区域内搭建能够覆盖全域的具有统一基准的大尺寸测量控制网,如图 5-3-7 所示。

通过建立大尺寸测量控制网,可以实现船台区域内以任意设站的形式对船体分段进行测量,从测量方法上规避了多级转站所带来的系统误差,提高了测量精度,同时,可利用大尺寸测量控制网对不同船体分段在船台内的位置进行准确定位,实现了不同船体分段测量坐标系的相互关联,从而实现了船体分段合拢总装的过程管理。

大尺寸测量控制网主要由基准坐标系、测量坐标系和公共点所组成。

基准坐标系是船台测量场全域内唯一的全局坐标系，在船台测量场区域内任意位置设站进行测量所得到的数据最终都要经过坐标转换到此坐标系进行统一表达，基准坐标系并不是某一固定的站位，而是通过数据处理的方式，对公共点进行位置分析和误差处理所得到的误差最小的坐标系，但在船舶建造现场的测量作业中，为了方便数据处理和误差分析，通常将船舶整体的设计坐标系设为基准坐标系。

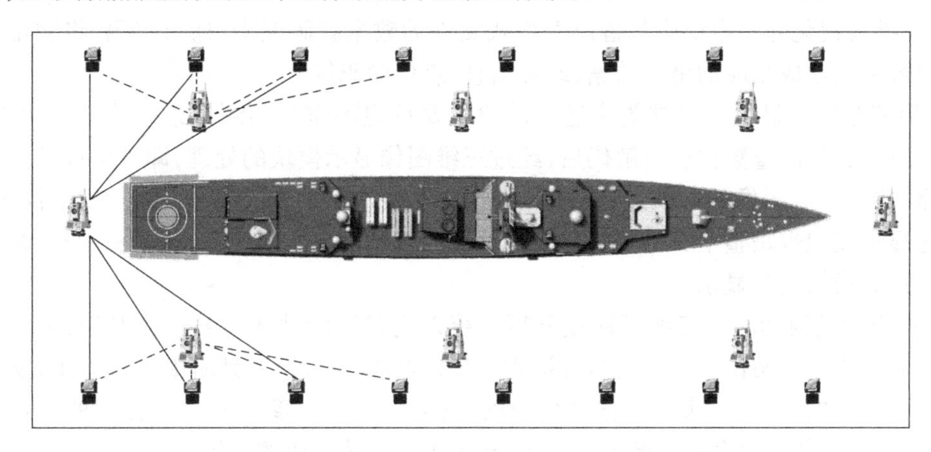

图 5-3-7 大尺寸测量控制网示意图

测量坐标系是指在利用全站仪进行测量作业时，全站仪所定义的坐标系，也可以表述为站位坐标系，一台全站仪只对应一个测量坐标系，其坐标原点一般在全站仪同轴望远镜的轴心和竖直角旋转轴轴心的交点位置，测量坐标系的位置只和全站仪的架设站位有关，不同的测量坐标系之间在没有外部参考的情况下，相互位置没有关联，因此，在大尺寸测量控制网中，需要架设基准公共点来为不同的测量坐标系提供外部参考，从而实现坐标系的统一。

基准公共点是在大尺寸测量控制网内所布置的三维空间位置参考点，其主要作用是实现基准坐标系和测量坐标系的关联，或者不同测量坐标系间的相互关联，在利用大尺寸测量控制网对船体分段进行测量作业时，在某一站位下，利用全站仪测量全部或者部分公共点可确定测量坐标系的位置，利用坐标转换原理可将当前测量坐标系统一到基准坐标系中，当站位发生改变时，利用前后测量坐标系在基准坐标系中的相对位置，即可实现不同测量坐标系的相互关联。

在构建大尺寸测量控制网的过程中，基准公共点的布置和测量站位的选取是决定大尺寸测量控制网精度的关键环节，基准公共点的数量、位置、布置形式和测量站位的数量、位置都会对最终的测量精度产生影响，因此，大尺寸测量控制网的构建过程本质上就是基准公共点和测量站位的布局和优化过程。

3. 三维可视化分析系统

在船台测量场中，高精度测量设备通常只承担船体分段测量的数据获取功能，其测量设备所具备的数据处理和分析能力有限，因此，为了实现对测量数据的复杂处理，需要开发与测量系统相匹配的三维可视化分析系统对测量数据进行三维可视化处理、精度分析等。

三维可视化分析系统应具备以下基本功能。

(1)通信。以拓普康 MSAXII 系列全站仪为例，其主要有蓝牙无线通信、RS232C 串口通信、USB通信3种模式，因此，三维可视化分析系统也应集成以上3种常见的通信模式。此外，三维可视化分析系统除了具备实时通信功能以外，还应具备相对应的数据导入功能，以便于将测量系统得到的测量数据以固定格式导入三维可视化分析系统，并实现对导入数据的处理。

(2)数据解码。高精度测量系统得到的测量数据通常以GTS、SET、DAT等格式输出，因此，三维可视化分析系统应具备以上格式文件的数据解码能力，通过解码，将测量系统的输出数据还原成相应的坐标数据、站位信息、点位简码等。

(3)三维图像显示。三维图像显示模块主要承担操作者和测量系统的交互功能，测量系统所得到的测量数据进行解码后，经过三维图像显示模块的处理，即可生成相应的点云模型，并以三维图像的形式进行显示，从而实现船体分段形状、尺寸的可视化，同时，三维图像显示模块也是整个三维可视化分析系统的视觉输出窗口，所有的坐标数据、精度数据均通过此模块进行显示。

(4)坐标转换功能。三维可视化分析系统以高精度转站测量算法为基础，将大尺寸测量控制网内不同站位所测得的坐标数据，通过坐标转换，统一到基准坐标系下，从而可以对船体分段的尺寸、形状等数据进行长度、角度、高程、挠度和曲率等方面的分析计算外，还可以在船体分段合拢总装的过程中，显示不同船体分段的位置信息。

(5)模型匹配功能。为了对船体分段的建造精度进行判断，需要将测量所得到的测量模型与船体分段的设计模型进行对比，通过模型匹配计算得到尺寸偏差、形状偏差等数据，从而进行建造误差的分析。

(二)船台测量场的作用和意义

搭建船台测量场为实现船舶建造全过程的精度管理提供了可靠稳定的检测手段，并为船体分段的合拢过程提供了准确高效的定位方法，其具体作用如下。

1. 船体分段的数字化检测

船体分段的外壳通常由不可展开的三维空间曲面构成，目前，大部分船厂仍在使用样板、样箱对船体分段的外壳进行曲面检测，此方法过度依赖工人的经验判断，并且测量效率低、检测精度差。同时，对于船体分段整体而言，尺寸大、结构复杂、测量环境恶劣，传统的接触式测量方法也越来越难以满足不断提高的精度要求。船台测量场的构建提供了一种稳定可靠的高精度测量方法，通过在船台区域内搭建大尺寸测量控制网，配合全站仪等高精度测量设备，实现了船体分段的数字化测量。同时，随着复杂曲面重建和点云配准技术的发展，利用三维图像分析技术便可以实现复杂曲面成型质量和船体分段建造质量的数字化评估。船台测量场将高精度测量功能和三维可视化分析功能集成为一个整体的造船精度管理系统，极大地提高了测量精度、缩短了测量时间、减少了由于人工操作带来的检测误差。

2. 船体分段合拢的数字化监测

船体分段合拢过程中船体分段的实时监测是保证合拢精度、缩短合拢时间的重要前提，在目前的船舶制造行业，船体分段的合拢通常采用二次定位的方式。首先，根据船体分段的尺寸和方向，在船台上沿待合拢分段的船体中心线方向划出一条船体中心指向线和数条平行线，并在船台区域内做好相应接缝线、肋骨检验线等重要标记；其次，利用吊具将船体分段吊至船台的合拢区域，使船体分段的中心线和船台上船体中心指向线方向吻合,利用垫墩调整船体分段的水平度;再次,相邻分段进行初步合拢,根据合拢结果,记录下船体分段余料的切割量,并做好相应的标记;最后,根据初步合拢结果进行船体分段的余量切割,切割完成后,进行二次定位合拢,合拢方法与初步合拢类似,合拢过程结束后,进行相应的精度检测和质量检验。从合拢过程可以看出,传统的依靠二次定位的合拢方法不仅效率较低,而且在合拢过程中船体分段的位置无法检测、精度无法跟踪,搭建船台测量场为解决以上问题提供了较好的解决方法。

船体分段在船台测量场中经过精度检测,可以得到建造实体和设计模型的尺寸、形状差别,因此,在合拢开始之前,就可以进行余量切割,并且此方法相对于利用初步合拢确定切割余量拥有更高的精度和效率。在船台分段合拢的过程中,由于整个船台均被大尺寸测量控制网所覆盖,因此,利用带自动照准的全站仪,对全站仪站位进行合理规划,即可实现船体分段的全程数字化定位。在得到船体分段的实时位置之后,就可以利用三维可视化分析系统对合拢过程进行实时跟踪和模拟,从而对合拢的进程进行控制,根据模拟结果,还可以对合拢过程中船体分段的方向、水平度等参数进行调整,进一步保证合拢精度。合拢过程结束后,利用船台测量场中的各类测量方法,也可以在第一时间内对合拢的结果进行测量、分析。

(三)船台测量场的理论基础

在船台测量场中,大尺寸测量控制网的构建的关键在于利用转站测量技术,即通过激光全站仪对不同公共点进行测量,将船台区域内所有的公共点统一到基准坐标系下,在船体分段的测量作业中,在某一站位下通过测量已经标定过的部分公共点,即可求得当前站位测量坐标系和基准坐标系的转换关系,从而将不同站位下测得的坐标数据统一到基准坐标系下。

转站测量的关键在于坐标转换,对于同一组公共点,设其在某一站测量时所得到的坐标集合为 $P=\{P_i\}_{i=1}^{n}$,在另一站测量时所得到的坐标集合为 $O=\{O_i\}_{i=1}^{n}$(公共点数量为 n),则转站模型可以表示为 $O=\boldsymbol{R}P+\boldsymbol{T}$,其中,$\boldsymbol{T}$ 为平移矩阵,表示距离参数,即坐标系变换前后坐标原点的平移矩阵;$\boldsymbol{R}$ 为旋转矩阵,表示角度参数,即坐标系变换前后,坐标轴方向所需要旋转的角度,通常用欧拉角进行表示。

设在坐标变换前后,测量坐标系沿 X 轴的旋转角度为 α,沿 Y 轴的旋转角度为 β,沿 Z 轴的旋转角度为 γ,则测量坐标系沿 X、Y、Z 轴的旋转矩阵 $\boldsymbol{R}_X$、$\boldsymbol{R}_Y$、$\boldsymbol{R}_Z$ 可以分别表示为

$$\boldsymbol{R}_X=\begin{bmatrix}1 & 0 & 0\\ 0 & \cos\alpha & \sin\alpha\\ 0 & -\sin\alpha & \cos\alpha\end{bmatrix},\boldsymbol{R}_Y=\begin{bmatrix}\cos\beta & 0 & -\sin\beta\\ 0 & 1 & 0\\ \sin\beta & 0 & \cos\beta\end{bmatrix},\boldsymbol{R}_Z=\begin{bmatrix}\cos\gamma & \sin\gamma & 0\\ -\sin\gamma & \cos\gamma & 0\\ 0 & 0 & 1\end{bmatrix} \tag{5-3-4}$$

所以,在坐标变换时,旋转矩阵 $\boldsymbol{R}$ 可以用欧拉角表示为

$$\begin{aligned}\boldsymbol{R}&=\boldsymbol{R}_X\cdot\boldsymbol{R}_Y\cdot\boldsymbol{R}_Z\\&=\begin{bmatrix}\cos\beta\cos\gamma & \cos\beta\sin\gamma & -\sin\beta\\ \sin\alpha\sin\beta\cos\gamma-\cos\alpha\sin\gamma & \sin\alpha\sin\beta\sin\gamma+\cos\alpha\sin\gamma & \sin\alpha\cos\beta\\ \cos\alpha\sin\beta\cos\gamma+\sin\alpha\sin\gamma & \cos\alpha\sin\beta\sin\gamma-\sin\alpha\cos\gamma & \cos\alpha\cos\beta\end{bmatrix}\end{aligned} \tag{5-3-5}$$

欧拉角通过3个相互独立的角度变量实现了对整个旋转过程的复现,其几何意义十分具体,故常用在目前的三维坐标解算领域,而对于**R**、**T**参数的求解,主要有以下方法。

1. 罗德里格矩阵法

在坐标转换过程中,罗德里格矩阵可以看作是由反对称矩阵**D**和3阶单位矩阵**I**所构成的正交矩阵,其数学表达形式为

$$\boldsymbol{R}=(\boldsymbol{I}+\boldsymbol{D})(\boldsymbol{I}-\boldsymbol{D})^{\mathrm{T}} \tag{5-3-6}$$

式中:**D**为反对称矩阵,可表示为

$$\boldsymbol{D}=\begin{bmatrix}0 & -c & -b\\ c & 0 & -a\\ b & a & 0\end{bmatrix} \tag{5-3-7}$$

根据布尔莎-沃尔夫坐标转换模型,坐标转换的7个参数包括3个角度参数、3个距离参数和1个尺度参数,在利用罗德里格矩阵对以上参数进行求解时,可利用反对称矩阵**D**中的a、b、c3个矩阵元素代替α、β、γ3个旋转角度来建立坐标转换的数学模型,并按照尺度参数、角度参数、距离参数的顺序依次求解。

在大尺寸测量控制网中选取多个公共点,尺度参数即可通过任意两个公共点分别在坐标系$O'-X'Y'Z'$和坐标系$O-XYZ$的距离比求出

$$k=\frac{\sqrt{(X'_i-X'_j)^2+(Y'_i-Y'_j)^2+(Z'_i-Z'_j)^2}}{\sqrt{(X_i-X_j)^2+(Y_i-Y_j)^2+(Z_i-Z_j)^2}} \tag{5-3-8}$$

特别地,在大尺寸测量控制网中进行转站测量时,公共点的相对位置固定,故k的取值一般为1。

在对角度参数a、b、c求解时,可先利用不同公共点的坐标转换计算公式相减消去距离参数。首先,将不同公共点在坐标系$O'-X'Y'Z'$和$O-XYZ$中的坐标值带入转站模型,可得

$$\begin{bmatrix}X'_i\\ Y'_i\\ Z'_i\end{bmatrix}=k\boldsymbol{R}\begin{bmatrix}X_i\\ Y_i\\ Z_i\end{bmatrix}+\boldsymbol{T},\quad \begin{bmatrix}X'_j\\ Y'_j\\ Z'_j\end{bmatrix}=k\boldsymbol{R}\begin{bmatrix}X_j\\ Y_j\\ Z_j\end{bmatrix}+\boldsymbol{T} \tag{5-3-9}$$

两式相减并再左右同时左乘$(\boldsymbol{I}-\boldsymbol{D})$,可得

$$(\boldsymbol{I}-\boldsymbol{D})\begin{bmatrix}X'_i-X'_j\\ Y'_i-Y'_j\\ Z'_i-Z'_j\end{bmatrix}=k(\boldsymbol{I}-\boldsymbol{D})\boldsymbol{R}\begin{bmatrix}X_i-X_j\\ Y_i-Y_j\\ Z_i-Z_j\end{bmatrix} \tag{5-3-10}$$

令$X_{ij}=X_i-X_j$,$Y_{ij}=Y_i-Y_j$,$Z_{ij}=Z_i-Z_j$,$X'_{ij}=X'_i-X'_j$,$Y'_{ij}=Y'_i-Y'_j$,$Z'_{ij}=Z'_i-Z'_j$,将式(5-3-7)和**I**代入式(5-3-10),整理可得

$$\begin{bmatrix}0 & -kZ_{ij}-Z'_{ij} & -kY_{ij}-Y'_{ij}\\ -kZ_{ij}-Z'_{ij} & 0 & kX_{ij}+X'_{ij}\\ -kY_{ij}-Y'_{ij} & kX_{ij}+X'_{ij} & 0\end{bmatrix}\begin{bmatrix}a\\ b\\ c\end{bmatrix}=\begin{bmatrix}X'_{ij}-kX_{ij}\\ Y'_{ij}-kY_{ij}\\ Y'_{ij}-kY_{ij}\end{bmatrix} \tag{5-3-11}$$

在式(5-3-10)中,左侧的系数矩阵行列式为0,且仅有两个方程,故无法通过此方程对角度参数a、b、c进行求解,因此,需要在此基础上再引入另一组公共点,按照同样的方法构建求解方程,并将所得到的方程与式联立,可得

$$\begin{bmatrix} 0 & -kZ_{ij}-Z'_{ij} & -kY_{ij}-Y'_{ij} \\ -kZ_{ij}-Z'_{ij} & 0 & kX_{ij}+X'_{ij} \\ -kY_{ij}-Y'_{ij} & kX_{ij}+X'_{ij} & 0 \\ 0 & -kZ_{il}-Z'_{il} & -kY_{il}-Y'_{il} \\ -kZ_{il}-Z'_{il} & 0 & kX_{il}+X'_{il} \\ -kY_{il}-Y'_{il} & kX_{il}+X'_{il} & 0 \end{bmatrix} \begin{bmatrix} a \\ b \\ c \end{bmatrix} = \begin{bmatrix} X'_{ij}-kX_{ij} \\ Y'_{ij}-kY_{ij} \\ Z'_{ij}-kZ_{ij} \\ X'_{il}-kX_{il} \\ Y'_{il}-kY_{il} \\ Z'_{il}-kZ_{il} \end{bmatrix} \tag{5-3-12}$$

利用最小二乘法对式(5-3-12)进行求解，可得到角度参数 a、b、c，并将结果代入式(5-3-6)、式(5-3-7)、式(5-3-9)，即可得到旋转矩阵 $\boldsymbol{R}$ 和平移矩阵 $\boldsymbol{T}$。

2. 奇异值分解法

奇异值分解法是一种基于误差最小假设的三维坐标转换方法，在船台测量场中，由于测量误差的存在，利用高精度测量设备所测得的三维空间坐标和公共点的理论坐标会发生一定程度的偏差，奇异值分解法通过最小二乘法对转站误差进行最小值估计，从而求解出当误差最小时的坐标转换参数。

$P=\{\boldsymbol{P}_i\}_{i=1}^n$ 和 $O=\{\boldsymbol{O}_i\}_{i=1}^n$ 表示不同站位测量的公共点坐标点集，$\overline{\boldsymbol{P}}$ 和 $\overline{\boldsymbol{O}}$ 分别为点集 P 和 O 的中心，在进行坐标转换前后，由于公共点间的相对位置不变，即满足

$$\overline{\boldsymbol{O}}=\boldsymbol{R}\,\overline{\boldsymbol{P}}+\boldsymbol{T} \tag{5-3-13}$$

对坐标点集 $P=\{\boldsymbol{P}_i\}_{i=1}^n$ 和 $O=\{\boldsymbol{O}_i\}_{i=1}^n$ 作去中心化处理，令

$$\boldsymbol{p}_i=\boldsymbol{P}_i-\overline{\boldsymbol{P}},\boldsymbol{o}_i=\boldsymbol{O}_i-\overline{\boldsymbol{O}} \tag{5-3-14}$$

在坐标转换过程中，转站参数误差可以表示为

$$e=\frac{1}{n}\sum_{i=1}^{n}\|\boldsymbol{O}_i-(\boldsymbol{R}\boldsymbol{P}_i+\boldsymbol{T})\|^2 \tag{5-3-15}$$

将式(5-3-13)和式(5-3-14)代入，则式(5-3-15)可写成以下形式：

$$e=\frac{1}{n}\sum_{i=1}^{n}\|\boldsymbol{o}_i-\boldsymbol{R}\boldsymbol{p}_i\|^2 \tag{5-3-16}$$

展开可得

$$\begin{aligned} e &= \frac{1}{n}\sum_{i=1}^{n}\|\boldsymbol{o}_i-\boldsymbol{R}\boldsymbol{p}_i\|^2 \\ &= \frac{1}{n}\sum_{i=1}^{n}(\boldsymbol{o}_i-\boldsymbol{R}\boldsymbol{p}_i)^{\mathrm{T}}(\boldsymbol{o}_i-\boldsymbol{R}\boldsymbol{p}_i) \\ &= \frac{1}{n}\sum_{i=1}^{n}(\boldsymbol{o}_i^{\mathrm{T}}\boldsymbol{o}_i+\boldsymbol{p}_i^{\mathrm{T}}\boldsymbol{R}^{\mathrm{T}}\boldsymbol{R}\boldsymbol{p}_i-\boldsymbol{o}_i^{\mathrm{T}}\boldsymbol{R}\boldsymbol{p}_i-\boldsymbol{p}_i^{\mathrm{T}}\boldsymbol{R}^{\mathrm{T}}\boldsymbol{o}_i) \\ &= \frac{1}{n}\sum_{i=1}^{n}(\boldsymbol{o}_i^{\mathrm{T}}\boldsymbol{o}_i+\boldsymbol{p}_i^{\mathrm{T}}\boldsymbol{p}_i-2\boldsymbol{o}_i^{\mathrm{T}}\boldsymbol{R}\boldsymbol{p}_i) \end{aligned} \tag{5-3-17}$$

当式(5-3-17)有最小值，即转站误差最小时，$\sum\limits_{i=1}^{n}(\boldsymbol{o}_i^{\mathrm{T}}\boldsymbol{R}\boldsymbol{p}_i)$ 有最大值，此时满足

$$\sum_{i=1}^{n}(\boldsymbol{o}_i^{\mathrm{T}}\boldsymbol{R}\boldsymbol{p}_i)=\mathrm{Trace}\left(\sum_{i=1}^{n}\boldsymbol{R}\boldsymbol{o}_i^{\mathrm{T}}\boldsymbol{p}_i\right)=\mathrm{Trace}(\boldsymbol{R}\boldsymbol{H}) \tag{5-3-18}$$

其中

$$\boldsymbol{H}=\boldsymbol{o}_i^{\mathrm{T}}\boldsymbol{p}_i$$

对矩阵 $\boldsymbol{H}$ 进行奇异值分解得

$$\boldsymbol{H}=\boldsymbol{U}\boldsymbol{\Lambda}\boldsymbol{V}^{\mathrm{T}} \tag{5-3-19}$$

式中：$\boldsymbol{U}$ 和 $\boldsymbol{V}$ 为酉矩阵，$\Lambda=\mathrm{diag}\{d_1,d_2,d_3\}$，且 $d_1\geqslant d_2\geqslant d_3\geqslant 0$。

将式(5－3－19)代入式(5－3－18)，可得

$$\sum_{i=1}^{n}(\boldsymbol{o}_i^{\mathrm{T}}\boldsymbol{R}\boldsymbol{p}_i)=\mathrm{Trace}(\boldsymbol{R}\boldsymbol{H})=\mathrm{Trace}(\boldsymbol{R}\boldsymbol{U}\boldsymbol{\Lambda}\boldsymbol{V}^{\mathrm{T}})=\mathrm{Trace}(\boldsymbol{\Lambda}\boldsymbol{V}^{\mathrm{T}}\boldsymbol{R}\boldsymbol{U}) \tag{5-3-20}$$

令 $X=\boldsymbol{V}^{\mathrm{T}}\boldsymbol{R}\boldsymbol{U}$，并代入式(5－3－20)，可得

$$\sum_{i=1}^{n}(\boldsymbol{o}_i^{\mathrm{T}}\boldsymbol{R}\boldsymbol{p}_i)=\mathrm{Trace}(\boldsymbol{\Lambda}\boldsymbol{X})=\sum_{i=1}^{3}d_i x_{ii} \tag{5-3-21}$$

由于 $\boldsymbol{U}$ 和 $\boldsymbol{V}$ 为酉矩阵，$\boldsymbol{R}$ 为旋转矩阵，则 $\boldsymbol{X}$ 也是正交矩阵，并满足 $x_{ii}\leqslant 1$，因此，只有当 $\boldsymbol{R}=\boldsymbol{V}\boldsymbol{U}^{\mathrm{T}}$，$\boldsymbol{X}$ 为酉矩阵，此时，式(5－3－21)成立，由此可以得出旋转矩阵：

$$\boldsymbol{R}=\boldsymbol{V}\boldsymbol{U}^{\mathrm{T}} \tag{5-3-22}$$

(四)船台测量场数据误差来源

船台测量场系统是利用全站仪等高精度测量设备，在覆盖船台区域的大尺寸测量控制网内，利用转站测量技术，对船体分段进行高精度尺寸测量的系统，其主要承担着船体分段尺寸、形状和精度数据的获取任务，因此，测量系统的精度会对船体分段的精度分析和位姿监测产生直接的影响。为了提高测量系统的精度，进一步减小误差，提高船体分段的测量准确度，对高精度测量系统的误差和不确定度进行分析就显得尤为重要。

由船台测量场的系统构成可知，测量系统的精度主要取决于两个因素：一是测量设备所能达到的精度；二是大尺寸测量技术的精度。其中，大尺寸测量技术的精度取决于大尺寸测量控制网所能达到的精度，大尺寸测量控制网作为船台测量场测量数据的统一基准，其精度主要取决于公共点的数量、配置形式、空间尺寸、测量精度和转站算法。此外，在转站测量的过程中，由于公共点和测量点存在无法避免的测量误差，最终也会对测量系统的精度产生影响。在目前船舶制造行业中，船台测量场的应用尚处于发展阶段，对于大尺寸测量控制网的建立常常是以经验为主导，相应的误差估计也主要以简单估计为主，因此，建立测量系统的误差估计模型和相应的不确定度估计方法，就可以对整个测量系统的误差和不确定度进行评估，从而对船台测量场的建立和使用提供准确、可靠的参考。这一过程首先要解决的问题就是分析测量系统的误差来源。

1. 测量场搭建过程中的误差

测量场的搭建过程主要指的是大尺寸测量控制网的搭建过程，其关键在于利用转站测量技术将不同全站仪测量站位统一到一个基准下，转站测量的过程如图 5－3－8 所示。

图 5－3－8 中，方形点为公共点，两个坐标系的原点位置为全站仪等测量设备的测量站位，虚线为测量设备所引出的测量激光束。在进行转站测量时，需要不同站位下对同一组公共点进行测量，得到公共点的测量数据后，利用坐标转换原理求解两次公共点数据间的坐标转换参数，再利用求解得到的坐标转换参数将两个测量站位坐标系统一到一个基准下。因此，在构建大尺寸测量控制网时，首先在合适的位置布置相当数量的公共点，公共点的数量、位置、空间尺寸和配置形式均会对转站的精度产生影响，此时，

就引入了一部分无法消除的测量控制网所固有的参数误差；在布置过公共点之后，需要架设一定的测量站位，在某一站下尽可能多地测得足够数量的公共点，并将在不同站位下所测得的公共点利用坐标转换原理统一到基准坐标系下，此时，会引入两部分误差。一是公共点的测量误差，全站仪和其配套使用的各类测量辅助装置，由于加工精度的原因，其自身会存在一定的仪器误差。此误差同时还受到测量现场的温度、光线等外部环境影响，并且在测量现场的作业过程中，测量站位和公共点之间的距离、角度及测量站位的位置均会对测量精度产生一定的影响。此外，在测量员对测量设备的操作过程中，也会无法避免地引入一定的人为误差，以上多种因素共同组成了公共点的测量误差。二是转站参数误差，在理想的坐标转换过程中，转站前后的坐标点集应完全重合，但是，由于测量误差的存在，转站前后的坐标点集会产生一定的位置偏差，此时，利用坐标转换算法对转站参数进行计算时，所得到的转站参数也会和理论参数产生一定的偏差，并且，由于不同坐标转换算法本身对转站参数的描述方法不同、计算原理不同，因此，不同的坐标转换算法的精度也有所不同，此时，由坐标转换算法所引起的误差为转站参数误差。

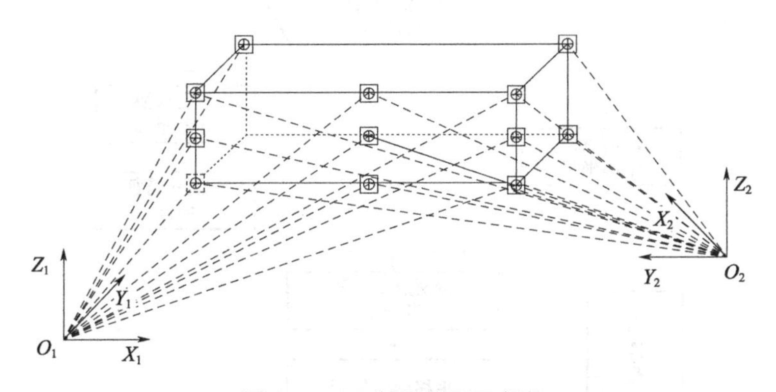

图 5-3-8　转站测量示意图

2. 测量场使用过程中的误差

船台测量场的主要作用是采集船体分段的形状、尺寸和精度数据，在其使用过程中，首先在大尺寸测量场内，根据测量任务需要，结合测量现场的具体环境，在合适的位置布设数量合适的测量站位，并测量一定数量的公共点，对当前测量站位在基准坐标系中的具体位置进行定位，再利用全站仪等高精度测量设备及其配套设备对船体分段的质量控制点进行测量，最后，将不同站位下所测得的船体分段质量控制点坐标利用坐标转换原理，整合至基准坐标系下。在测量过程中的误差来源与大尺寸测量场搭建过程中的误差来源相似，主要会引入测量误差和转站参数误差，特别地，在测量系统的使用过程中，测量误差除了有公共点的测量误差，还有船体分段质量控制点的测量误差。

（五）船台测量场测量数据分析

在船台测量场中对船体分段进行测量时，首先获取足够精度的船体分段尺寸和形状等数据，然后将测量数据和船体分段的设计模型进行对比，最后对船体分段的建造误差和建造质量进行检测和评估。在目前的工程实践领域，常采用的是一种点云配准方法，其原理是将测量得到的点云数据和设计模型整合至同一坐标系下，实现测量点云数据和设计模型的空间位置和方向的重合，并对其重合度进行计算，从而得到测量点云和设计模型的位置偏差,即现有产品的加工误差。

对于船台测量场而言,就是将测量点数据与 CAD 模型进行自动匹配(图 5 - 3 - 9)。匹配过程可以分为两个步骤:粗匹配与精匹配。由于船舶分段建造摆放位置不同、测量点坐标与模型设计点坐标不在同一坐标系下等原因,造成坐标值相差过大,通过粗匹配缩小点集间的平移偏差和旋转偏差,为精匹配提供良好的初值。目前,大多数造船精度控制软件均采用最简单的粗匹配,即利用人工选择不在同一直线上的 3 个点,并通过这 3 个点建立一个坐标系,通过匹配这个坐标系来粗略完成船体分段测量点集的匹配。由于这种方法需要人工参与选点,效率不高,很大程度上依赖于人员的经验,匹配结果只与 3 个点的建造精度有关,无法让其他船体测量点参与计算,匹配结果未必最优。为避免上述问题,可以采用 PCA 法进行粗匹配,再通过搜索最近点法来确定对应点对。

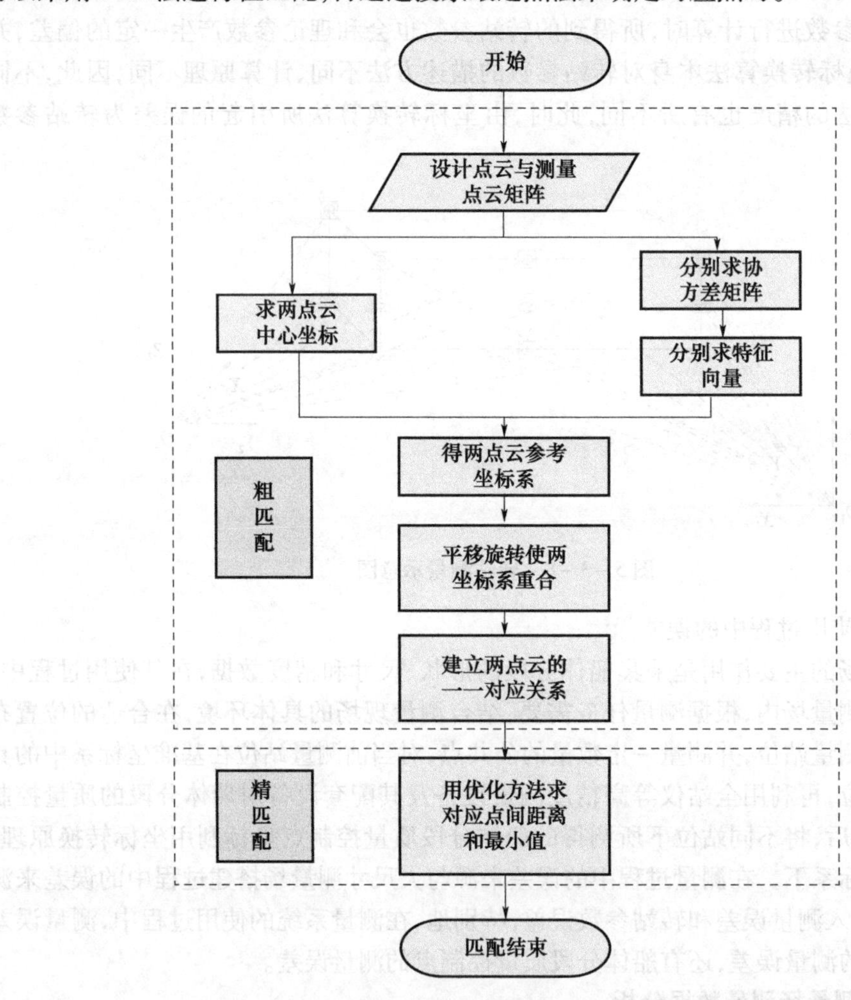

图 5 - 3 - 9　船体分段测量点数据与 CAD 模型自动匹配流程图

1. 基于 PCA 的粗匹配数学模型

PCA 是通过分析离散数据点的分布特征,求得物体的主要分布规律和方向。其原理如下:首先找到随机变量的均值,也就是实际数据点云的中心;然后计算点云顶点的协方差矩阵,将它的特征矢量找出。由矩阵理论可知,实对称矩阵的特征向量是两两垂直,这与三维空间正好相符合。这 3 个特征矢量的几何意义分别是:空间内点最密集的方向、空间内点最稀疏的方向、过点云中心并且与最密集的方向垂直的平面内点最密集的方向。

基于 PCA 的粗匹配具体过程如下。

(1)分别构造设计点集矩阵和测量点集矩阵,其中设计点集矩阵 $\boldsymbol{P}$ 和测量点集矩阵 $\boldsymbol{Q}$ 如下:

$$\boldsymbol{P}=\begin{bmatrix} x_1^{(P)} & y_1^{(P)} & z_1^{(P)} \\ x_2^{(P)} & y_2^{(P)} & z_2^{(P)} \\ \cdot & \cdot & \cdot \\ \cdot & \cdot & \cdot \\ \cdot & \cdot & \cdot \\ x_n^{(P)} & y_n^{(P)} & z_n^{(P)} \end{bmatrix},\boldsymbol{Q}=\begin{bmatrix} x_1^{(Q)} & y_1^{(Q)} & z_1^{(Q)} \\ x_2^{(Q)} & y_2^{(Q)} & z_2^{(Q)} \\ \cdot & \cdot & \cdot \\ \cdot & \cdot & \cdot \\ \cdot & \cdot & \cdot \\ x_n^{(Q)} & y_n^{(Q)} & z_n^{(Q)} \end{bmatrix}$$

(2)分别求出设计点集中心 $\overline{\boldsymbol{P}}$ 和测量点集中心 $\overline{\boldsymbol{Q}}$,即点集坐标的平均值为

$$\overline{\boldsymbol{P}}=\frac{1}{n}\sum_{i=1}^{n}\boldsymbol{P}_i$$

$$\overline{\boldsymbol{Q}}=\frac{1}{n}\sum_{i=1}^{n}\boldsymbol{Q}_i$$

(3)分别求出设计点集的协方差矩阵 $\mathrm{cov}\boldsymbol{P}$ 和测量点集的协方差矩阵 $\mathrm{cov}\boldsymbol{Q}$:

$$\mathrm{cov}\boldsymbol{P}=\begin{bmatrix} \mathrm{cov}(X^{(P)},X^{(P)}) & \mathrm{cov}(X^{(P)},Y^{(P)}) & \mathrm{cov}(X^{(P)},Z^{(P)}) \\ \mathrm{cov}(Y^{(P)},X^{(P)}) & \mathrm{cov}(Y^{(P)},Y^{(P)}) & \mathrm{cov}(Y^{(P)},Z^{(P)}) \\ \mathrm{cov}(Z^{(P)},X^{(P)}) & \mathrm{cov}(Z^{(P)},Y^{(P)}) & \mathrm{cov}(Z^{(P)},Z^{(P)}) \end{bmatrix}$$

$$\mathrm{cov}\boldsymbol{Q}=\begin{bmatrix} \mathrm{cov}(X^{(Q)},X^{(Q)}) & \mathrm{cov}(X^{(Q)},Y^{(Q)}) & \mathrm{cov}(X^{(Q)},Z^{(Q)}) \\ \mathrm{cov}(Y^{(Q)},X^{(Q)}) & \mathrm{cov}(Y^{(Q)},Y^{(Q)}) & \mathrm{cov}(Y^{(Q)},Z^{(Q)}) \\ \mathrm{cov}(Z^{(Q)},X^{(Q)}) & \mathrm{cov}(Z^{(Q)},Y^{(Q)}) & \mathrm{cov}(Z^{(Q)},Z^{(Q)}) \end{bmatrix}$$

式中:X、Y、Z 分别为设计点集矩阵的 3 个列矢量;X'、Y'、Z' 分别为测量点集矩阵的 3 个列矢量。

(4)分别求协方差矩阵的特征值和特征矢量。按特征值从大到小对应的特征矢量构成矢量矩阵。由于该协方差矩阵为实对称矩阵,实对称矩阵的特征矢量互相正交,对于两组点集数据,以中心为坐标系的原点,求得的 3 个特征矢量分别对应 X、Y、Z 轴,建立点集的参考坐标系。

(5)将两个参考坐标系调整一致,再将此参考坐标系调整到与世界坐标系一致,这样可以得到设计点集矩阵与变换前相同,测量点集矩阵经变换后得到新矩阵 $\boldsymbol{Q}_m$,以及矩阵的行矢量表达点坐标。

(6)对于 $\boldsymbol{Q}_m$ 中的任一点,在 $\boldsymbol{P}$ 中都能找到一个最近点,则此最近点即为其对应点。通过这种方法调整 $\boldsymbol{Q}_m$ 中行矢量的位置,将两点集中的点一一对应,得到新矩阵 $\boldsymbol{Q}_n$,即可达到粗匹配。

2. 基于欧拉旋转矩阵的精匹配数学模型

基于欧拉理论对测量点进行旋转和平移调整,使之与设计点匹配,目标为所有测量点

调整后坐标与设计点的距离和最小。

其数学模型如下：

$$\min S = \sum_{i=1}^{n} (\overline{P_i Q'_i})^2 = \sum_{i=1}^{n} [(x_i^P - x'_i)^2 + (y_i^P - y'_i)^2 + (z_i^P - z'_i)^2]$$

式中：$P_i = (x_i^P, y_i^P, z_i^P)$为设计点坐标；$Q'_i = (x'_i, y'_i, z'_i)$为测量点调整后的坐标。

令设计点 P_i 的齐次坐标为$(x_i^P, y_i^P, z_i^P, 1)$，测量点调整后坐标点 Q'_i 的齐次坐标为$(x'_i, y'_i, z'_i, 1)$。由于 Q'_i 是由测量点经过平移或旋转变换得来，所以 Q'_i 可以由测量点 $Q_{n\,i}$ 进行坐标变换得到。测量点在空间中的移动有 6 个自由度，即沿 x、y、z 方向的平移 Δx、Δy、Δz，以及绕 x、y、z 轴的旋转角度 $\Delta\alpha$、$\Delta\beta$、$\Delta\gamma$。测量点 $Q_{n\,i}$ 齐次坐标为$(x_{ni}^{(Q)}, y_{ni}^{(Q)}, z_{ni}^{(Q)}, 1)$，则调整后点 Q'_i 的齐次坐标$(x'_i, y'_i, z'_i, 1)$可以表达为

$$[x'_i \quad y'_i \quad z'_i \quad 1] = [x_{ni}^{(Q)} \quad y_{ni}^{(Q)} \quad z_{ni}^{(Q)} \quad 1] \cdot \boldsymbol{A} \cdot \boldsymbol{B} \cdot \boldsymbol{C} \cdot \boldsymbol{D}$$

$$\boldsymbol{A} = \begin{bmatrix} 1 & 0 & 0 & 0 \\ 0 & 1 & 0 & 0 \\ 0 & 0 & 1 & 0 \\ \Delta x & \Delta y & \Delta z & 1 \end{bmatrix}, \boldsymbol{B} = \begin{bmatrix} 1 & 0 & 0 & 0 \\ 0 & \cos\Delta\alpha & \sin\Delta\alpha & 0 \\ 0 & -\sin\Delta\alpha & \cos\Delta\alpha & 0 \\ 0 & 0 & 0 & 1 \end{bmatrix}$$

$$\boldsymbol{C} = \begin{bmatrix} \cos\Delta\beta & 0 & -\sin\Delta\beta & 0 \\ 0 & 1 & 0 & 0 \\ \sin\Delta\beta & 0 & \cos\Delta\beta & 0 \\ 0 & 0 & 0 & 1 \end{bmatrix}, \boldsymbol{D} = \begin{bmatrix} \cos\Delta\gamma & \sin\Delta\gamma & 0 & 0 \\ -\sin\Delta\gamma & \cos\Delta\gamma & 0 & 0 \\ 0 & 0 & 1 & 0 \\ 0 & 0 & 0 & 1 \end{bmatrix}$$

式中：$\boldsymbol{A}$ 为平移变换矩阵，$\boldsymbol{B}$、$\boldsymbol{C}$、$\boldsymbol{D}$ 分别为绕 x、y、z 轴的旋转变换矩阵。

将上式代入齐次坐标方程中，S 成为有 6 个变量的函数。由于粗匹配可以保证设计点与测量点基本吻合，所以 $\Delta\alpha$、$\Delta\beta$、$\Delta\gamma$ 的变化范围在$\left[-\frac{\pi}{2}, \frac{\pi}{2}\right]$之间。$S$ 的最小值可以由非线性多维有约束最优化方法来解决。初值可以定为

$$[\Delta x_0 \quad \Delta y_0 \quad \Delta z_0 \quad \Delta\alpha_0 \quad \Delta\beta_0 \quad \Delta\gamma_0] = [0 \quad 0 \quad 0 \quad 0 \quad 0 \quad 0]$$

3. 求解算法

基于欧拉旋转矩阵的精匹配数学模型求解是典型的非线性无约束优化问题，目标函数中只有 6 个未知设计参数，可以采用类似于拟牛顿法的优化算法求解该未知参数。

三、基于船台测量场的舰体分段快速测量分析系统

1. 船体分段快速测量分析系统组成

船体分段快速测量分析系统以高精度智能转站算法研究和船体分段测量数据配准算法为基础，对船体分段建造过程中不同阶段测量模型之间、测量模型与设计模型之间进行快速匹配计算，分析测量影响因素，提出测量使用工艺规程。结合激光全站仪、磁性旋转标靶、反射片、辅助测量臂、数据无线传输模块、并行测量联机设备等硬件设备对船体分段进行测量分析。船体分段快速测量分析系统集现场数据采集、数据与模型件快速匹配分析分及报告自动生成为一体，该系统具有现场适用性强、操作简便、记录准确、图形显示直观等一系列优点，系统组成如图 5 -3 -10 所示。

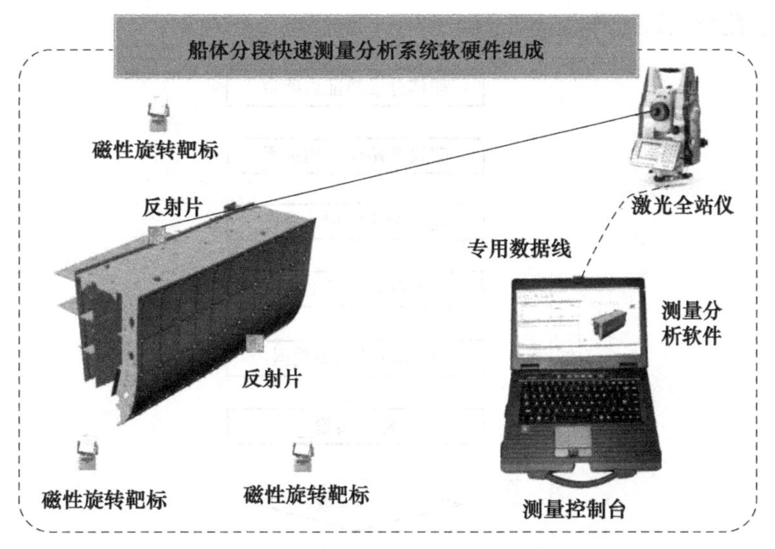

图 5－3－10　船体分段快速测量分析系统软硬件组成图

软件主界面如图 5－3－11 所示，主要包含菜单区、测量数据采集控制面板、采集数据表、三维视图区、操作信息提示区和状态栏。各区可根据当前工作状态手动调整大小、控制显示和隐藏状态，以便于软件操作。

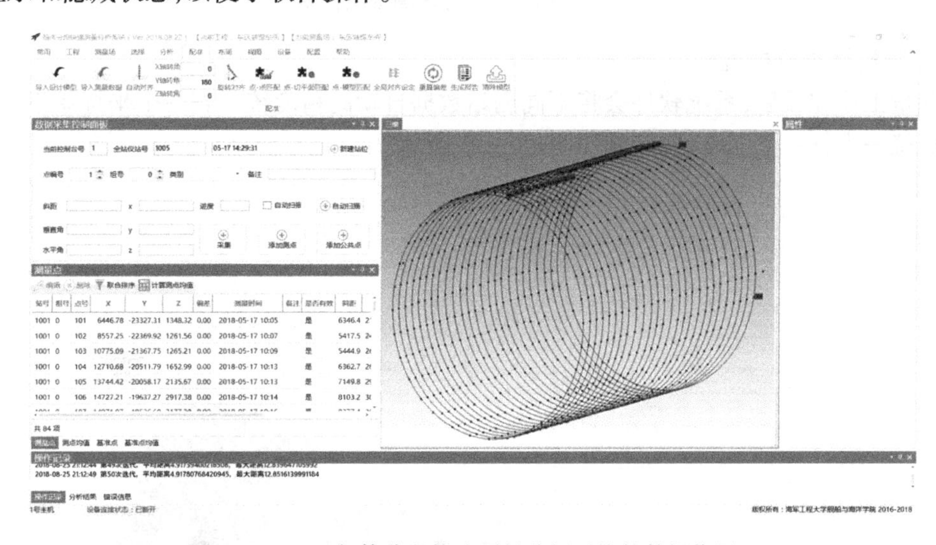

图 5－3－11　船体分段快速测量分析系统软件操作界面

2. 船体分段测量流程

进行船体分段测量时，按测量方案布置测点，如需要转站，则根据测点的布置区域和测点的类别确定激光全站仪转站测量的架设位置。将系统通过串口通信与全站仪连接，严格按照测量方案采集船体分段特征点位数据信息。

船体快速测量分析系统主要由两大部分组成：一是全站仪的测量操作；二是系统软件的操作。其中，全站仪的操作主要包括选择测量位置、架设和固定三角架、连接数据线、布置测点、全站仪的调水平、全站仪的瞄准测距；系统软件的操作主要包括软件的安装、软件的参数设置、软件的数据采集、测后的数据处理和结果的生成。

船体快速测量大致工作程序如图 5 - 3 - 12 所示。

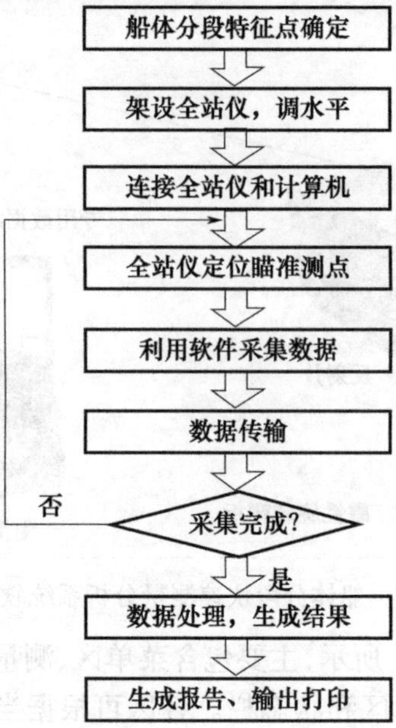

船体分段特征点确定

↓

架设全站仪，调水平

↓

连接全站仪和计算机

↓

全站仪定位瞄准测点

↓

利用软件采集数据

↓

数据传输

↓

采集完成?（否 → 返回"全站仪定位瞄准测点"）

↓ 是

数据处理，生成结果

↓

生成报告、输出打印

图 5 - 3 - 12　船体分段测量流程图

3. 测量结果分析流程

测量工作完成后，系统软件会将不同测站数据自动高精度统一到一个坐标系下，得到各测点统一坐标系下三维坐标，如图 5 - 3 - 13 所示。

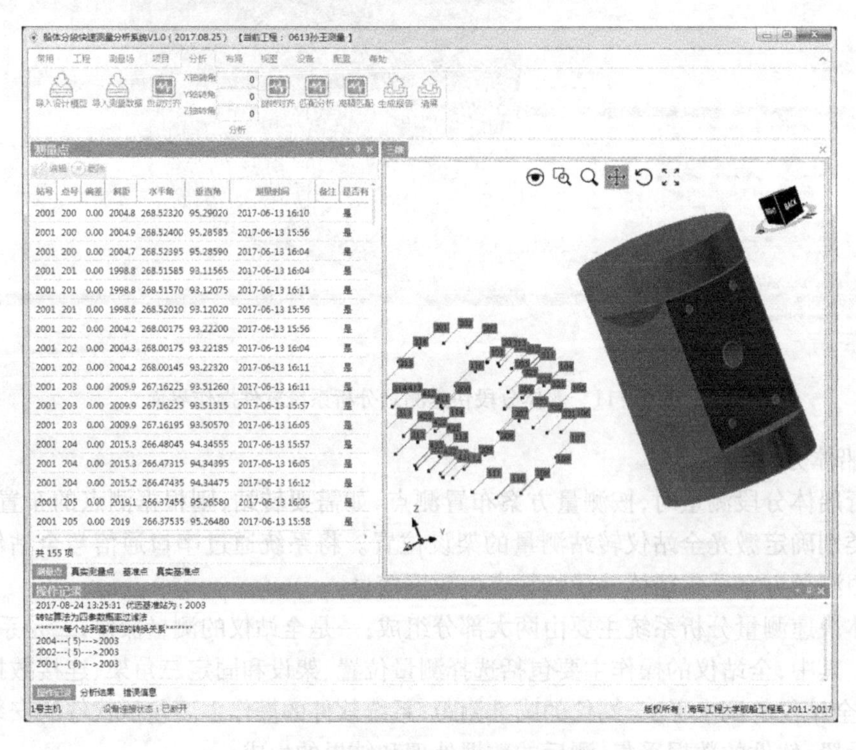

图 5 - 3 - 13　软件分析界面

具体分析步骤如下：

(1)打开测量工程,加载数据。

(2)导入设计模型。支持多种常规的 CAD 模型,如 STEP、IGES、STL 等。

(3)自动对齐。设计坐标系与测量坐标系并不一致,因此要比较测量点偏差,需要将测量模型匹配到设计模型上。自动对齐采用前文 PCA 方法,可以将测量模型与设计模型进行大概的自动匹配

(4)旋转对齐。只有当测量点集与设计模型特征非常接近时,自动对齐才能达到比较好的效果。更多的时候,自动对齐并不能满足后续迭代匹配要求,因此需要手动调整,旋转对齐正是为了达到该目的而设计的。如本文示例模型,为对称结构,自动对齐无法得到需要的结果,因此借助旋转对齐功能,让自动对齐后的测点数据沿 Z 轴再旋转 90°,这样就可以得到满足后续计算要求的结果。如果自动对齐得到结果较好,则可跳过此步骤。

(5)匹配分析。当测量点集与设计模型进行初步匹配后,可执行该命令进行前文所述的方法匹配分析。

分析结果除给出各测点偏离设计模型距离外,还对所有测点结果进行统计分析,包括最大偏差距离、平均偏差距离、标准差及 RMS 值。

最大距离表示点云数据中测试点与对应参考点距离偏差的最大值;平均距离表示点云数据中所有测试点与对应参考点距离偏差的平均值。

记标准偏差为∂,则

$$\partial = \sqrt{\frac{1}{N}\sum_{i=1}^{N}(X_i - \mu)^2}$$

式中:X_i为测试点与对应参考点的距离偏差值;μ 为平均距离;N 为点云数据中点总数,标准偏差按此公式计算得到。

均方根值(RMS)也称为有效值,计算方法是先平方、再平均、然后开方,即

$$X_{\mathrm{rms}} = \sqrt{\frac{1}{N}\sum_{i=1}^{N}X_i^{\ 2}}$$

(6)高精匹配。如果导入的设计模型为非离散点的网格模型或者曲面模型,可以执行该操作,提高匹配精度。纯点云模型执行此步骤不会提高匹配精度。

(7)报告生成。系统可将分析结果自动生成图文并茂的测量分析报告。

第四节　逆向工程及在船舶中的应用

正向工程(Forward Engineering,FE)是从无到有的产品开发过程,其基本流程是:根据当前需求和对未来发展趋势的预测,确定产品的市场定位和目标客户,拟定产品的预期功能、规格和配置;按照概念设计、详细设计、模具设计、样机制造与装配等流程完成样机开发;开展产品性能、可靠性和大批量生产技术验证,完成产品的试生产、制造工艺的改进和

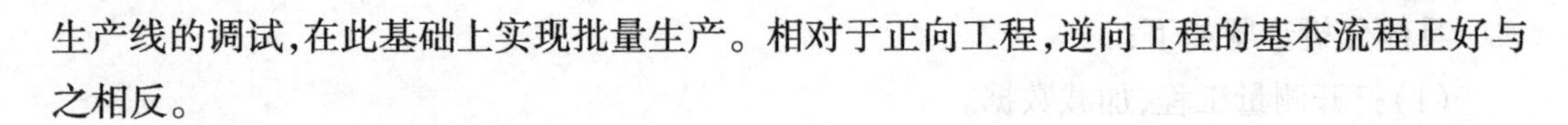

生产线的调试,在此基础上实现批量生产。相对于正向工程,逆向工程的基本流程正好与之相反。

一、逆向工程的基本概念

逆向工程(Reverse Engineering,RE)也称为反求工程或反向工程,它是以已有产品的实物、数字化模型、程序、图像或图片等信息源为基础,通过坐标测量设备等软硬件技术获取产品开发所需要的数字化信息,在消化吸收已有产品结构、功能、材料、制造工艺等内容的基础上,完成必要的改进与创新,快速开发出新的、与已有产品具有一定相似性的产品。逆向工程有助于缩短产品的研发周期,降低新产品的开发成本,帮助企业赢得市场先机。

逆向工程的理论研究起步于20世纪60年代。随着计算机软硬件、坐标测量技术以及数字化设计与制造技术的成熟,逆向工程技术逐渐受到重视,成为新产品快速开发的有效工具。根据信息来源不同,逆向工程可以分为实物逆向、软件逆向、影像逆向和局部逆向等。其中实物逆向应用最为广泛,实物逆向中的信息源为产品实物,在测量实物模型、获得产品特征点坐标信息的基础上,在计算机中,快速重建零件模型,生成数控加工程序,完成零件的复制。实物逆向的目标是实物本身,它是逆向工程中应用最为普遍的一种形式,因此本节以实物逆向工程为主要介绍对象。

逆向工程的实施步骤以数字化技术为基础,其典型过程如下。

(1)采用特定的坐标测量设备和测量方法完成实物模型的测量获取实物模型的特征参数。

(2)借助相关数字化软件,根据所获取的特征数据在计算机中重构逆向对象的数字化模型。

(3)对重构的产品模型进行必要的分析、改进和创新。

(4)以数字化模型为基础,完成数控编程和加工,制造出新的产品实物。

逆向工程主要包括分析、再设计和制造3个阶段,其实施步骤如图5-4-1所示。

分析阶段:根据逆向样本,获取逆向对象的结构、功能、工作原理、材料性能、加工和装配工艺、精度特征等信息,确定样本零件的技术指标,明确关键功能及其实现技术,这些内容直接关系到逆向工程能否顺利开展和成功与否。

再设计阶段:在开展逆向分析的基础上,对逆向对象进行再设计,包括样本模型的测量规划、模型重构、改进设计、仿制等过程。

制造阶段:采用数字化方法完成逆向产品的制造,然后开展必要的测试验证,分析逆向产品的结构和功能是否满足预期设计要求。若不满足设计要求,则返回分析阶段或再设计阶段重新修改设计。逆向工程的最终目标是完成对逆向对象的仿制和改进,它要求逆向工程的设计过程快捷、精确。

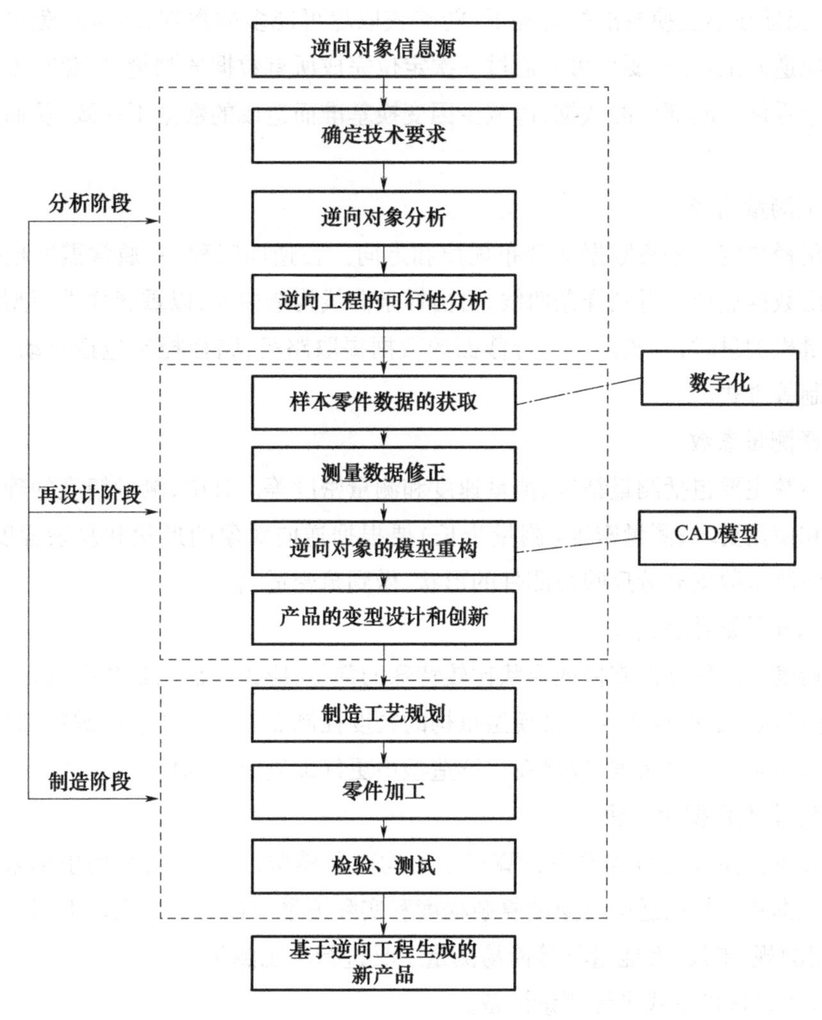

图 5－4－1　逆向工程流程图

二、逆向工程及其关键技术

实物逆向是逆向工程中应用最为广泛的一种形式。它是以产品实物为依据,利用坐标测量设备获得产品的坐标数据,再利用建模工具在计算机中重建三维模型,开发出结构更加合理、性能更加先进的产品。实物逆向工程的关键技术包括逆向对象的坐标数据测量、测量数据处理和模型重构技术等。

(一)逆向对象的坐标数据测量

逆向对象的坐标数据测量是实物逆向工程的前提。

1. 测量规划

在测量之前,要认真分析实物模型的结构特点,制定出可行的测量规划,主要内容如下。

1)基准面的选择与定位

选择定位基准时,要考虑测量的方便性和获取数据的完整性,所选择的定位面要便于

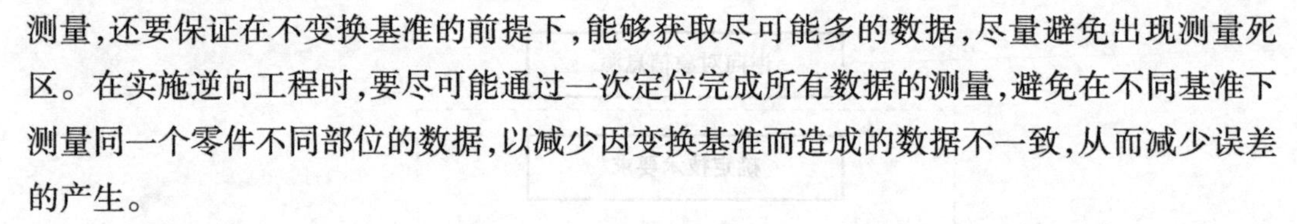

测量,还要保证在不变换基准的前提下,能够获取尽可能多的数据,尽量避免出现测量死区。在实施逆向工程时,要尽可能通过一次定位完成所有数据的测量,避免在不同基准下测量同一个零件不同部位的数据,以减少因变换基准而造成的数据不一致,从而减少误差的产生。

2)确定测量路径

测量路径决定了采集数据的分布规律和走向。在逆向工程中,通常需要根据测量的坐标数据由数据点拟合得到样条曲线,再由样条曲线构造曲面,以重建样件模型。当采用三坐标测量机测量时,一般采用平行截面的数据提取路径,路径控制包括手动、自动和可编程序控制等方式。

3)选择测量参数

测量参数主要包括测量精度、测量速度和测量密度等。其中,测量精度的确定取决于产品性能和使用要求;测量密度(测量步长)要根据逆向对象的形状和复杂程度设定,基本原则是使测量数据充分反映被测件的形状,做到疏密适当。

4)特殊和关键数据的测量

对于精度要求较高的零件或形状比较特殊的部位,应该增加测量数据的密度、提高测量精度,并将这些数据点作为三维模型重构的精度控制点。对于变形或破损部位,应在破损部位的周边增加测量数据,以便在后续造型中更好地复原该部位。

2. 实物模型数据化方法

坐标数据测量设备分类要在计算机中重构产品模型,首先需要采用坐标采集设备将实物模型数据化。根据逆向对象的复杂程度和实际测量条件可以采用以下测量手段。

(1)用圆规、卡尺、万能量具等简易测量工具进行手工测量。

(2)采用机械接触式坐标测量设备。

(3)采用激光、数字成像、声学等非接触式坐标测量设备。

其中手工测量方法只能用于结构简单、精度要求低的场合。除简易测量工具外,总体上,坐标数据测量设备可以分为非破坏性测量设备和破坏性测量设备两大类(图5-4-2)。

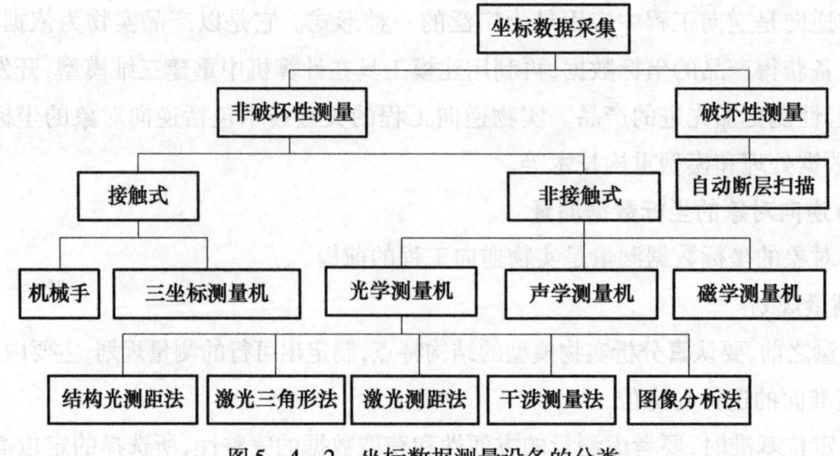

图5-4-2 坐标数据测量设备的分类

破坏性测量主要是自动断层扫描技术。该技术采用逐层铣削样件实物、去除材料，并逐层扫描断面的方法，获取零件原形不同位置截面的内外轮廓数据，通过将各层轮廓组合起来获得零件的三维数据。

非破坏性测量设备可以分为接触式和非接触式两大类。接触式测量设备又可以分为点接触式和连续式数据采集方法，最典型的是三坐标测量机（Coordinate Measuring Machine ，CMM）。它通过测量机的传感测头与样件表面的接触来记录坐标位置，技术成熟、适应性强、测量精度高。

由于接触式测头一次采样只能获取一个点的三维坐标值，使得接触式测量设备的测量效率较低，难以实现快速测量，测量点的密度也受到限制。随着机械视觉技术和光电技术的发展，非接触式测量设备发展迅速。这种测量方法的优点是测量过程中测头不接触被测表面，避免了测头和被测表面的损伤和测头半径补偿，测量速度快、自动化程度高适用于各种软硬材料和各类复杂曲面模型的三维高速测量。其缺点是数据量大、数据处理过程复杂。非接触式测量主要是基于光学、声学、磁学等原理，将一定的物理模拟量通过适当的算法转化为样件表面的坐标点。例如，声纳测量仪利用声音发射到被删物体上产生回声的时间差计算与被测点之间的距离；激光测距法将激光束的飞行时间转化为被测点与参考平面之间的距离；图像分析法利用一点在多个图像中的相对位置，通过视差计算距离得到点的空间坐标；激光三角形法利用光源与影像感应装置（如摄像机）之间的位置与角度来推算点的空间坐标；结构光测距法将条形光、栅格光等具有一定模式的光投射到被测物体表面，并捕获光被曲面反射后的图像，通过对图像的分析获得三维点的坐标。总体上，非接触式设备的价格相对昂贵，对技术人员的素质要求较高。其中，基于光学的坐标测量设备在测量精度和测量速度方面具有明显优势，在逆向工程中应用广泛。

在非接触式测量设备中，激光三角法因设备结构简单、测量速度快、使用灵活、实时处理能力强而得到广泛应用，尤其是在大型物体表面、复杂物体形貌的测量方面。以激光三角法为基础，实现等距测量的基本思路是：采用半导体激光器作为光源，以线阵电荷耦合器件（Charge Coupled Device，CCD）作为光电接收器件，通过高精密光栅及导轨装置，控制非接触式光电测头与被测曲面保持恒定的距离，扫描曲面，测头的扫描轨迹即为被测曲面的形状。激光等距测量的基本原理如图 5 -4 -3 所示。

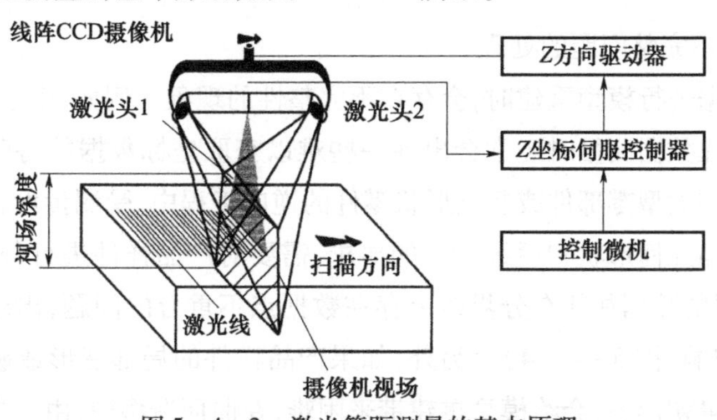

图 5 -4 -3　激光等距测量的基本原理

当两束激光在被测曲面上形成的光点相重合并通过 CCD 传感器轴线时，CCD 中心像元将监测到成像信号并输出到控制微机。光电测头安装在一个由计算机控制的能在 Z 向随动的伺服机构上，伺服控制系统根据 CCD 传感器的信号输出控制伺服机构带动测头做 Z 向随动，以确保测头与被测曲面在 Z 方向上始终保持一个恒定的距离。光电测头是获取被测表面形状的传感部件，也是测量装置的核心部分。它主要由线阵 CCD 摄像机(包括光学镜头)、两个等波长激光器、CCD 摄像头的机械调整机构等部分组成。

(二)实物逆向工程的数据处理与模型重构

1. 测量数据的预处理

1)测量数据的初步处理

由于存在系统误差和随机误差，测量数据中难免存在误差较大的数据点，也会出现测量遗漏和数据重复等现象。通过造型软件提供的编辑工具和视图功能，可以从多个角度观察原始型面数据，找出数据中存在的缺陷。对于误差明显偏大的数据点，要将其剔除，以免影响模型精度。

2)测量数据的分块

在实物逆向工程中，考虑到样件结构或测量设备等因素的影响，在数据测量之前要预先对零件进行分块，得到的测量数据通常是分块数据。另外，出于数据处理的需要，也可以在数据测量完成后，根据对产品功能、结构的分析以及数据的曲率分布，定义曲面边界，提取边界线，完成测量数据的分块处理。

3)分块数据的规则化

一般地，由边界线测量得到的分块数据的边缘是参差不齐的。若以这些数据点的拟合曲线构建曲面边界，则形成的曲面质量会比较差。因此，通常需要对边界进行规则化处理。首先将分块数据拓延，使其与边界线在某个方向形成直纹面求交，将交线作为分块数据的边缘数据。

4)数据的均匀化测量

得到的数据通常是疏密不均的。由于插值分布和数目不同，若直接采用由这些数据点拟合的曲线来构造曲面，构造出来的曲面质量通常会比较差，甚至会导致曲面造型失败。

2. 测量数据不完整问题的处理

利用测量数据进行模型重建时，会存在不完整性的现象。例如，由于产品结构形状或测量设备的原因在数据测量时经常会出现一些难以获取坐标数据的特殊区域，称为测量死区；此外，在一些大型零部件或复杂形状零件的逆向工程中，受测量设备、计算机软硬件的限制或由于产品几何形状和后续工艺的要求，需要对产品样件进行分块测量。受各种原因影响，所测得的数据往往在分界线上存在数据点不重合的问题，出现数据重叠、数据间隙，形成数据空洞(图 5-4-4)。另外，如果产品样件的局部变形或破损，则测量数据不能反映产品的最初形态，会给模型重建带来困难；在曲面造型中，由于造型算法的限制，在曲面间进行光滑连接时会造成小范围的曲面残缺。为保证曲面的完整性,需要进行相应处理。

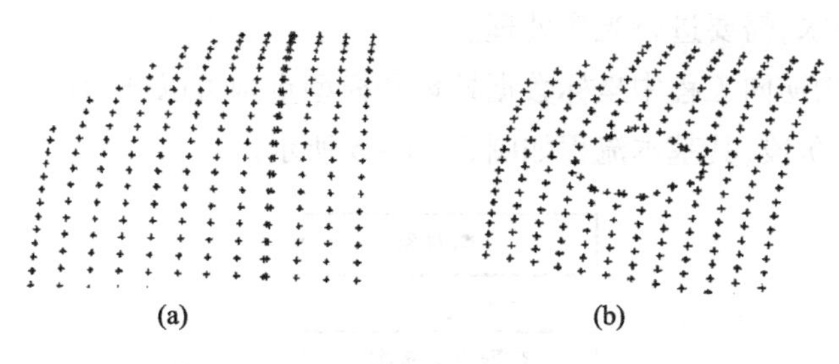

图5-4-4　测量数据重叠与数据间隙

(a)测量数据重叠;(b)测量数据空洞。

对于测量数据不完整的问题,可以从几何功能的角度进行分析,找出数据缺损部分与现存部分的关系,研究缺损或变形部分与周边以及整个实物之间的几何关系,如光滑过渡、圆弧连接、垂直、平行、倒圆等。如果存在能与之相装配的零部件,则可以通过相应的零部件间接获取数据;也可以由产品功能以及工艺角度入手,反推出产品的某些几何形状。

缺损、变形部分以及存在数据间隙的区域附近是样件模型重建的关键部位。为保证几何造型的完整性和精度要求,数据测量时要在相应区域适当增加数据采集点。

3. 产品造型和模型重构

模型重构是根据所采集的样本几何数据在计算机内重构样本模型的过程。坐标测量技术的发展使得对样本的细微测量成为可能。在逆向工程中,样本测量数据十分庞大。尤其是采用非接触方法时,测量的数据点常常会达到几十万甚至上百万个。因此,形象地称为“点云(Points Cloud)”。海量的点云数据给数据处理和模型重构带来了一定困难。

逆向工程的模型重构还具有以下特点。

(1)曲面型面数据散乱,曲面对象的边界和形状有时极其复杂,一般不能直接运用常规的曲面构造方法。

(2)曲面对象往往不是一张简单的曲面,而是由多张曲面经过延伸、过渡、裁剪等混合而成的,因此需要分块构造。

(3)在逆向工程中,还存在“多视图数据”问题。为保证数字化模型的完整性,各视图数据之间存在一定的重叠,由此出现“多视图拼合(Multiple View Combination)”,也称为“点云配准”问题。

在逆向工程软件中,曲面的构建有两种基本方式:一是直接利用点数据构建曲面;二是由数据点构造特征曲线,再由曲线构建曲面。与数字化设计软件相似,拉伸、扫描、放样、旋转等是常用的、由曲线构建曲面的方法。此外,还可以利用点数据与边界曲线构建曲面。按照数据重构后表示形式的不同,曲面模型可分为两种类型:一是以B-Spline或NURBS曲面为基础的曲面构造方案;二是以众多小三角Bezier曲面为基础构成的网格曲面模型。曲线、曲面的光顺处理是模型重构中的重要问题。由于测量得到的是离散的数据点,缺乏必要的特征信息,并且存在误差,上述数据点直接构造的曲线和曲面通常难以满足产品的设计要求,需要进行光顺处理。

综上所述,实物逆向工程中坐标数据处理和模型重构可以分为点云数据处理、曲线构造和曲面构造3个阶段,其基本流程如图5-4-5所示。

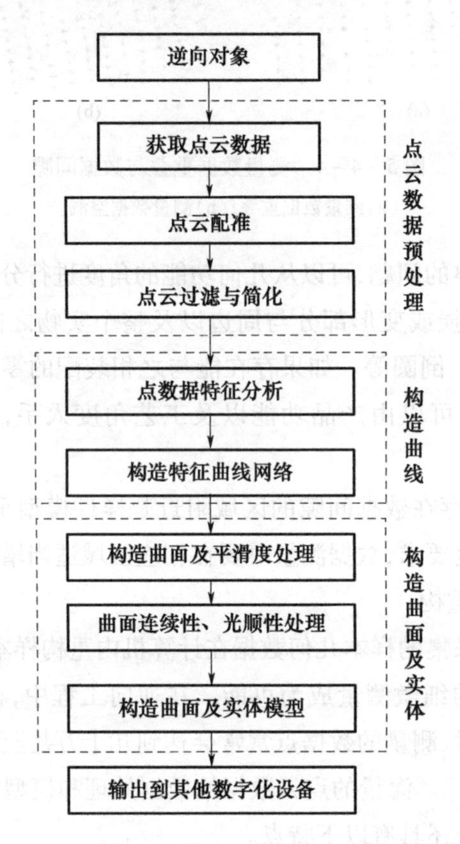

图5-4-5　逆向工程中点云数据处理及模型重构流程

三、逆向工程在船舶行业中的应用

在船舶的设计和建造中,新船型设计、建造质量检测以及零部件检测修复等过程都需要大量的人力和时间,将逆向工程技术应用于这些过程,则能大大提高建造效率及质量。逆向工程技术在船舶行业有着广泛的应用,包括船体外形的曲面重建、船体结构的激光扫描与模型构建、船体曲板的加工、螺旋桨逆向建模与测量等。

(一)船体曲面的逆向重构与检测

传统新船型设计过程复杂,是典型的正向设计过程,一般要经历船型概念设计、数字化模型设计构造、船舶模型试验和模型修改这些往复过程。由于船舶曲面的复杂性,在初步设计阶段很难用严谨的数学语言来表达,给设计者带来一定的困难。逆向工程技术能够缩短新船型开发周期,实现船型并行设计与创新设计。利用逆向工程对现有船体曲面进行三维重构还可以对船体的建造或者修理质量进行检测。如图 5 – 4 – 6 所示，西班牙 Vigo 大学利用 FARO LS 880 三维激光扫描仪对一艘船进行三维扫描并完成了整个船体曲面的三维重构，并以此为基础开展了偏差检测。

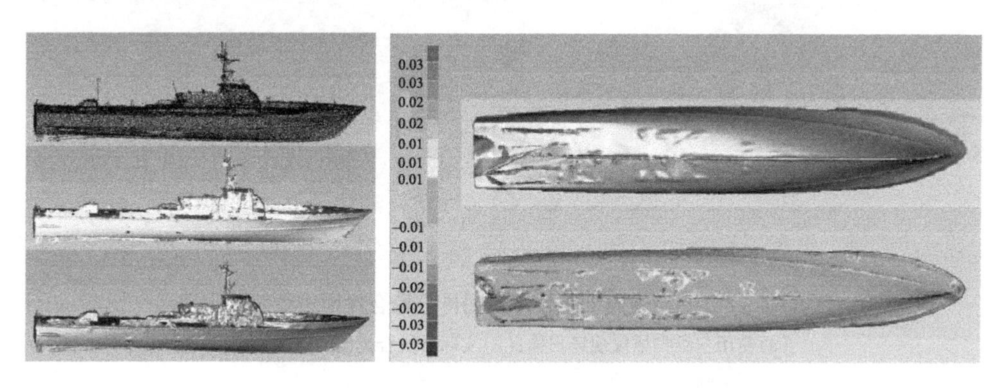

图 5 – 4 – 6　基于点云的船体逆向重构与偏差检测

意大利 Pisa 大学利用全站仪、激光扫描仪以及机械手臂构造了一个用于船体建造精度控制的测量系统，图 5 – 4 – 7 是这个系统的基本组成结构，这个系统的核心是利用全站仪、机械手臂的配合，实现在不同测站下的测量数据的配准，解决单一测量位置点云数据不完整的问题。

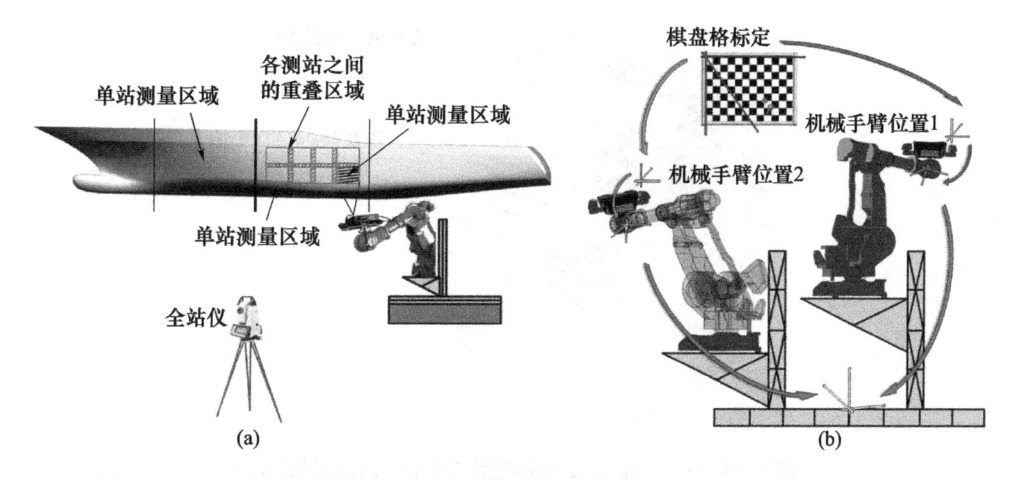

图 5 – 4 – 7　通过机械手臂、全站仪和激光扫描仪的配合获得船体测量的完整数据

(a)全站仪、扫描仪和手臂的配合；(b)通过机械手臂对测站进行合并。

(二)船体结构分段的测量数据分析

船体分段合拢面的精度检测一直是船舶建造的重要环节，在船体分段的总组合拢过程中，两个分段合拢面之间的误差应尽可能小，确保在分段的总组合拢过程中能够顺利对接。若实际建造质量与设计模型的理论值误差较大，则势必造成大量返工、延缓船坞周期并增加成本。将基于激光三维扫描测量的逆向工程技术应用于船体结构分段，可以解决分段的合拢面识别和分段模型的建造精度方面的问题。图 5 – 4 – 8 所示是大连理工大学的研究团队针对船体分段合拢的三维点云检测问题，应用深度学习以及逆向工程中的点云数据分割技术对合拢面进行了智能识别，以此来提高分段合拢的精度和效率。

图5－4－8　利用逆向工程技术对船体分段合拢面进行智能识别
(a)使用三维扫描仪现场扫描；(b)实际分段合拢面的点云识别。

船体分段三维模型逆向重构的过程中，测量数据与CAD设计模型的配准一直都是难点，也是国内外学者研究的热点问题。国内大连理工大学刘玉君等一直都在持续开展这方面的研究工作，如图5－4－9所示，先利用激光扫描方式逆向重构了点云测量模型(浅灰色部分)，然后用点云配准算法实现与CAD设计模型(深灰色部分)的配准，并进行了偏差分析。

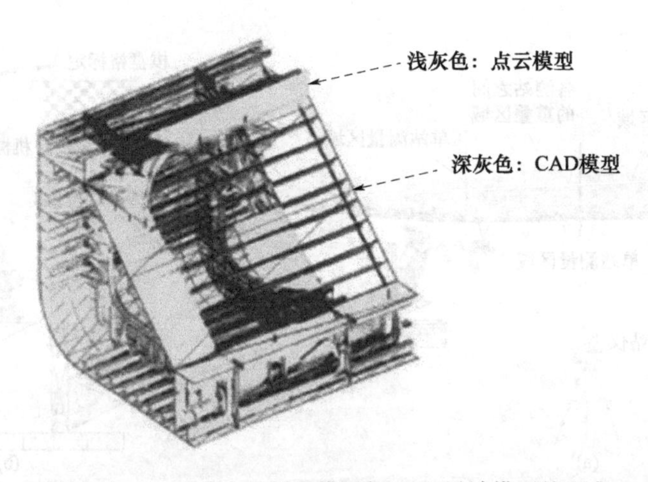

图5－4－9　三维点云测量模型与CAD设计模型的配准

(三)船体钢板/曲面板的三维重构与检测

一直以来，船舶表面等具有复杂曲面的结构件加工都是船舶工业的难点，各国船厂船体外板加工成型过程一般都是以人工操作方式为主，但由于工人技术水平不一、现场工作环境恶劣、加工效率过低等问题，利用船体外板自动成型化技术，是提高船体外板加工精度与效率的一个重要途径。由于采用逆向工程技术生成的点云模型具有表达细节能力强、存储简单以及信息量大等特点，也被逐渐应用于船体外板自动加工过程中外板三维曲面中，如图5－4－10所示，是广东工业大学针对船体外板现场检测问题提出的一种船体外板三维点云数据处理方法。

 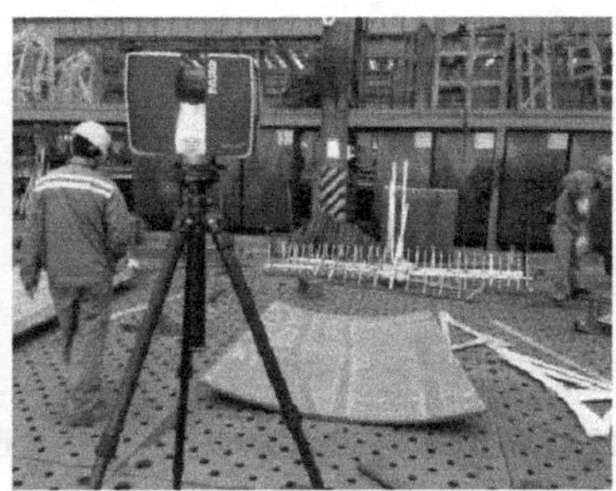 

图 5-4-10　船体外板三维点云曲面逆向重构

对于复杂船舶曲面结构件而言，还可以利用非接触式测量技术获取结构件的表面参数之后，直接在该测量设备中生成复杂曲面结构的型面数字化模型和数控加工程序，实现测量与加工的一体化。这种方式可以有效地减少逆向工程的中间环节，显著提高逆向工程的效率。

思考题

1. 简述型线光顺性判别的准则。
2. 简述利用回弹法进行型线光顺的主要过程。
3. 简述尺寸链的基本概念、尺寸链的基本组成以及尺寸链方程。
4. 船体构件展开的基本原则是什么？
5. 简述船台测量场的基本概念以及测量中的主要误差来源。
6. 简述逆向工程技术在船舶工程领域的主要应用。

参考文献

[1] OUILLETTE J J. DDG -51 class computer - aided design[J]. Naval Engineers Journal,1994,106(4):165 -173.

[2] NOWACKI H. Five decades of computer - aided ship design[J]. Computer - Aided Design,2010,42(11):956 -969.

[3] LEGAZ J M. Computer aided ship design:A brief overview[J]. Sema Journal,2015,72(1):47 -59.

[4] GASPAR H M. A perspective on the past,present and future of computer - aided ship design[C]. 18th International Conference on Computer and IT Applications in the Maritime Industries - COMPIT'19,Technische Universität Hamburg - Harburg Tullamore,2019.

[5] 梁军. 舰船建造仿真技术综述及发展趋势[J]. 造船技术,2011(1):1 -2,19.

[6] 熊治国,胡玉龙. 美国舰船概念方案设计方法发展综述[J]. 中国舰船研究,2015,10(4):7 -15.

[7] 黄金锋. 舰船数字化设计平台框架初探[C]. 2012 年 MIS/S&A 学术交流会议,中国甘肃兰州,2012.

[8] ROSS J M. Integrated ship design and its role in enhancing ship production(the national shipbuilding research program)[J]. Journal of Ship Production,1995,11(1):56-62.

[9] 何迪. 基于 DELMIA 的船厂生产三维仿真[D]. 上海:上海交通大学,2012.

[10] 周波. 船舶建造流程的虚拟仿真[D]. 杭州:浙江大学,2014.

[11] 刘阳,柳存根. 基于 DELMIA 的分段装配仿真研究[J]. 船舶工程,2012,34(6):71 -74.

[12] 高巍,徐慧,刘子航. 常规潜艇服役期综合安全评估指标体系研究[J]. 船舶工程,2011,33(S2):218 -222.

[13] 李培勇,王呈方. 计算机辅助船体制造[M]. 上海:上海交通大学出版社,2011.

[14] 顾文文. 基于逆向工程的船舶曲面数字化设计方法研究[D]. 大连:大连理工大学,2019.

[15] BISKUP K. Application of terrestrial laser scanning for shipbuilding[C]. ISPRS Workshop on Laser Scanning 2007 and SilviLaser 2007,Espoo,September 12 -14,Finland,2007.

[16] PAOLI A,RAZIONALE A V. Large yacht hull measurement by integrating optical scanning with mechanical tracking - based methodologies[J]. Robotics and Computer - Integrated Manufacturing,2012,28(5):592 -601.

[17] 陈尚伟. 船体分段三维扫描点云中的合拢面智能识别研究[D]. 大连:大连理工大学,2019.

[18] 刘建成,程良伦,刘斯亮. 一种优化的船体外板三维点云数据提取方法[J]. 船舶工程,2015,(8):74 -78.

[19] 苏春. 数字化设计与制造[M]. 北京:机械工业出版社,2019.

[20] GUAN G,LIAO H,YANG Q. A FAST assembly simulation analysis method for hull blocks with engineering constraints[J]. International Shipbuilding Progress,2021,Preprint:1 -24.

后　记

海军工程大学船舶与海洋工程专业自 1998 年首次开设计算机辅助舰船设计制造类课程以来，其配套的教材也随着海军装备建设的发展以及人才培养需求的变化经历了多轮的改编，并逐步形成了自己的特色。国内其他高校关于计算机辅助舰船设计与制造的教材主要有上海交通大学出版社出版的《计算机辅助船体制造》、大连理工大学出版社出版的《计算机辅助船体建造》、哈尔滨工程大学出版社出版的《计算机辅助船舶制造》等，但由于地方高校对船舶与海洋工程专业人才的培养目标不同，其教材并不完全适用于我校船舶与海洋工程专业的教学。

2015 年，根据新的培养方案的要求，课程组在原教材的基础上重新编写了教材，由海军工程大学内部印刷出版后，一直作为船舶与海洋工程专业《计算机辅助舰船设计与制造》课程的配套教材，至今已经经过了多年的实际使用。此外，随着计算机辅助舰船设计制造技术的发展以及军队人才培养政策的调整，原教材部分内容已经不适用，教材的结构体系和教学内容都迫切需要进行扩充和更新，以便为学生提供更为实用的知识和技能，帮助他们适应未来在舰船设计和制造以及维修领域的潜在岗位需求。

在编写教材的过程中也遇到了许多困难。计算机辅助舰船设计制造是一个复杂而广泛的领域，涉及计算机图形学、结构设计、流体力学、舰船操纵和控制等多个方面。为了确保教材的准确性和完整性，我们花费了大量的时间进行研究和搜集资料。同时，也参考了许多专业手册和文献，以保证教材的权威性和可靠性。

教材的编写过程也带来了许多收获。通过与舰船设计制造行业合作和与同行的讨论，我们不仅加深了对计算机辅助舰船设计制造的理解，还学到了许多实践经验。我们将这些经验融入教材中，旨在帮助学生更好地理解和应用所学知识。我们深信，通过理论和实践相结合的方式，学生们将能够更好地应对舰船设计制造领域的挑战。

此外，我们也要感谢教研室的同事和学生们对本教材的支持与帮助。他们提供了许多宝贵的建议和意见，使得本教材更加全面和有价值。与他们的讨论和交流中，我们受益匪浅，不仅深化了对计算机辅助舰船设计制造的理解，还拓展了自己的知识面和视野。

展望未来，我们相信，计算机辅助舰船设计制造技术将继续发展并引起更多的关注。随着科技的不断进步和海军装备建设的发展，这项技术将在舰船设计和制造的各个方面发挥更重要的作用。智能化设计工具和系统、虚拟现实和增强现实技术、数据分析和大数据应用，以及舰船智能化和可持续发展等领域都将迎来新的突破。

通过本教材，我们希望为学生们提供坚实的计算机辅助舰船设计制造基础，并激发他们的兴趣和热情，使他们能够在该快速发展的领域中找到自己的位置。

最后，我们要衷心感谢所有参与本教材编写的人员的支持和帮助，他们的付出和奉献使得本教材得以完成。我们希望本教材能够成为学生们学习成长的助力，为他们的未来铺平道路。

编　者
2024年8月